新型工业化·科学计算与系统建模仿真系列

工信学术出版基金
Industry and Information Technology
Academic Publishing Fund

Unified Modeling Language for Multi-domain Physics and MWORKS Practice

多领域物理统一建模语言与MWORKS实践

编　著◎曲明成　于海涛　陈　鄞

丛书主编◎王忠杰　周凡利

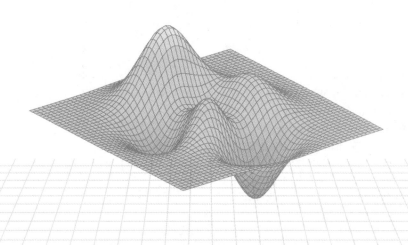

电子工业出版社

Publishing House of Electronics Industry

北京·BEIJING

内 容 简 介

本书深入浅出地介绍了 Modelica 模型开发基础知识、国际先进且完全自主的 Modelica 模型开发平台——同元软控 MWORKS.Sysplorer（简称 Sysplorer），以及 Modelica 模型在具体工程系统中的应用。全书包括 6 章，内容包括系统建模仿真技术简介、Sysplorer 入门、Modelica 模型开发基础、系统建模仿真方法、组件模型开发方法、工程系统应用实践。

本书内容涵盖 Sysplorer 的基本用法和功能及基于 Sysplorer 的系统建模仿真方法和组件模型开发方法，并给出了 Modelica 模型在航天、航空、能源、机器人仿真领域的应用实践。

本书适合作为本科生及研究生学习系统仿真建模的教材，也适合作为广大科研工作者和工程师的参考用书。

图书在版编目（CIP）数据

多领域物理统一建模语言与 MWORKS 实践 / 曲明成，
于海涛，陈鄞编著. -- 北京 ：电子工业出版社，2024.
8. -- ISBN 978-7-121-48410-0
Ⅰ . O4-39
中国国家版本馆 CIP 数据核字第 20258HV254 号

责任编辑：刘　珺
印　　刷：北京天宇星印刷厂
装　　订：北京天宇星印刷厂
出版发行：电子工业出版社
　　　　　北京市海淀区万寿路 173 信箱　　邮编：100036
开　　本：787×1 092　1/16　印张：17.75　字数：454 千字　彩插：2
版　　次：2024 年 8 月第 1 版
印　　次：2024 年 8 月第 1 次印刷
定　　价：69.00 元

凡所购买电子工业出版社图书有缺损问题，请向购买书店调换。若书店售缺，请与本社发行部联系，联系及邮购电话：(010) 88254888，88258888。

质量投诉请发邮件至 zlts@phei.com.cn，盗版侵权举报请发邮件至 dbqq@phei.com.cn。

本书咨询联系方式：liuy@phei.com.cn。

编　委　会

李　晋（哈尔滨工程大学）

李　雪（哈尔滨工业大学）

李　超（哈尔滨工程大学）

张永飞（北京航空航天大学）

张宝坤（苏州同元软控信息技术有限公司）

张　超（北京航空航天大学）

陈　娟（北京航空航天大学）

郑文祺（哈尔滨工程大学）

贺媛媛（北京理工大学）

聂兰顺（哈尔滨工业大学）

徐远志（北京航空航天大学）

崔智全（哈尔滨工业大学（威海））

惠立新（苏州同元软控信息技术有限公司）

舒燕君（哈尔滨工业大学）

鲍丙瑞（苏州同元软控信息技术有限公司）

蔡则苏（哈尔滨工业大学）

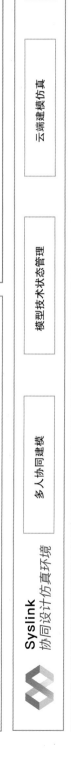

科学计算与系统建模仿真平台 MWORKS 架构图

科教版平台（SE-MWORKS）总体情况

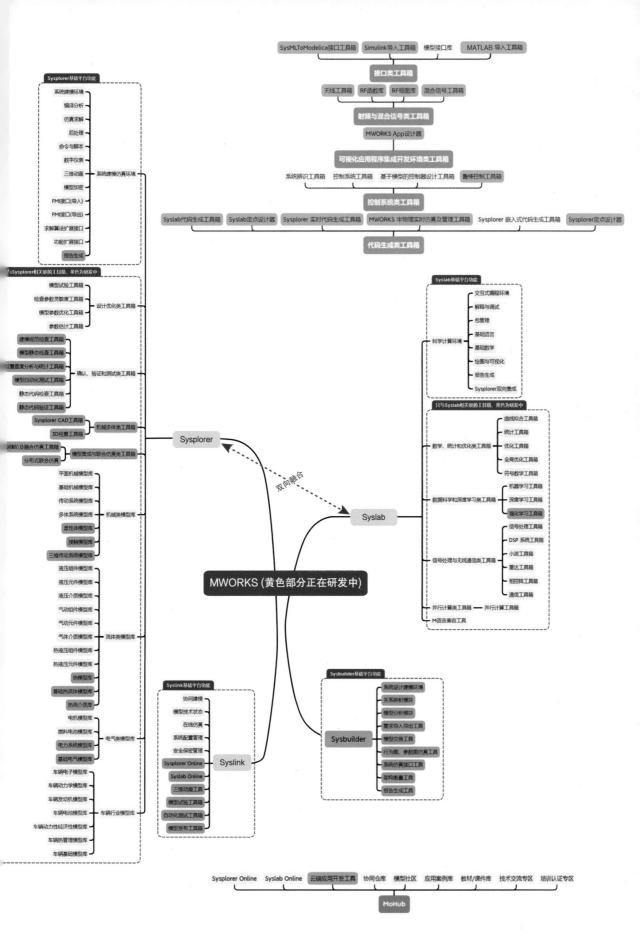

MWORKS 2023b 功能概览思维导图

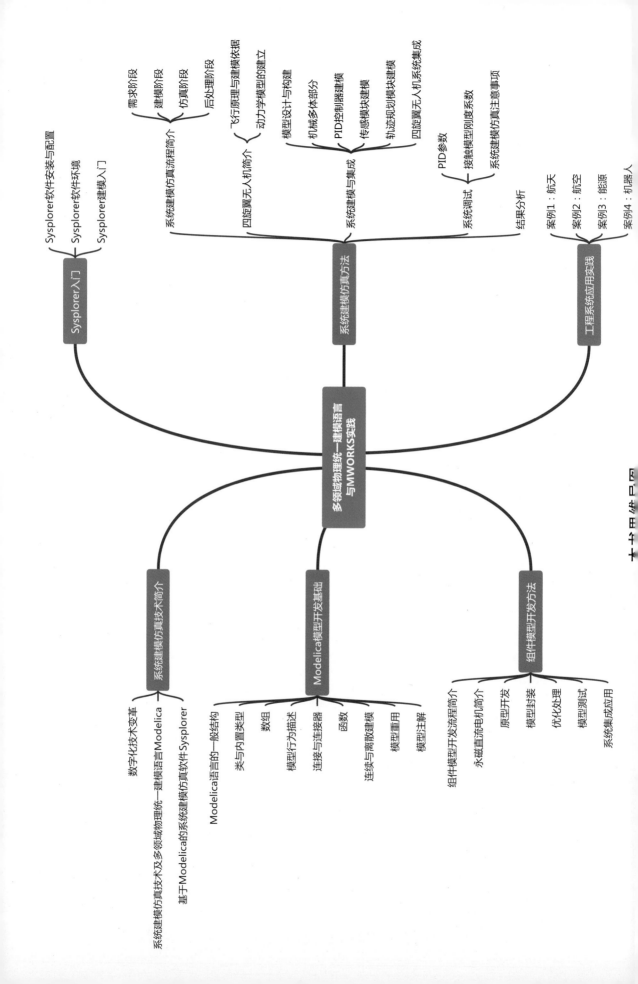

本书思维导图

多领域物理统一建模语言
与MWORKS实践

Sysplorer入门
- Sysplorer软件安装与配置
- Sysplorer软件环境
- Sysplorer建模入门

系统建模仿真方法
- 系统建模仿真流程简介
  - 需求阶段
  - 建模阶段
  - 仿真阶段
  - 后处理阶段
- 四旋翼无人机简介
  - 飞行原理与建模依据
  - 动力学模型的建立
- 系统建模与集成
  - 模型设计与构建
  - 机械多体部分
  - PID控制器建模
  - 传感模块建模
  - 轨迹规划模块建模
  - 四旋翼无人机系统集成
- 系统调试
  - PID参数
  - 接触模型刚度系数
  - 系统建模仿真注意事项
- 结果分析

工程系统应用实践
- 案例1：航天
- 案例2：航空
- 案例3：能源
- 案例4：机器人

系统建模仿真技术简介
- 数字化技术变革
- 系统建模仿真技术及多领域物理统一建模语言Modelica
- 基于Modelica的系统建模仿真软件Sysplorer

Modelica模型开发基础
- Modelica语言的一般结构
- 类与内置类型
- 数组
- 模型行为描述
- 连接与连接器
- 函数
- 连续与离散建模
- 模型重用
- 模型注解

组件模型开发方法
- 组件模型开发流程简介
- 永磁直流电机简介
- 原型开发
- 模型封装
- 优化处理
- 模型测试
- 系统集成应用

丛 书 序

2023 年 2 月 21 日，习近平总书记在中共中央政治局就加强基础研究进行第三次集体学习时强调："要打好科技仪器设备、操作系统和基础软件国产化攻坚战，鼓励科研机构、高校同企业开展联合攻关，提升国产化替代水平和应用规模，争取早日实现用我国自主的研究平台、仪器设备来解决重大基础研究问题。"科学计算与系统建模仿真平台是科学研究、教学实践和工程应用领域不可或缺的工业软件系统，是各学科领域基础研究和仿真验证的平台系统。实现科学计算与系统建模仿真平台软件的国产化是解决科学计算与工程仿真验证基础平台和生态软件"卡脖子"问题的重要抓手。

基于此，苏州同元软控信息技术有限公司作为国产工业软件的领先企业，以新一轮数字化技术变革和创新为发展契机，历经团队二十多年技术积累与公司十多年持续研发，全面掌握了新一代数字化核心技术"系统多领域统一建模仿真技术"，结合新一代科学计算技术，研制了国际先进、完全自主的科学计算与系统建模仿真平台 MWORKS。

MWORKS 是各行业装备数字化工程支撑平台，支持基于模型的需求分析、架构设计、仿真验证、虚拟实验、运行维护及全流程模型管理；通过多领域物理融合、信息与物理融合、系统与专业融合、体系与系统融合、机理与数据融合及虚实融合，支持数字化交付、全系统仿真验证及全流程模型贯通。MWORKS 提供了算法、模型、工具箱、App 等资源的扩展开发手段，支持专业工具箱及行业数字化工程平台的扩展开发。

MWORKS 是开放、标准、先进的计算仿真云平台。基于规范的开放架构提供了包括科学计算环境、系统建模仿真环境以及工具箱的云原生平台，面向教育、工业和开发者提供了开放、标准、先进的在线计算仿真云环境，支持构建基于国际开放规范的工业知识模型互联平台及开放社区。

MWORKS 是全面提供 MATLAB/Simulink 同类功能并力求创新的新一代科学计算与系统建模仿真平台；采用新一代高性能计算语言 Julia，提供科学计算环境 Syslab，支持基于 Julia 的集成开发调试并兼容 Python、C/C++、M 等语言；采用多领域物理统一建模语言 Modelica，全面自主开发了系统建模仿真环境 Sysplorer，支持框图、状态机、物理建模等多种开发范式，并且提供了丰富的数学、AI、图形、信号、通信、控制等工具箱，以及机械、电气、流体、热等物理模型库，实现从基础平台到工具箱的整体功能覆盖与创新发展。

为改变我国在科学计算与系统建模仿真教学及人才培养中相关支撑软件被国外"卡脖子"的局面，加速在人才培养中推广国产优秀科学计算和系统建模仿真软件 MWORKS，提供产业界亟需的数字化教育与数字化人才，推动国产工业软件教育、应用和开发是必不可少的因素。进一步讲，我们要在数字化时代占领制高点，必须打造数字化时代的新一代信息物理融合的系统建模仿真平台，并且以平台为枢纽，连接产业界与教育界，形成一个完整生态。为此，哈尔滨工业大学、北京航空航天大学、北京理工大学、哈尔滨工程大学与苏州同元软控信息技术有限公司携手合作，2022 年 8 月 18 日在哈尔滨工业大学正式启动"新型工业化·科学计算与系统建模仿真系列"教材的编写工作，2023 年 3 月 11 日在扬州正式成立"新型工业化·科学计算与系统建模仿真系列"教材编委会。

首批共出版 10 本教材，包括 5 本基础型教材和 5 本行业应用型教材，其中基础型教材包括《科学计算语言 Julia 及 MWORKS 实践》《多领域物理统一建模语言与 MWORKS 实践》《MWORKS 开发平台架构及二次开发》《基于模型的系统工程（MBSE）及 MWORKS 实践》《MWORKS API 与工业应用开发》；行业应用型教材包括《控制系统建模仿真（基于MWORKS）》《通信系统建模仿真（基于 MWORKS）》《飞行器制导控制系统建模仿真（基于MWORKS）》《智能汽车建模仿真（基于 MWORKS）》《机器人控制系统建模仿真（基于MWORKS）》。

本系列教材可作为普通高等学校航空航天、自动化、电子信息工程、机械、电气工程、计算机科学与技术等专业的本科生及研究生教材，也适合作为从事装备制造业的科研人员和技术人员的参考用书。

感谢哈尔滨工业大学、北京航空航天大学、北京理工大学、哈尔滨工程大学的诸位教师对教材撰写工作做出的极大贡献，他们在教材大纲制定、教材内容编写、实验案例确定、资料整理与文字编排上注入了极大精力，促进了系列教材的顺利完成。

感谢苏州同元软控信息技术有限公司、中国商用飞机有限责任公司上海飞机设计研究院、上海航天控制技术研究所、中国第一汽车股份有限公司、工业和信息化部人才交流中心等单位在教材写作过程中提供的技术支持和无私帮助。

感谢电子工业出版社有限公司各位领导、编辑的大力支持，他们认真细致的工作保证了教材的质量。

书中难免有疏漏和不足之处，恳请读者批评指正！

编委会
2023 年 11 月

前　言

　　MWORKS 是由中国的苏州同元软控信息技术有限公司（简称"同元软控"）推出的基于国际知识统一表达与互联标准打造的系统智能设计与验证平台，是 MBSE 方法落地的使能工具。其采用基于模型的方法全面支撑系统设计，通过不同层次、不同类型的仿真来验证系统设计。目前，MWORKS 在国内被高校师生、科研从业人员、工程技术人员广泛使用。本书基于 Sysplorer 2023b 教育版编写，旨在使读者理解系统建模仿真技术，掌握系统建模仿真流程，并在 Sysplorer 平台上完成系统建模仿真实践。

　　本书的主要内容如下。

　　首先，本书介绍系统建模仿真技术的发展趋势，讨论复杂系统研发模式的变化以及系统建模仿真技术对数字化技术变革起到的作用，接着介绍 Sysplorer 的安装和使用。Sysplorer 是同元软控以新一轮数字化技术变革为创新发展契机、以团队二十多年技术积累为底蕴推出的新一代数字化核心技术平台，是基于多领域物理统一建模语言 Modelica 的面向多领域工业产品的系统建模与仿真验证环境，可以支持多领域耦合复杂系统建模和仿真。

　　其次，本书引入系统建模仿真流程的基本概念，阐释其核心步骤和意义；采用 Sysplorer 对四旋翼无人机进行系统建模，建立各个子模型并进行集成，明确实现系统建模的具体步骤和集成方法；通过整体系统建模仿真，帮助读者理解和验证整个系统的行为及性能指标；在系统建模的基础上进行组件化和逐步细化，通过对逐个组件进行分析建模并集成，实现对系统的分解与重构，提高模块界面的稳定性。

　　最后，本书介绍 Modelica 在航天、航空、能源和机器人领域的仿真应用情况，充分展现了 Modelica 的建模能力。

　　本书提供配套学习资源，读者扫描封底二维码并刮开兑换码获取，该兑换码也是本书配套软件的激活码。读者也可登录"华信教育资源网"下载本书资源。本书适合作为本科生及研究生学习系统仿真建模的教材，也适合作为广大科研工作者和工程师的参考用书。

作　者

目　　录

第 1 章
系统建模仿真技术简介

系统建模仿真技术的发展和复杂系统研发模式的变化，对数字化技术变革起到了推波助澜的作用。同元软控以新一轮数字化技术变革为创新发展契机，以团队二十多年技术积累为底蕴，推出了新一代数字化核心技术平台——Sysplorer，实现了系统多领域统一建模仿真。Sysplorer 是一个国际先进、完全自主研发的科学计算与系统建模仿真平台，是基于多领域物理统一建模语言 Modelica 的面向多领域工业产品的系统建模仿真验证环境。

Sysplorer 内置机械、液压、气动、电池、电机等高保真专业库，支持用户扩展和积累个人专业库，支持工业设计知识的模型化表达和模块化封装，以知识可重用、系统可重构方式，为工业企业的设计知识积累与产品创新设计提供了有效的技术支撑，对及早发现产品设计缺陷、快速验证设计方案、全面优化产品性能、有效减少物理验证次数等具有重要价值。

通过本章学习，读者可以了解（或掌握）：
❖ 系统建模仿真技术的发展及复杂系统研发模式的变化。
❖ 多领域物理统一建模语言 Modelica 的发展历程、主要技术特征以及相关资源。
❖ 基于 Modelica 语言开发的新一代系统建模仿真软件 Sysplorer 的发展历程、主要功能及其主要应用场景。

1.1 数字化技术变革

1.1.1 数字化技术发展历程

在装备研发过程中，从 20 世纪 70 年代的传统建模仿真，到 20 世纪 90 年代的基于仿真的采办（Simulation Based Acquisition，SBA），又到 21 世纪的基于模型的系统工程，再到 2003 年首次出现并于 2011 年正式被提出的数字孪生，一直到 2015 年发展出来的数字工程，数字化技术实现了建模语言、建模技术、建模工具、应用模式的持续变革。

（1）建模语言实现了从单一到综合的转变，由单专业建模语言向多专业建模语言转变，进而向全要素、全模式、全流程、全领域完备性进化。

（2）建模技术实现了从割裂到融合的转变，从科学计算建模、工程物理建模到信息物理融合建模的转变，从一维系统建模、三维有限元建模到三维融合建模的转变，从工作机理建模、数据训练建模到机理数据融合建模的转变。

（3）建模工具实现了从分散到统一的转变，从传统分散独立向统一平台的转变，从被动适应向自主创新发展的转变。

（4）应用模式实现了从局部到整体的转变，从局部业务支撑向全研制流程应用的转变，从单型号向全型号上下游整体应用的转变。

工业革命是推动装备发展乃至整个工业体系变革的重要力量。历史上，工业革命经历了多次重大变革，每一次都带来了生产力的飞跃和装备技术的革新。

工业革命经历了 1.0、2.0、3.0，实现了机械化、电气化、信息化、网络化，并且仍在持续，美国、德国等发达国家相继出台了"再工业化""工业 4.0"等措施，我国提出了"中国制造 2025"发展战略，均围绕数字化与智能化，而数字化是智能化的基础，智能化技术革命尚处于前夜，数字化技术革命已然来临，数字化将是重塑创新和运营方式的关键。

火箭、卫星、飞机等航空航天复杂装备系统是支撑国家安全的重大战略系统，支撑着国防安全、科学探测、技术验证等重大任务，具有多学科机理耦合程度高、系统组成复杂等特点。从专业构成角度来看，复杂装备系统研发是一个多学科、多专业的协同过程，包含总体结构、推进系统、制导系统、控制系统、探测系统、通信系统、能源系统、环热控系统等多个子系统，多个子系统协同工作，共同完成飞行、探测、作战、防御等任务，不同子系统间产生不可预测的功能耦合、交叠，甚至冲突。其研发过程涉及导航、控制、气动、结构与动力学等多学科领域知识，它们共同支撑多专业协同开展大量的设计、验证循环和迭代。随着系统规模、系统层次等复杂度的不断增加，系统产品开发难度也显著增大。复杂装备的研制挑战催生国外数字工程转型，美国国防部、SpaceX、波音、洛马、空客等在装备研发中实施了数字工程转型。国内装备需求与挑战推动装备数字工程应用，以航天航空为代表的科研单位和企业开展了基于模型的系统工程（Model-Based Systems Engineering，MBSE）应用研究，并取得了显著进展，包括航天科技集团一院、五院、六院、八院等，中航工业成都所、一飞院、直升机所、自控所、上电所、计算所等。

1.1.2　基于模型的系统工程发展历程

复杂装备系统任务场景多种多样，对系统任务需求分析、任务过程设计提出了过程柔性化、资源综合化的具体要求，迫切需要强化顶层任务分析与需求验证手段，提升总体研制单位的技术把控与决策能力。基于信息物理系统（Cyber-Physical Systems，CPS）技术的新一代系统架构技术提供了面向服务的系统平台方案，系统任务设计更加柔性，资源可配置空间更大，任务分析、资源分析以及系统功能需求分析更加困难，迫切需要形式化、模型化、多专业统一的任务分析、设计与验证手段。面向全生命周期的测试维护、健康状态管理、发射飞行等复杂任务场景，迫切需要形成基于模型的数字化研制技术体系，满足任务目标、环境、用户、外部交互、系统操作响应等任务要素的统一描述要求，支持多层级、多分辨率任务的分解与综合，开展多任务并行资源占用分析与管理策略规划，支撑基于模型的系统多任务场景建模分析、分解与验证，提升研制质量与效率。

系统工程是解决工程复杂性最有效的方法和手段，自 20 世纪 60 年代以来一直为国内外航天和国防工业广泛采用，作为研制管理方法保障了众多重大工程的成功实施。然而，自 1969 年美国军用标准《系统工程管理》（MIL-STD-499）发布以来，该方法本身没有发生里程碑意义的变化，在技术特征上表现为以众多文档描述系统自顶向下（Top-Down）的各个对象和对象之间的接口以及流程活动的管理方法，因此传统的系统工程被系统工程国际委员会（International Council on Systems Engineering，INCOSE）归为基于文档的系统工程。

1980 年以来，系统工程的需求与环境发生了重大变化。随着信息技术的快速发展及广泛深入的普及应用，系统工程的规模、复杂性及多学科融合度显著提升，基于文档的系统工程方法已不能满足工程应用需求：

（1）易产生理解歧义，信息一致性难以维护，可追踪性难以保障；

（2）子系统间隔离的设计导致难以开展多学科全系统设计与验证；

（3）与技术系统融合度低，倚重管理。

针对传统系统工程方法存在的问题以及以信息物理系统为技术特征的复杂工业系统研制的需求，INCOSE 于 2006 年发起、2007 年发布的《SE 愿景 2020》对 MBSE 进行了如下定义：MBSE 是建模方法的形式化应用，以支持系统从概念设计阶段开始一直持续到开发阶段和后续生命周期阶段的需求、设计、分析、验证和确认活动。自从 2007 年初 INCOSE 面向工业界、学术界发起 MBSE 倡议开始，此定义逐渐被业界普遍接受为 MBSE 的标准定义。

紧接此定义，《SE 愿景 2020》中有如下解释：MBSE 是向以模型为中心的一系列方法转变这一长期趋势的一部分，这些方法被应用于机械、电子和软件等工程领域，以期望取代原来系统工程师们所擅长的以文档为中心的方法，并通过完全融入系统工程过程来影响未来系统工程的实践。

在 2007 年发布、2008 年更新的《MBSE 方法学综述》中，INCOSE 从构成一个完整方法学的各个要素之间关系的角度对 MBSE 方法学进行了解释：MBSE 方法学是包括相关过程、方法和工具的集合，以支持基于模型或模型驱动环境下的系统工程。

MBSE 是系统工程领域的一种新兴方法，核心思想是充分利用模型，使模型在系统论证分析、设计、实现中发挥核心作用，在基于模型的或模型驱动的环境下，通过模型实现系统需求和功能逻辑的验证和确认，并驱动设计仿真、产品设计、实现、测试、综合、验证和确认环节。MBSE 采用形式化的建模手段，从概念设计阶段开始就能够支持设计、分析、验证和确认等活动，并持续贯穿整个开发过程和后续的生命周期阶段。

MBSE 从一开始即基于标准的、图形化的、可视化的系统工程建模语言对系统的需求、结构、行为及参数约束等给出基于模型的形式化定义与表示，并借助相关的支撑软件，将系统相关的数据存储于一个统一的数据库中，因此，相关模型与参数能自动关联、自动更新。不同利益方的用户也能方便地获取自己所需数据（即生成系统的不同视图）。事实上，模型本身并不是新生事物，它一直是思考问题、解决问题的基础。各专业学科甚至系统工程也一直在使用模型，如 CAD 模型、仿真模型等。但在 MBSE 中，系统总体设计模型是基于统一标准系统建模语言来建立的。这样，基于统一标准系统建模语言建立的系统模型就类似于网络中的 Hub，因而是各专业学科、专业工程无障碍沟通的桥梁。因此，与传统的基于文档的系统工程相比，MBSE 显著的优点在于：

便于交流和传播　由于开发团队以及项目参与者的分散性，系统相关信息需要在不同人群之间进行交流和传播。由于模型本身的精确性，它在不同涉众之间建立起了无二义的交流规则，使得不同人对同一模型具有统一的理解。

数据容易获取　基于文档的系统工程方法处理的最小对象是文档，用户所需要的信息零散地分布在各个文档中，因此查询的工作量巨大。而 MBSE 处理的最小对象是数据，结合成熟的数据库存储技术和管理方法，用户能够快速直接地获取所需的数据。

可提高设计质量　在需求分析阶段使用规范的模型进行需求详述，形式化的表示有助于在设计初期准确识别系统需求。模型可以清晰地表示各种信息之间的关系，使得系统层的需求模型、结构模型、行为模型可以有机地联系起来，通过这些联系实现各层的追踪性和关联性分析，从而减少系统集成的错误发生。

可提高生产率　使用规范统一的模型可提高需求发生变动时的设计变更分析效率，促进来自不同领域的设计团队的知识共享，使得已有设计方案原理能被更方便地重用。模型转换技术支持设计文档的自动生成。

设计验证一体化　MBSE 方法在工作过程中强调同时考虑设计过程与验证过程，通过建立验证模型与需求模型、功能模型及其他相关模型之间的关系，进行验证覆盖性分析，能够及时进行验证，从而保证所有项目均满足要求。

可减少风险　详细规范的模型表示能更准确地描述系统需求，便于成本估算，减少成本控制风险。基于模型的表示使得由设计模型生成仿真模型时的信息转换能够更加方便地进行，从而便于对设计进行验证。基于模型的设计方法支持在设计初期持续地进行需求检验和验证。

在 INCOSE 的持续推动下，MBSE 思想得到了全球学术界和工业界的广泛认可，并形成了较多的方法论体系。目前主流的 MBSE 方法有 INCOSE 的面向对象的系统工程方法（Object-Oriented Systems Engineering Method，OOSEM）、达索的 MagicGrid 方法、IBM 的 HarmonySE 方法、法国泰雷兹的架构分析与设计集成方法（Architecture Analysis and Design Integrated Approach，Arcadia）方法等。

其中，OOSEM 方法使用 OMG SysML（Systems Modeling Language，系统建模语言），是自顶向下、基于模型的方法。该方法支持面向对象模式，可以集成面向对象软件工程的优势，采用自上而下实现功能结构的思想，建模过程通过 SysML 来实现对系统的说明、分析、设计、验证。该方法的优势在于可使硬件开发、面向对象软件开发、测试三者更易于集成并行。该方法的使用流程包含 6 个步骤：分析利益方需要、明确系统需求、明确逻辑架构、综合集成可选分配架构、优化与评估可选方案、确认与验证系统。

Arcadia 方法融合多套方法体系与框架形成"架构中心、模型驱动"的方法论，确定系统内部的逻辑组件以及组件的关系和属性，在物理架构层级，对系统的集成、验证和确认场景和架构方案进行建模分析，确保系统功能的正确分配、系统组件需求的正确定义、构型项的正确识别和向下传递。NASA、ESA、洛克希德马丁、波音等科研机构或者军工企业均已建立了符合产品特点和技术体系要求的 MBSE 方法、模型、工具和规范体系。

1.1.3 数字孪生发展历程

数字孪生的概念最初是由美国密歇根大学的 Michal Grieves 教授于 2003 年在产品全生命周期管理课程上提出的，但由于当时技术和认知上的局限，数字孪生的概念并没有得到重视。直到 2011 年，Michal Grieves 教授在其论著中做出进一步描述，明确给出了该概念模型的名词——数字孪生体，并沿用至今。2012 年，美国空军研究实验室和 NASA 合作提出了构建未来航行器的数字孪生体，并给出航行器数字孪生体的定义：一个面向航行器或系统的、集成的多物理、多尺度、概率仿真模型，它利用当前最好的可用物理模型、更新的传感器数据和历史数据等来反映与该模型对应的航行实体状态。随后，数字孪生才真正引起关注，国内外学者在 NASA 提出概念的基础上进行了很多补充和完善。数字孪生的概念模型如图 1-1 所示。

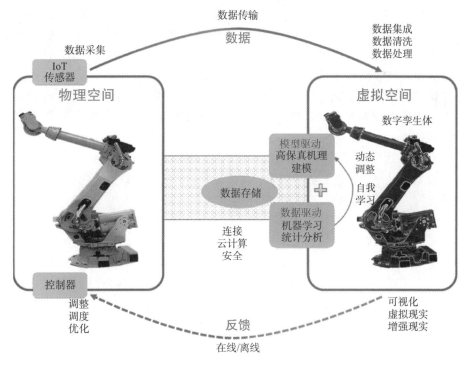

图 1-1　数字孪生的概念模型

近几年，随着美国、欧盟、中国、日本、韩国等世界主要国家和地区纷纷开始进行以智能制造为核心的制造业升级，以及云计算、大数据、人工智能、虚拟现实、物联网等信息技术的发展，数字孪生也逐步扩展到了包括设计、制造和服务在内的完整的产品周期阶段，应用探索也逐渐向海洋工程、复杂建筑、机械装备、医疗、制造车间等多领域辐射。Gartner公司从 2017 年起连续三年将数字孪生技术列为十大战略技术。数字孪生经历了技术积累、概念提出、应用萌芽、快速发展四个阶段。

数字孪生强调充分利用物理实体的物理模型与传感器反馈数据、运行历史数据等信息数据，在虚拟世界中构建一个物理实体的镜像数字模型，通过两者的实时连接、映射、分析、反馈，来了解、分析和优化物理实体，全局掌控其实时状态，提供更完善的全周期支持服务，涉及物理实体、数字孪生体、孪生数据、连接交互、服务等核心要素。

数字孪生以数字化的方式建立物理实体的多维、多时空尺度、多学科、多物理量的动态虚拟模型，并借助实时数据再现物理实体在真实环境中的属性、行为、规则等。作为一种在信息世界刻画物理世界、仿真物理世界、优化物理世界、增强物理世界的重要技术，从企业层面来说，数字孪生面向产品全生命周期过程，发挥连接物理世界和信息世界的桥梁和纽带作用，提供更加实时、高效、智能的服务；从宏观层面来讲，数字孪生更是一种推进全球工业和社会向数字化、网络化、智能化、服务化转型的有效途径。

数字孪生以数据和模型的集成融合为核心，在数字空间构造实时物理对象的精准数字化映射，准确模拟物理对象的行为、能力、状态等全方位要素，通过实时双向通信实现虚实一致性互动，为物理实体提供预测性分析和最佳综合决策。

数字孪生体的特点如下：①数字孪生体是产品物理实体在信息空间中集成的仿真模型，是产品物理实体的全生命周期数字化档案，并可实现产品全生命周期数据和全价值链数据的统一集成管理；②数字孪生体是通过与产品物理实体之间不断进行数据和信息交互而完善的；③数字孪生体的最终表现形式是产品物理实体的完整和精确的数字化描述；④数字孪生体可用来模拟、监控、诊断、预测和控制产品物理实体在现实物理环境中的形成过程和状态。

数字孪生概念体系架构涉及 5 个关键部分：

（1）物理实体是具体的物理对象，包括单元级、系统级和复杂系统级等多个层次；

（2）数字模型是物理对象的数字化描述，包括数学描述、一维系统、三维模型等多种数字化描述方式；

（3）应用服务是数字孪生体在应用过程中所提供的功能和服务；

（4）孪生数据是描述物理实体和数字模型的过程数据和结果数据，包括各类文件、数据、模型、计算方程、经验知识等；

（5）连接映射是数字孪生体中各部件的连接和数据传递，尤其是物理实体和数字模型之间的连接，是达到虚实融合和状态互动的重要手段。

国内数字孪生的发展紧跟国际，从概念到技术都发展很快，在学术界和工业界引发了广泛的讨论和应用实践，在航天航空领域得到了实际应用，并依托国内巨大的工业产品体系和市场环境，扩展到了核能、船舶、车辆等领域，为工业企业转型提供了良好的技术支持，取得了一些明显的效果和价值，目前仍然在高速发展之中。

1.1.4　数字工程发展历程

数字工程是一种集成的数字化方法，使用装备系统的可信数据源和模型源作为生命周期中的连续统一体，支撑从概念到退役处理的所有活动。2015 年，美国国防部为应对军队面临的作战和威胁环境动态变化、装备系统复杂度和无法接受的风险大幅增加、成本超支和能力交付延迟等一系列挑战，决定实施数字工程转型。2016 年 11 月，美国制定了数字工程五大战略目标：基于统一语言规范实现模型的开发、集成与使用；持久性地提供权威事实源，即基础数据与模型；将技术创新融入工程实践的改进；构建数字工程的统一支撑架构和环境；完成文化与团队的数字转型。2017 年 12 月，美国正式发布数字工程战略文件；2018 年 6 月，美国完成政策和指南的更新，明确提出"数字系统模型、数字主线、数字孪生"是实现端到端连接、打造数字工程生态的技术核心。2019 年 12 月，美国空军开始将数字工程引入装备采办流。2020 年 11 月，美国发布《使命任务工程指南》，进一步加强使命任务工程的活动规范，促进采办团队及工程人员的数字化协同。

数字系统模型是数字工程战略实施的基础资源，美国国防部定义了数字系统模型的构建开发方法：数字系统模型是对一个国防系统的数字化表达，由所有利益攸关方生成，集成了权威的数据、信息、算法和系统工程流程，面向系统整个生命周期的专业活动，定义了系统的所有方面。美国国防部利用数字系统模型为数字工程生态系统提供系统的工程数据、项目和系统的支持数据，并且通过数字主线工具、分析学、流程和管理，以模型、数据、文档和采办等多种视图支撑决策。

数字主线旨在通过先进的建模仿真工具建立一种技术流程，提供访问、综合并分析系统生命周期各阶段数据的能力，使军方和工业部门能够基于高逼真度的系统模型，充分利用各类技术数据、信息和工程知识的无缝交互与集成分析，完成对项目成本、进度、性能和风险的实时分析与动态评估。数字主线的特点是"全部元素建模定义、全部数据采集分析、全部决策仿真评估"，能够量化并减少系统生命周期中的各种不确定性，实现需求的自动跟踪、设计的快速迭代、生产的稳定控制和维护的实时管理。

数字孪生是一种基于数字化技术，将物理世界与虚拟世界相结合的新型技术。它充分利用物理模型、传感器、运行历史等数据，集成多学科、多物理量、多尺度、多概率的仿真过程，在虚拟空间中完成映射，从而反映相应实体装备的全生命周期过程。

数字工程是国外军工行业、政府国防部门、科研机构的主要战略方向，是下一代装备技术的关键核心技术。数字系统模型、数字主线、数字孪生作为数字工程的三个重要组成部分，已经受到政府部门、科研机构、装备企业的共同关注，取得了大量的研究成果。目前，美国国防部已有不少于 30 个正式型号项目的采办流程在数字工程环境中实施，并推动司令部、基地等在飞行员训练、软件开发、基地运行、管理事务等环节中落实系统工程应用。在美国军事领域渗透颇深的英国航空制造企业也在大力跟进数字工程战略的实施转型，BAE 系统公司正在平台现代化、指挥、控制、计算机、通信、网络、情报、监视、侦察以及太空能力方面使用数字工程工具来开发、集成和维护复杂平台与 IT 系统，并在生命周期中提供有充分依据的项目决策，规划建设用于卓越敏捷制造、集成和持续保障的先进集成数据环境——机械系统自动动力学分析（Automatic Dynamic Analysis of Mechanical Systems，ADAMS）参考架构，这是一种企业级的集成数字工程环境。美国海军在"下一代空中主宰"计划中，利用工程强韧系统（Engineered Resilient Systems，ERS）设计环境，构建了增强的备选总体方案分析工具，探索了当前由 F/A-18E/F 战斗机和 EA-18G 电子战飞机所提供能力的调整需求；在F-35 机身生产中建立了一个数字主线基础设施来支撑物料评审委员会进行劣品处理决策，通过数字孪生改进了多个工程流程：自动采集数据并实时验证劣品标签，将数据（图像、工艺和修理数据）精准映射到计算机辅助设计模型，使其能够在三维环境下可视化、被搜索并展示趋势；通过在三维环境中实现快速和精确的自动分析缩短处理时间，并通过制造工艺或组件设计的更改减少处理频率。通过流程改进，诺格公司处理 F-35 进气道加工缺陷的决策时间缩短了 33%，该项目获得了 2016 年度美国国防制造技术奖。

1.1.5　数字化技术发展趋势

当前新一轮科技革命快速发展，基于模型的系统工程、数字孪生、数字工程等新型数字化技术不断涌现，以美国数字工程和中国装备数字化发布为标志，推动装备研制从信息化时代步入数字化时代。

系统工程数字化的核心思想是充分利用模型，使模型在系统论证分析、设计、实现中发挥核心作用，持续贯穿整个开发过程和生命周期。数字孪生是在虚拟世界中构建一个与物理实体镜像的高保真、高实时的数字模型，了解、分析和优化物理实体，全局掌握其实时状态，提供更完善的全生命周期支持服务。由此可以发现，无论是基于模型的系统工程、数字孪生还是数字工程，核心均为装备数字模型。

随着科学技术的高速发展，新产品层出不穷，产品结构与功能日趋复杂，汽车、机器人、航空航天器等现代高科技产品通常是集机械、电子、液压、控制等多个学科领域于一体的复杂装备系统。无论是有限元分析，还是单领域仿真，在产品的研制过程中都主要用于产品零部件的分析设计，以提高零部件的性能和质量。但局部最优并不等于系统最优，零部件功能满足并不保证系统功能满足。随着科学技术的发展，现代产品日趋复杂，产品成本、质量、周期、服务竞争日益激烈，如何从系统角度进行仿真，以确保产品在系统上功能满足、性能最优，已经成为现代产品设计与仿真技术迫切需要解决的问题之一。

由于复杂工程系统多领域一致建模仿真的需求，近几年来国际上对于多领域统一的系统工程数字化的研究主要集中在系统建模仿真技术的理论和方法上，系统建模仿真技术已经成为复杂装备系统数字化研发的关键使能技术，是工业数字化转型的核心支撑技术。

一方面，随着复杂装备系统规模、层次和复杂度的不断增长，系统产品开发难度显著增大；另一方面，复杂装备系统的研制周期、研制成本空间也不断压缩，系统复杂度与开发周期和成本之间的矛盾催生了对新一代系统研发方法以及系统研发工具软件的迫切需求。中国航天、航空、船舶、能源、车辆等重点行业经过几十年的信息化建设，已深入应用三维 CAD 软件、有限元 CAE 软件、CAM 软件以及机械、控制、电气等专业仿真软件并取得成效，但尚存在信息孤岛现象，未形成全系统、全流程的整体性技术体系。另外，这些重点行业一直强于详细设计、弱于系统设计，难以满足新形势下工业装备正向创新设计的需求。因此，这些重点行业的数字化转型迫切需要系统建模仿真技术。

1.2　系统建模仿真技术及多领域物理统一建模语言 Modelica

1.2.1　系统建模仿真技术的发展

工程物理系统多领域建模仿真经历了从单一领域独立建模仿真到多领域统一建模仿真、

从连续域或离散域分散建模仿真到连续-离散混合建模仿真、从过程式建模仿真到陈述式建模仿真、从结构化建模仿真到面向对象建模仿真的发展阶段。目前实际应用的多领域统一建模仿真主要有以下三种方式：基于接口的多领域统一建模仿真、基于图表示的多领域统一建模仿真、基于物理建模语言表示的多领域统一建模仿真。本节先简述物理系统多领域建统一模仿真的发展历史及几种主要的建模仿真方式，然后着重综述基于图表示与基于物理建模语言表示的多领域统一建模仿真。

随着计算机技术在工程领域的深入应用，在 20 世纪 70 年代至 90 年代诞生了一批应用广泛的单领域建模仿真工具，在工程系统中常见的机械、电子、控制领域及能源与过程领域涌现了一批具有代表性的仿真软件。与此同时，物理建模语言蓬勃发展，先后出现了两个具有里程碑意义的物理建模语言，对于建模仿真领域产生了深远影响。

在机械领域，以多体动力学为理论基础，先后出现了一批影响广泛的机械系统运动学与动力学仿真软件：美国 Iowa 大学基于笛卡儿方法开发了 DADS，后来成为比利时 LMS 公司的 LMS.Motion；美国 MDI 公司基于笛卡儿类似方法开发了 ADAMS，后被美国 MSC 公司收购成为 MSC.ADAMS，目前应用最为广泛；德国宇航中心（DLR）开发了 SIMPACK，采用符号与数值求解结合的方法，广泛应用于航空航天领域；韩国 FunctionBay 公司开发的 RecDyn后来居上，采用基于 ODAE 的解耦方法和广义递归方法，在链式系统求解方面具有独特优势。

在电子领域，通常采用某种仿真语言，比较著名的工具或语言包括用于模拟电路的 SPICE和 Saber 及用于数字电路的 VHDL 和 Verilog。在 20 世纪 90 年代末期，VHDL 和 Verilog 分别扩展为 VHDL-AMS 和 Verilog-AMS，以支持模拟-数字混合电路仿真。

在控制领域，一般采用基于框图的表示描述经典控制系统，影响比较广泛的工具包括美国 MathWorks 公司的 MATLAB/Simulink、美国 NI 公司的 MATRIXx、美国 MSC 公司的MSC.EASY5 等。

在能源与过程领域，化学工程中的能源与过程系统仿真属于物理系统仿真的重要内容。英国伦敦帝国学院先后开发了 SPEED-UP 和 gPROMS，广泛应用于化学工程动态仿真；美国能源部组织开发了 ASPEN Plus，用于大型化工流程仿真。

在物理建模语言方面，Strauss 于 1967 年提出了连续系统仿真语言（Continuous System Simulation Language，CSSL），该语言的出现是物理建模语言发展的第一个里程碑，它统一了当时多种仿真语言的概念和语言结构。CSSL 是一种过程式语言，支持框图、数学表达式及程序代码方式建模，以常微分方程的状态空间形式作为数学表示。Mitchell 和 Gauthier 在1976 年基于 CSSL 实现了 ACSL（the ANSI/ISO C Specification Language），ACSL 在 CSSL的基础上做了部分改进，在相当长时间内成为仿真事实标准。在 CSSL 之后，出现了一系列类似的物理建模语言，如 Dymola、ASCEND、Omola、gPROMS、ObjectMath、Smile、NMF、U.L.M.、SIDOPS+等，各具特点。欧洲仿真界于 1997 年综合上述多种物理建模语言提出了多领域统一建模语言 Modelica。Modelica 的出现是物理建模语言发展的第二个里程碑，它综合了先前多种建模语言的优点，支持面向对象建模、非因果陈述式建模、多领域统一建模及连续-离散混合建模，以微分方程、代数方程和离散方程为数学表示形式。Modelica 自其诞生以来发展迅速，在工程领域应用得越来越广泛。

1. 基于接口的多领域建模仿真

基于接口的多领域建模仿真，通过单领域仿真工具之间的接口，实现不同领域工具之间的联合仿真，从而提供多领域建模仿真功能。联合仿真根据耦合程度可以分为三种类型：模型耦合、求解器耦合及进程耦合，不同类型的求解调用模式不同。

基于接口通过联合仿真实现多领域建模仿真，目前工程中实际应用的有三种方式：

一是单领域工具之间基于针对性接口的联合仿真。例如，机械动力学仿真软件 ADAMS 提供了与控制仿真软件 MATLAB/Simulink 的进程耦合联合仿真接口，LMS 公司的 Motion、AMESim 与 MathWorks 公司的 MATLAB/Simulink 两两之间提供了不同耦合方式的联合仿真接口。这种方式可以在单领域仿真工具基础上实现有限领域的多领域建模与联合仿真，但其依赖于仿真工具本身是否相互提供了接口。

二是基于高层体系结构（High Level of Architecture，HLA）规范的联合仿真方式。HLA 是一个针对分布式计算仿真系统的通用体系结构，为仿真软件之间的集成与联合仿真提供了一个接口规范。HLA 于 2000 年被 IEEE 接受为标准（IEEE 1516-2000/1516.1-2000/1516.2-2000），到 2010 年标准更新为 IEEE 1516-2010 /1516.1-2010/1516.2-2010/1516.3-2003/1516.4-2007。HLA 定义包含三个内容：接口规范、对象模型模板（Object Model Template，OMT）和规则。HLA 接口规范定义了 HLA 仿真器与 RTI（Run-Time Infrastructure，运行时基础架构）的交互方式，RTI 提供了一个程序库和一套与接口规范对应的应用程序接口（API）；HLA 对象模型模板说明了仿真之间的通信信息内容及其文档格式；HLA 规则是为了符合标准仿真要求必须遵循的规则。HLA 可以基于规范的接口实现多领域建模仿真，通常用于大型分布式仿真系统。

三是基于功能样机接口（Functional Mock-up Interface，FMI）规范的联合仿真方式。欧洲仿真界在 MODELISAR 项目支持下于 2008—2011 年提出了两个接口规范：模型交换功能样机接口（FMI for Model Exchange）、联合仿真功能样机接口（FMI for Co-Simulation）。其中，模型交换功能样机接口旨在规范仿真工具生成的动态系统模型 C 代码接口，使得其他仿真工具可以使用生成的模型 C 代码。模型交换功能样机接口支持微分、代数和离散方程描述的模型。联合仿真功能样机接口为不同仿真工具之间的联合仿真定义了接口规范，支持模型耦合、求解器耦合或进程耦合的联合仿真。相比 HLA，FMI 提供了一套轻量级的模型交换与联合仿真接口。

基于接口通过联合仿真可以在一定程度上实现多领域建模仿真，但基于接口的方式存在以下问题：一是要求仿真工具必须提供或实现相应的接口。不论是工具之间直接的联合仿真，还是基于 HLA 或 FMI 的联合仿真，均要求仿真工具提供或实现相应的接口。二是联合仿真要求在建模时实现系统领域或模型之间的解耦。对于多领域耦合系统，这种处理可能影响模型的逼真度，甚至难以仿真系统的某些行为特性。三是联合仿真会显著降低仿真求解的效率与精度。特别是进程耦合方式的联合仿真，为了数据交互通常采用定步长求解，这不利于工具处理模型中的离散事件，也不便于自动协调处理模型中的快变部分与慢变部分，而且容易产生较大的累积数值误差，经常导致联合仿真效率很低，甚至仿真失败。

2. 基于图表示的多领域建模仿真

自 20 世纪 60 年代以来，以一种统一的表示方式实现不同领域物理系统的一致建模，是仿真界一直努力的方向。这个方向的发展可以分为两个大的阶段：第一阶段基于图的表示方式，第二阶段基于物理建模语言的表示方式。基于图的表示中，常用的图包括框图（Block Diagram）、键合图（Bond Graph）及线性图（Linear Graph）。多领域物理建模语言以 Modelica、VHDL-AMS、Simscape 等为代表，Modelica 提供了兼容框图、键合图及线性图的表示方式。

1）框图

以框图作为可视化表示方式，1976 年，美国波音公司开发了 EASY5（现为美国 MSC 公司的 MSC.EASY5），1985 年，美国集成系统公司开发了 SystemBuild/MATRIXx（现为美国 NI 公司所有），1991 年，美国 MathWorks 公司开发了 MATLAB/Simulink（Simulink 原名 Simulab），1993 年，Mitchell 和 Gauthier 为 ACSL 引入了图形化建模环境。框图成为控制系统可视化建模的常规方式，其他领域物理系统也可以通过数学模型的因果分析表示为框图。在相当长的一段时间内，鉴于 MATLAB 在工程界的广泛应用，框图成为物理系统数学模型可视化的一种主要方式。

框图基于经典控制理论，通过连接积分环节、加法环节、乘法环节等基本环节的输入/输出来定义模型，可以认为是基于系统信号流的建模。在框图中，每个环节都具有确定的输入/输出，属于因果建模。框图可以表示各种常规连续系统或离散系统的数学模型，但不能直接反映除控制系统之外的物理系统的拓扑结构。框图建模要求用户熟悉物理系统的数学模型细节。基于框图的仿真不能直接处理代数环，要求用户在建模时手工处理。

2）键合图

键合图首先由美国麻省理工学院 Paynter H. M.于 1961 年提出，然后 Karnopp D. C.和 Rosenberg R. C.将其发展为一种通用建模理论和方法。键合图是一种有向图，其中元件为结点，连接为键，键具有关联的势（Effort）变量和流（Flow）变量。键代表了模型元件之间的功率流，功率流是势变量和流变量的乘积。元件之间通过 0 结和 1 结连接，0 结表示基尔霍夫（Kirchhoff）电流定律，1 结表示基尔霍夫电压定律。键合图采用四种形式的广义变量：势、流、广义动量和广义位移，通过表征基本物理性能、描述功率变换和守恒基本连接的九种元件，可以根据系统中功率流方向画出系统键合图模型并列出系统状态方程。

键合图可以通过四种广义变量和九种元件的抽象，描述不同领域具有不同形式能量流的物理系统，键合图中常见领域的势变量与流变量如表 1-1 所示。键合图比较适合用于连续过程建模，通过键合图可以进行基于功率的物理模型降阶，这对于简化模型具有重要价值。键合图对一维机械、电子、液压、热等领域模型的描述已经比较完善，但其不便于直接支持三维机械系统和连续-离散混合系统建模。通过扩展键合图表示，可以支持三维机械建模和连续-离散混合建模。

表 1-1　键合图中常见领域的势变量与流变量

领域	势变量	流变量
机械平动	力	速度
机械转动	力矩	角速度
电子	电压	电流
液压	压力	流速
热	温度	熵流

支持键合图表示的仿真工具有 20-SIM、CAMP-G、SIDOPS+等，其中 SIDOPS+支持非线性多维键合图模型，模型中可以同时包含连续和离散部分。比利时 LMS 公司的 Imagine.Lab AMESim 基于键合图理论支持机械、电子、液压、气压、热等多领域建模，并据此提供了基

于能量的模型简化功能。

3）线形图

物理系统与线性图之间的关系最早由 Trent 和 Branin 于 20 世纪 50 年代到 60 年代揭示。与键合图类似，线性图通过穿越（Through）和交叉（Across）变量［也称为终端（Terminal）变量］表示经过系统的能量流。线性图的边表示系统元件中能量流的存在，图的结点表示元件的终端。对于每一条边，存在一个终端方程表示终端变量间的关系。一条或多条边及相关联的终端方程完全定义了元件的动态特性。通过合并存在物理连接的结点，独立元件的终端图可以组合成系统图。与键合图模型不同，线性图直接反映了物理系统的拓扑结构。线性图通过穿越和交叉变量的抽象实现了与领域无关的表示，可以用于多领域物理系统建模。线性图中常见领域的交叉变量与穿越变量如表 1-2 所示。线性图表示与 VHDL-AMS 仿真语言端口表示一致，构成了 VHDL-AMS 的潜在表示。

表 1-2　线性图中常见领域的交叉变量与穿越变量

领域	交叉变量	穿越变量
机械平动	速度	力
机械转动	角速度	力矩
电子	电压	电流
液压	压力	流速
热	温度	熵流

线性图可以方便地用于三维机械系统建模，McPhee 在机械多体系统线性图建模方面进行了系列研究，奠定了线性图自动化建模的理论基础。通过引入分枝坐标系和共轭树的概念，McPhee 给出了多体系统最少方程数的表示。加拿大 Maple 公司的多领域仿真软件 MapleSim 基于线性图理论提供了多体模型库。

与键合图相比，线性图更加直观，在三维机械系统方面具有更好的表达能力，但目前尚没有直接支持线性图的建模仿真工具。VHDL-AMS 采用与线性图理论一致的端口模式，并不直接支持线性图表示；MapleSim 基于线性图理论实现的多体模型库，采用与 Modelica 语言一致的组件图，线性图理论用于指导多体模型的方程生成。

3. 基于物理建模语言表示的多领域建模仿真

1978 年，瑞典 Elmqvist 设计了第一个面向对象的物理建模语言 Dymola。Dymola 深受第一个面向对象语言 Simula 的影响，引入了"类"的概念，并针对物理系统的特殊性做了"方程"的扩展。Dymola 采用符号公式操作和图论相结合的方法，将 DAE 问题转化为 ODE 问题，通过求解 ODE 问题实现系统仿真。到 20 世纪 90 年代，随着计算机技术与工程技术的发展，涌现了一系列面向对象和基于方程的物理建模语言，如 ASCEND、Omola、gPROMS、ObjectMath、Smile、NMF、U.L.M.、SIDOPS+等。上述众多建模语言各有优缺点，互不兼容，为此，欧洲仿真界从 1996 年开始致力于物理系统建模语言的标准化工作，在综合多种建模语言优点的基础上，借鉴当时最先进的面向对象程序语言 Java 的部分语法要素，于 1997 年设计了一种开放的全新多领域统一建模语言——Modelica。

1999 年，IEEE 为了支持模拟和混合信号系统建模，在 VHDL 标准基础上通过扩展发布了 IEEE 1076.1-1999 标准（VHDL-AMS）。VHDL 是用于数字集成电路的标准硬件描述语言

（IEEE 1076-1993/1076-2008）。VHDL-AMS 通过扩展的 DAE 表示支持连续系统建模，加上 VHDL 语言的并行执行过程支持，使得其支持连续-离散混合建模。VHDL-AMS 采用与线性图一致的端口抽象，从机制上可用于描述不同领域的物理系统，支持多领域统一建模。VHDL-AMS 语言的基本硬件抽象是设计实体，设计实体由实体声明描述接口，结构体描述行为，一个实体可以组合不同的结构体。

目前支持 VHDL-AMS 的仿真工具包括美国 Mentor Graphics 公司的 SystemVision、美国 Synopsys 公司的 Saber、美国 ANSYS 公司的 SIMPLORER、法国 Dolphin Integration 公司的 SMASH、法国 CEDRAT 集团公司的 Portunus、美国辛辛那提大学的 SEAMS 等。

Simscape 是 MathWorks 公司在 2007 年随同 MATLAB 2007a 推出的多领域物理系统建模仿真工具。在 Simscape 之前，MATLAB 提供了类 C 的数学编程语言 M 和基于框图的可视化建模工具 Simulink，具有大量不同行业或领域的工具箱，但这些工具箱之间并未互通，而且其本质仍是将数学模型表示为基于信号的因果框图。

Simscape 采用所谓物理网络的方法支持多领域物理系统建模。Simscape 受 Modelica 影响较深，其建模本质与 Modelica 一致。系统模型由元件、端口和连接组成。元件根据其物理特性可以具有多个端口，端口分为两种类型：物理保守端口和物理信号端口。保守端口具有关联的穿越和交叉变量。保守端口之间的连接表示能量流，信号接口之间的连接表示信号流。Simscape 包括两个部分：Simscape 语言和物理领域库。Simscape 语言采用与 Modelica 类似的结构与要素，但考虑了对于 MATLAB 本身的兼容性支持；Simscape 领域库目前包括 Foundation Library（基础库）、SimDriveline、SimElectronics、SimHydraulics、SimMechanics 等，基础库中提供了电子、液压、电磁、一维机械、气压、热等领域的基本元件。

1.2.2　Modelica 的原理与技术特点

Modelica 是一个开放的面向对象多领域物理系统的统一建模语言，成为系统建模仿真的事实国际标准，法国达索、德国西门子、美国 ANSYS、美国 ALTAIR、法国 ESI 等知名国际工业软件公司纷纷在通过支持 Modelica 后，从单专业、零部件仿真走向全领域、全系统仿真。作为"工程师的语言"，Modelica 的一个显著优点就是让使用者可以只专注于陈述问题（What），而无须考虑错综复杂的仿真求解的实现过程（How），因此可大大降低建模计算的技术门槛，使得建模仿真成为广大设计师的桌面工具和设计活动的基本手段。Modelica 归纳了机、电、液、热、控等各学科的工程物理统一原理，使得不同学科可以采用统一的数学表达、统一的模型描述、统一的建模模式来实现统一建模仿真。Modelica 以类为中心组织和封装数据，强调陈述式描述和模型的重用，通过面向对象的方法定义组件与接口，并支持采用分层机制、组件连接机制和继承机制构建模型。Modelica 模型实质上是一种陈述式的数学描述，这种陈述式的面向对象方式相比于一般的面向对象程序设计语言而言更加抽象，因为它可以省略许多实现细节，如不需要编写代码实现组件之间

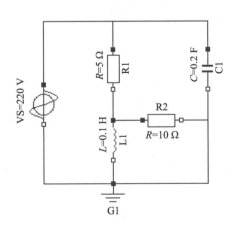

图 1-2　一个简单电路

的数据传输。例如，一个简单电路如图 1-2 所示，其 Modelica 模型描述代码如下：

```
model Circuit "电路"
  extends Modelica.Icons.Example;
  Modelica.Electrical.Analog.Basic.Ground ground
    annotation (Placement(transformation(origin = {0.0, -36.0},
      extent = {{-10.0, -10.0}, {10.0, 10.0}})));
  Modelica.Electrical.Analog.Basic.Resistor R1(R = 5)
    annotation (Placement(transformation(origin = {0.0, 36.0},
      extent = {{-10.0, -10.0}, {10.0, 10.0}},
      rotation = -90.0)));
  Modelica.Electrical.Analog.Basic.Inductor L1(L = 0.1)
    annotation (Placement(transformation(origin = {0.0, -5.000000000000006},
      extent = {{-10.0, -10.0}, {10.0, 10.0}},
      rotation = -90.0)));
  Modelica.Electrical.Analog.Basic.Resistor R2(R = 10)
    annotation (Placement(transformation(origin = {28.0, 14.0},
      extent = {{-10.0, -10.0}, {10.0, 10.0}})));
  Modelica.Electrical.Analog.Basic.Capacitor C1(C = 0.2)
    annotation (Placement(transformation(origin = {56.00000000000001, 36.0},
      extent = {{-10.0, -10.0}, {10.0, 10.0}},
      rotation = -90.0)));
  Modelica.Electrical.Analog.Sources.SineVoltage sineVoltage(V = 220)
    annotation (Placement(transformation(origin = {-38.0, 14.000000000000002},
      extent = {{-10.0, -10.0}, {10.0, 10.0}},
      rotation = -90.0)));
equation
  connect(sineVoltage.p, R1.p)
    annotation (Line(origin = {-27.0, 39.0},
      points = {{-11.0, -15.0}, {-11.0, 15.0}, {27.0, 15.0}, {27.0, 7.0}},
      color = {0, 0, 255}));
  connect(R1.n, L1.p)
    annotation (Line(origin = {0.0, 16.0},
      points = {{0.0, 10.0}, {0.0, -11.0}},
      color = {0, 0, 255}));
  connect(L1.n, ground.p)
    annotation (Line(origin = {0.0, -25.0},
      points = {{0.0, 10.0}, {0.0, -1.0}},
      color = {0, 0, 255}));
  connect(sineVoltage.n, ground.p)
    annotation (Line(origin = {-28.0, -16.0},
      points = {{-10.0, 20.0}, {-10.0, -10.0}, {28.0, -10.0}},
      color = {0, 0, 255}));
  connect(R1.n, R2.p)
    annotation (Line(origin = {15.0, 20.0},
      points = {{-15.0, 6.0}, {-15.0, -6.0}, {3.0, -6.0}},
      color = {0, 0, 255}));
  connect(sineVoltage.p, C1.p)
```

```
    annotation (Line(origin = {7.0, 39.0},
      points = {{-45.0, -15.0}, {-45.0, 15.0}, {49.0, 15.0}, {49.0, 7.0}},
      color = {0, 0, 255}));
  connect(C1.n, ground.p)
    annotation (Line(origin = {35.0, -5.0},
      points = {{21.0, 31.0}, {21.0, -21.0}, {-35.0, -21.0}},
      color = {0, 0, 255}));
  connect(R2.n, C1.n)
    annotation (Line(origin = {60.0, 20.0},
      points = {{-22.0, -6.0}, {-4.0, -6.0}, {-4.0, 6.0}},
      color = {0, 0, 255}));
end Circuit;
```

上述电路模型很好地体现了 Modelica 语言的面向对象建模思想的三种模型组织方式。其中，层次化建模方式体现为：将系统层模型和组件层模型分开描述，上述模型描述代码只给出了系统层模型的描述代码。组件连接形式的模型组织方式体现为：系统模型 Circuit 中的连接语句，如 connect(R1.n,L1.p)。继承方式的模型组织方式体现为：从电路模型的电容组件模型 Capacitor 的描述代码中可知，Capacitor 从基类 TwoPin 派生而来。

Modelica 可通过微分代数方程的形式来描述组件结构，以 Modelica 描述电容组件为例，电容方程可直接以数学形式描述于组件内部：

```
model TwoPin "双端口元件"
  Modelica.SIunits.Voltage v;
  Modelica.SIunits.Current i;
  Modelica.Electrical.Analog.Interfaces.PositivePin p
    annotation (Placement(transformation(origin = {-104.0, 4.440892098500626e-16},
      extent = {{-10.0, -10.0}, {10.0, 10.0}})));
  Modelica.Electrical.Analog.Interfaces.NegativePin n
    annotation (Placement(transformation(origin = {104.00000000000001, -6.661338147750939e-16},
      extent = {{-10.0, -10.0}, {10.0, 10.0}})));
equation
  v = p.v - n.v;
  0 = p.i + n.i;
  i = p.i;
end TwoPin;


model Capacitor "理想电容"
  extends TwoPin;
  parameter Modelica.SIunits.Capacitance C(start = 1);
equation
  i = C * der(v);
end Capacitor;
```

众所周知，方程具有陈述式非因果特性。由于声明方程时没有限定方程的求解方向，因而方程具有比赋值语句更大的灵活性和更强的功能。方程可以依据数据环境的需要用于求解不同的变量，这一特性大大提升了 Modelica 模型的重用性。方程的求解方向最终由数值求解器根据方程系统的数据流环境自动确定。这意味着用户不必在建模时将自然形式的方程转化为因果赋值形式，这极大地减少了建模工作量，尤其是复杂系统的建模工作量，同时也避免了因公式的转化推导而引起的错误。

Modelica 语言提供了功能强大的软件组件模型，其具有与硬件组件系统同等的灵活性和重用性。基于方程的 Modelica 类是模型得以提高重用性的关键。组件/子系统通过连接机制建立外部约束并进行数据交互。组件/子系统连接示意如图 1-3 所示。

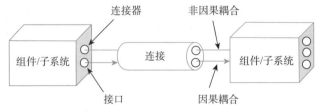

图 1-3　组件/子系统连接示意

在 Modelica 语言中，组件的接口称作连接器，建立在组件连接器上的耦合关系称作连接。如果连接表达的是因果耦合关系（具有方向性），则称其为因果连接。如果连接表达的是非因果耦合关系（无方向性），则称其为非因果连接。

Modelica 通过接口连接机制来描述组件间/子系统间的耦合关系，并基于广义基尔霍夫定律自动生成对应的方程约束。如前述的 connect(R1.n,L1.p) 表意为电阻一端与电源正极相连，等价为如下方程约束：

```
R1.p.i+VS.p.i=0;
R1.p.v = VS.p.v;
```

Modelica 通过条件表达式/条件子句与 when 子句两种语法结构以及 sample()、pre()、change() 等内置事件函数支持离散系统建模。条件表达式/条件子句用以描述不连续性和条件模型，支持模型分段连续表示；when 子句用以表达当条件由假转真时只在间断点有效的行为。

飞行器着陆过程中的反推力发生离散变化，飞行器所受重力、反推力和距地高度之间相互耦合，构成连续离散混合系统。飞行器着陆过程的 Modelica 代码及模型如图 1-4 所示。

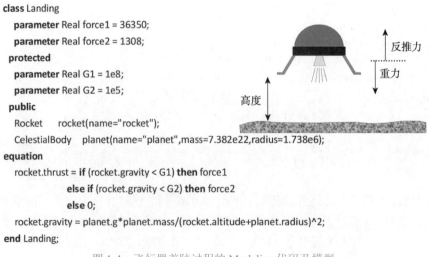

```
class Landing
    parameter Real force1 = 36350;
    parameter Real force2 = 1308;
protected
    parameter Real G1 = 1e8;
    parameter Real G2 = 1e5;
public
    Rocket      rocket(name="rocket");
    CelestialBody   planet(name="planet",mass=7.382e22,radius=1.738e6);
equation
    rocket.thrust = if (rocket.gravity < G1) then force1
                    else if (rocket.gravity < G2) then force2
                    else 0;
    rocket.gravity = planet.g*planet.mass/(rocket.altitude+planet.radius)^2;
end Landing;
```

图 1-4　飞行器着陆过程的 Modelica 代码及模型

Modelica 作为一种开放的、面向对象的、以方程为基础的语言，适用于大规模复杂异构物理系统建模，开发者根据各个组件的数学理论，直接通过方程形式来实现模型代码的编写，无须人为进行组件连接关系的解耦和整个复杂系统算法的求解序列的推导，大大降低了对模型开发人员的技术要求，并在应用过程中有效地避免整个系统模型重构的问题，更为直观地反映系统物理拓扑结构。

基于能量流守恒的原理，多领域统一建模可以在同一软件工具下对不同专业所组成的大型系统模型进行构建和分析，避免不同分系统、不同专业之间不同类型模型的复杂解耦，有效地解决了基于接口的多领域建模技术所引起的解耦困难、操作复杂、求解误差相对较大的问题，进而改善了模型的求解性和准确性。

Modelica 支持条件判断机制的建模方式，能够实现连续-离散混合建模，可以很好地处理系统仿真过程中的事件，可以较好地模拟设备在不同控制时序下的动态运行过程。以理想二极管和弹跳小球随时间推移的运动轨迹为例，如图 1-5 所示，弹跳小球在触地瞬间状态发生变化，其特性曲线是离散的。

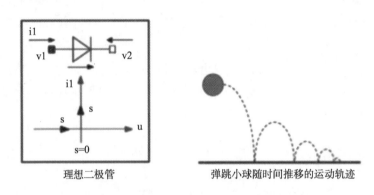

理想二极管　　　　　　弹跳小球随时间推移的运动轨迹

图 1-5　理想二极管和弹跳小球随时间推移的运动轨迹

理想二极管的 Modelica 模型代码如下：

```
model Diode "Idea diode"
    extends Modelica.Electrical.Analog.Interfaces.OnePort;
    extends Modelica.Icons.Example;
    Real s;
    Boolean off;
equation
    off = s < 0;
    if off then
        v = s;
    else
        v = 0;
    end if;
    i = if off then 0 else s;
end Diode;
```

弹跳小球的 Modelica 模型代码如下：

```
model BouncingBall "弹跳小球"
    final parameter Real g = 9.8 "重力加速度";
    parameter Real coef = 0.9 "弹性系数";
    parameter Real h0 = 10 "初始高度";
    Real h "小球高度";
    Real v "小球速度";
    Boolean flying "是否运动";
initial equation
    h = h0;
equation
    flying = not (h <= 0 and v <= 0);
    der(v) = if flying then -g else 0;
    v = der(h);
    when h <= 0 then
        reinit(v, -coef * v);
    end when;
end BouncingBall;
```

Modelica 采用封装、继承、多态和抽象等面向对象的思想，实现了基于模块化、层次化的设计、开发和应用，使得所开发的模型具有极强的重用性和扩展性，方便了用户后续的使用、修改和完善。

1.2.3 Modelica 的工业应用及价值

历经 20 多年发展，Modelica 已经被 Audi、BMW、Daimler、Ford、Toyota、VW、DLR、Airbus、ABB、Siemens、EDF 等不同行业公司所采用，广泛应用于汽车、航空、能源、电力、机械、化学、控制、流体等行业/领域以及嵌入式系统的建模仿真，全面从单专业、零部件仿真走向全领域、全系统仿真。

法国电力集团（Electricite De France，EDF）成立于 1946 年，业务领域包括核能、热能、水电和可再生能源等，是一家世界级的电力公司。核电是 EDF 的主要业务领域之一，为了优化、验证核电站的运行、设计，EDF 采用系统级仿真工具进行稳态和动态分析。LEDA 是 EDF 20 世纪 80 年代内部开发的一种针对核电的系统级仿真工具，主要用于设备选型、系统设计验证，但该工具开发年代久远，维护和建模成本较高。为了提高建模仿真效率，尽可能降低建模成本，EDF 选择支持 Modelica 语言的新仿真平台替代其原有的 LEDA，并基于 Modelica 软件开发了相关模型库。EDF 开发的模型库 ThermoSysPro，提供了常用的热力系统 0-1D 的动态组件模型，主要用于发电厂，但是同样适用于工业过程、能量交换等领域。同时，该模型库是一个开放的模型库，具有非常好的扩展性，既能通过系统属性或新需求与未来的系统工程相联系，又能通过状态测试技术测量实际的工作过程。

先进小型模块化反应堆（AdvSMR）是美国能源部提出的研发项目。根据美国能源部的定义，小型模块化反应堆（Small Modular Reactor，SMR）指功率不超过 300MW 的反应堆。

SMR 采用模块化制造与安装，反应堆压力容器和安全壳共同构成一个模块，在建造地点就地组装。SMR 施工周期短，同一厂址可以分期分批次建设，一次性投资风险小，在远离主电网地区或发展中国家优势突出。动态系统仿真工具（MoDSim）的开发由橡树岭国家实验室（ORNL）负责，该项目是由美国能源部核能办公室的先进反应堆概念（ARC）项目支持，其主要任务为实现 SMR 仪表与控制（I&C）的研发工作。针对该动态系统仿真工具，美国能源部制定了以下目标：建立灵活、简洁、高效的动态建模仿真环境；建立基础模型库，模型可以使用现有的几何和热工水力数据；基于不同反应堆配置研究其控制策略；支持用户接口，以便于后续发展；SMR 普遍采用一体化设计，将堆芯、控制棒、蒸汽发生器、稳压器都集成于反应堆压力容器内，取消了一回路管道，可以从根本上避免一回路大破口事故。ORNL 为了实现上述目标，采用 Modelica 语言建立 SMR 模型库，包含以下子系统：反应堆辅助冷却系统、主回路热传输系统、中间换热器、中间回路热传输系统、蒸汽发生器、动力转换装置、电网。

自适应作战车项目，通过运用 SysML、XML、Modelica 及其他一些语言和工具来达成革新复杂防御系统和作战车的设计和制造目标。自适应作战车模型如图 1-6 所示。

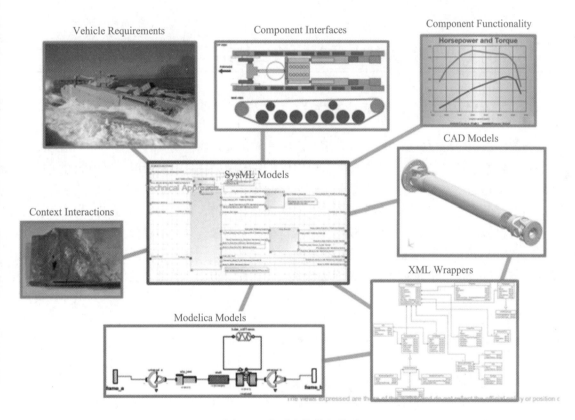

图 1-6　自适应作战车模型

其中，主要的模型库为 C2M2L（Component, Context, and Manufacturing Model Library，零部件、上下文和制造模型库），该模型库的初始模型主要是动力传动系统和机动性系统，如图 1-7 所示。

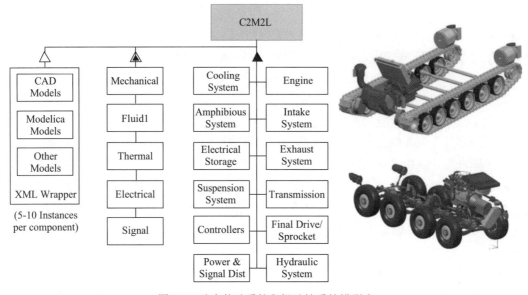

图 1-7　动力传动系统和机动性系统模型库

1.3　基于 Modelica 的系统建模仿真软件 Sysplorer

1.3.1　MWORKS 平台简介

当前，新一轮科技革命正在迅速发展，系统建模仿真、基于模型的系统工程（MBSE）、信息物理融合系统（CPS）、数字孪生、数字化工程等新型技术不断涌现，以中国和美国装备数字化工程的发布为标志，装备研制从信息化时代步入数字化时代，并且呈现数字化与智能化相融合的新时代特点。一切装备都是信息物理融合系统，由信号、通信、控制、计算等信息域与机械、流体、电气、热等物理域组成，信息物理融合系统的建模仿真是装备数字化的核心。MWORKS 正是面向数字化与智能化融合推出的新一代、自主可控的科学计算与系统建模仿真平台，可全面支持信息物理融合系统的设计、仿真、验证及运维。

随着智能化、物联化程度的不断提升，现代工业产品已发展为以机械系统为主体，集电子、控制、液压等多个领域子系统于一体的复杂多领域系统。传统的系统工程研制模式以文档作为研发要素的载体，设计方案的验证依赖实物实验，存在设计数据同源、信息可追溯性差、早期仿真验证困难及知识复用性不足等问题，与当前复杂多领域系统工程研制的高要求不相适应，难以满足日益复杂的研制任务需求。

基于模型的系统工程以数字化模型作为研发要素的载体，实现系统架构、功能、性能、规格需求等各个研发要素的数字化模型表达，依托模型可追溯、可验证的特点，实现基于模型的仿真闭环，为方案的早期仿真验证和知识复用创造了条件。

MWORKS 是同元软控基于国际知识模型统一表达与互联标准打造的系统智能设计与验证平台，是 MBSE 方法落地的使能工具。MWORKS 自主可控，为复杂多领域系统工程研制提供全生命周期支持，并已经过大量工程验证。

MWORKS 采用基于模型的方法全面支撑系统工程研制，通过不同层次、不同类型的仿真实现系统设计的验证。围绕系统工程研制的方案论证、系统设计验证和测试运维阶段，MWORKS 分别提供小回路、大回路和数字孪生虚实融合三个设计验证闭环，如图 1-8 所示。

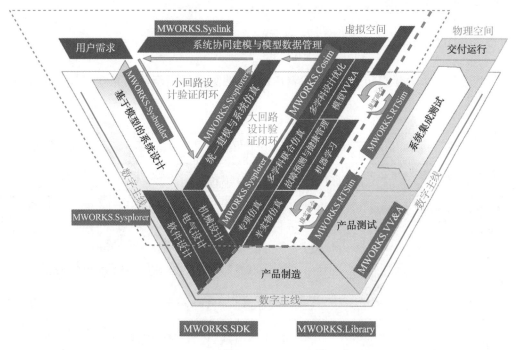

图 1-8　MWORKS 平台提供的三个设计验证闭环

1）小回路设计验证闭环

在传统的研制流程中，70%的设计错误在系统设计阶段被引入。在方案论证阶段引入小回路设计验证闭环，可以实现系统方案的早期仿真验证，提前暴露系统设计缺陷与错误。

基于模型的系统设计以用户需求为输入，能够快速构建系统初步方案，进行计算和多方案比较，进而得到验证结果，在设计早期实现多领域系统的综合仿真验证，可确保系统架构设计和系统指标分解的合理性。

2）大回路设计验证闭环

在传统的研制流程中，80%的问题在实物集成测试阶段被发现。引入大回路设计验证闭环，通过多学科统一建模和联合仿真，可以实现设计方案的数字化验证，利用虚拟实验对实物实验进行补充和拓展。

在系统初步方案的基础上细化设计，以系统架构为设计约束，分专业进行专业设计和仿真，最后回归到总体，开展多学科联合仿真，可验证详细设计方案的有效性与合理性，并开展多学科设计优化，实现设计即正确。

3）数字孪生虚实融合设计验证闭环

在测试和运维阶段，构建基于 Modelica 语言的数字孪生模型，可实现对系统的模拟、监控、评估、预测、优化和控制，对传统的基于实物实验的测实验证与基于测量数据的运行维护进行补充和拓展。

利用系统仿真工具建立产品数字功能样机，通过半物理工具实现与物理产品的同步映射与交互，可形成数字孪生虚实融合设计验证闭环，为产品测试和运维提供虚实融合的研制分析支持。

1.3.2　MWORKS 产品体系结构

科学计算与系统建模仿真平台 MWORKS 由四大系统级产品及系统扩展部分组成，如图 1-9 所示。

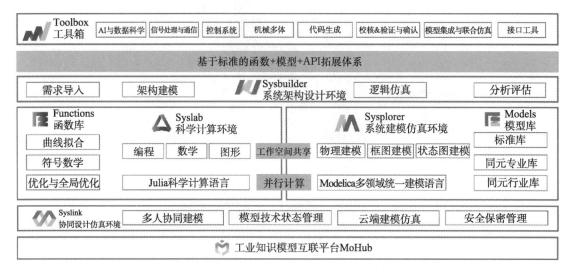

图 1-9　MWORKS 产品体系结构

1. 四大系统级产品

1）系统架构设计环境 Sysbuilder（全称为 MWORKS.Sysbuilder）

Sysbuilder 提供了需求导入、逻辑仿真、架构建模、专业设计、系统集成、分析评估功能，支持用户开展方案论证并实现基于模型的系统设计与验证闭环。

2）系统建模仿真环境 Sysplorer（全称为 MWORKS.Sysplorer）

Sysplorer 是面向多领域工业产品的系统级综合设计与仿真验证平台，完全支持多领域统一建模语言 Modelica，遵循现实中拓扑结构的层次化建模方式，支持基于模型的系统工程应用。Sysplorer 提供了方便易用的系统建模仿真、完备的编译分析、强大的仿真求解、实用的后处理功能及丰富的扩展接口，支持用户开展产品的多领域模型开发、虚拟集成、多层级方案仿真验证、方案分析优化，并进一步为产品数字孪生模型的构建与应用提供关键支撑。

3）科学计算环境 Syslab（全称为 MWORKS.Syslab）

Syslab 是 MWORKS 全新推出的新一代科学计算环境，基于科学计算高性能动态高级程序设计语言提供交互式编程环境的完备功能。Syslab 提供了科学计算编程、编译、调试和绘图功能，内置支持矩阵等的数学运算、符号计算、信号处理、通信和绘图工具箱，支持用户开展科学计算、数据分析和算法设计，并进一步支持信息物理融合系统的设计、建模仿真分析。

4）协同设计仿真环境 Syslink（全称为 MWORKS.Syslink）

Syslink 提供多人协同建模、模型技术状态管理、云端建模仿真和安全保密管理功能，为系统研制提供基于模型的协同环境，可打破单位与地域障碍，支持团队用户开展协同建模和产品模型的技术状态控制，开展跨层级的协同仿真，为各行业的数字化转型全面赋能。

2. 系统扩展部分

MWORKS 系统扩展部分包含函数库 Functions、模型库 Models 和工具箱 Toolbox 三类，其中工具箱 Toolbox 依赖函数库 Functions 和模型库 Models。

1）函数库 Functions

Functions 提供了基础数学和绘图等功能函数，内置曲线拟合、符号数学、优化与全局优化等高质量优选函数库，支持用户自行扩展。支持教育、科研、通信、芯片、控制、数据科学等行业用户开展教学科研、数据分析、算法设计和产品设计。

2）模型库 Models

Models 涵盖机械、液压、控制、机电、热流等多个典型专业，覆盖航空、航天、核能、船舶、汽车等多个重点行业，支持用户自行扩展。它提供的基础模型可大幅降低复杂产品的模型开发门槛与模型开发人员的学习成本。

3）工具箱 Toolbox

Toolbox 提供了 AI 与数据科学、信号处理与通信、控制系统、机械多体、代码生成、校核&验证与确认（VV&A）、模型集成与联合仿真及接口工具等多个类别的应用工具，满足多样化的数字化设计、分析、仿真及优化需求。

1.3.3 Sysplorer 的主要功能与应用

Sysplorer 是面向多领域工业产品的系统建模仿真验证环境，完全支持多领域统一建模语言 Modelica，支持物理建模、框图建模和状态机建模等多种可视化建模方式，提供嵌入代码生成功能，支持设计、仿真和优化的一体化，是数字化时代国际先进的系统建模仿真通用软件。

利用大量可重用的现有 Modelica 专业库，Sysplorer 可以广泛地满足机械、液压、控制、电子、电气热力学等专业，以及航空、航天、车辆、船舶、能源等行业的知识积累、仿真验证与设计优化需求。Sysplorer 支持建设、积累基于统一规范的专业与行业模型库，形成多领域统一的装备系统模型；支持基于统一模型或 FMI 集成模型的设计方案仿真验证，对产品的功能性能指标的符合性、产品各组成部分之间工作的协调与匹配性进行量化评估，建立起方案评估结果与设计需求的闭环，并驱动设计方案的迭代优化，解决复杂系统仿真验证在模型集成、仿真收敛及求解效率上的难题。针对信息域、物理域融合的场景，如雷达模型中的热和电子的耦合，需分析散热系统故障下的效能耦合影响，可使用 Sysplorer 与 Syslab 融合方案，实现信息物理系统的仿真，对复杂系统进行分析和优化，从而提高系统的性能和可靠性，降低成本和风险。开发产品过程中，除需构建虚拟模型进行仿真验证外，还需生成控制系统与内控对象的代码，应用到实际产品中，完成 MBD 全流程的闭环。Sysplorer 集面向对象的物理建模与面向数据流的控制器建模于一体，提供嵌入式代码生成功能，具备设计和实现一体化的能力。

Sysplorer 支持与架构设计融合实现系统设计仿真一体化，提供系统仿真验证以保障系统方案设计和整体设计的正确性，以系统模型为中心可以实现与 CAD、CAE 等专业软件的集成。用户可使用 SysMLToModelica 工具实现从 SysML 设计模型到 Modelica 仿真模型的自动转化，并且基于 Sysplorer 和模型库实现系统方案设计的全面仿真验证及设计优化，确保系统设计的正确性，为专业设计提供经过验证的准确输入，为"设计即正确"提供系统层面的保障，以减少物理实验乃至支持全数字化研发。

Sysplorer 支持以机理模型为核心的数字孪生模型构建、集成、部署、运行及应用。Sysplorer 提供以机理模型和物理仿真为核心的层次化数字系统模型，支持三维 CAD 或几何结构模型集成，通过三维降阶支持系统模型与工程性能模型集成，从而形成完整数字样机。Sysplorer 支持以机理仿真为内核的全系统数字样机动态仿真运行，支持大规模数字样机实时同步仿真或超实时仿真，支持基于实测数据的数字系统模型自动校正，实现物理实体与数字样机交互映射与同步孪生，提供基于数字孪生的模拟、监测、评估、诊断、预测及优化，并进一步支持装备系统智能升级。

Sysplorer 支持系统模型数字化交付、全系统仿真验证以及全流程多阶段模型贯通。基于规范的多领域、多层次、多阶段统一的系统模型体系，Sysplorer 通过多领域物理融合、信息与物理融合、系统与专业融合、体系与系统融合，支持与装备体系层次结构相一致的数字化模型分层开发与数字化交付，支持积木式的数字系统模型组装集成与全系统仿真验证，支持设计验证、虚拟实验、运行维护等多阶段模型贯通。

本 章 小 结

本章首先介绍了系统建模仿真技术的发展以及复杂系统研发模式的变化，其次介绍了多领域物理统一建模语言 Modelica，包括 Modelica 语言的发展历程、Modelica 语言的主要技术特征以及 Modelica 语言的相关资源，最后介绍了基于 Modelica 语言开发的新一代系统建模仿真软件 Sysplorer，其中介绍了科学计算与系统建模仿真平台 MWORKS 的构成，并对 Sysplorer 的主要功能与应用进行了简要介绍。

习 题 1

（1）调研新型数字化技术，了解数字化技术在各个领域的重要性，理解数字化技术的核心。

（2）调研系统建模仿真技术，了解 Modelica 语言的原理与技术特点，体会该语言的应用价值。

（3）了解 MWORKS 平台，了解 Sysplorer 的功能与工程应用。

第 2 章

Sysplorer 入门

Sysplorer 是国际先进且完全自主的 Modelica 模型开发平台,是面向多领域工业产品的系统建模与仿真验证环境,可以支持多领域耦合复杂系统建模和仿真。本章介绍 Sysplorer 的基本用法和功能,首先讲解软件的安装和单机版许可证(License)配置的步骤。其次介绍 Sysplorer 主要功能、Sysplorer 模型库、Sysplorer 工具箱和帮助中心。最后通过实例介绍 Sysplorer 建模的两种方式——图形化建模和文本建模。Sysplorer 的工作环境具有简单易用、界面友好、功能齐全的特点,可以帮助实验室管理者和研究人员更好地控制和管理实验数据。

通过本章学习,读者可以了解(或掌握):
❖ Sysplorer 软件的安装和许可证配置的步骤。
❖ Sysplorer 的主要功能、模型库、工具箱和帮助中心。
❖ Sysplorer 的基础模型库、行业模型库。
❖ Sysplorer 建模的两种方式——图形化建模和文本建模,以及相关实例。

2.1 Sysplorer 软件安装与配置

2.1.1 下载与安装

1. 安装激活须知

（1）本书封底涂层中的兑换码即为激活码，仅可使用一次，用完即毁。

（2）使用许可证有效期为 180 天。

（3）如果账号已有软件许可证且在有效期内，不可重复申请。

（4）激活码包含 Syslab 和 Sysplorer 教育版许可证，支持同时激活两款软件，也支持分次按需激活。

（5）同一个使用许可证只能在 3 台设备中使用。

2. 运行环境

Sysplorer 2023b 运行环境要求如表 2-1 所示。

表 2-1　Sysplorer 2023b 运行环境要求

配置类型	最低规格	推荐规格	备注
CPU	1GHz，2 核	2GHz，4 核	主频越高，软件运行速度越快
内存	2GB	8GB	实际需要的内存取决于模型的规模和复杂度
存储	10GB	100GB	用于存储模型及其仿真结果
GPU	显存 128MB OpenGL2.0	显存 1GB OpenGL3.3+	使用三维动画功能需要显卡及对应的显卡驱动
显示分辨率（像素）	1024×768	2560×1440	尚未完美适配 4K 高分辨率屏，部分场景可能出现显示异常
操作系统	Windows 7 64 位 (SP1)	Windows 10 64 位 Windows 11 64 位	—

3. 安装包

Sysplorer 安装包为 iso 光盘镜像文件，内部包含如图 2-1 所示的文件。

MWORKS.Sysplorer 2023b-x64-5.3.4-Setup.exe

图 2-1　Sysplorer 安装包

4. 安装步骤

为确保 Windows 环境下 Sysplorer 正确部署，安装 Sysplorer 时优先在管理员权限下进行，如图 2-2 所示。

图 2-2　以管理员身份安装 Sysplorer

安装时选择安装语言，此处选择中文，如图 2-3 所示。

图 2-3　选择安装语言

进入 Sysplorer 安装向导，如图 2-4 所示。

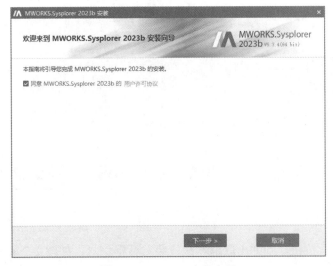

图 2-4　Sysplorer 安装向导

选择安装路径，如图 2-5 所示。

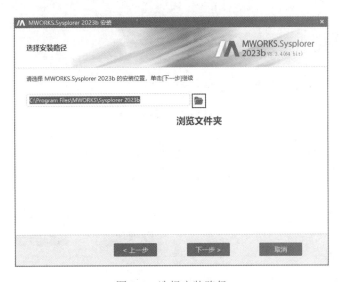

图 2-5　选择安装路径

系统默认将安装文件夹设为 C:\Program Files\MWORKS\Sysplorer 2023b，如果要安装在其他文件夹中，单击 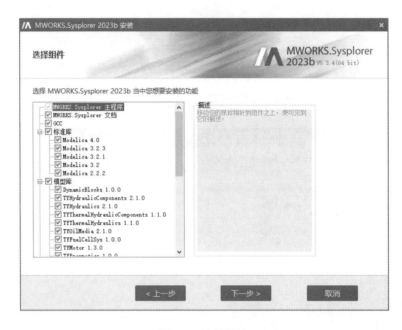 选择文件夹即可。建议 Sysplorer 所在磁盘的空闲空间不少于 10GB。

选择组件，图 2-6 所示为系统默认安装内容。Sysplorer 主程序为必须安装的内容，其他组件建议用户全部安装。

图 2-6　选择组件

若单击"取消"按钮，则弹出取消本次安装对话框信息，如图 2-7 所示。

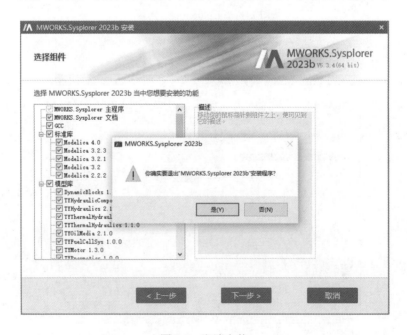

图 2-7　取消安装

在安装过程中，会检测系统必需组件是否存在，若不存在，则弹出如图 2-8 所示的界面，需勾选"我同意许可证条款和条件"复选框，安装该组件；若存在，则自动跳过该步骤。若不安装该组件，软件会启动失败。

图 2-8　安装必需的系统组件

正在安装 Sysplorer，如图 2-9 所示。

图 2-9　正在安装 Sysplorer

进行文件关联时，选择需要关联到 Sysplorer 的文件，如图 2-10 所示。软件支持关联 4 种文件：.mo 文件、.mef 文件、.mol 文件和.moc 文件。

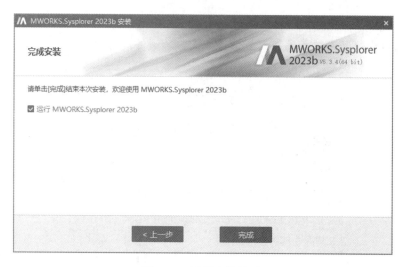

图 2-10　设置文件关联

安装完成，如图 2-11 所示。安装完成后，在桌面上生成快捷方式 Sysplorer(x64)，并在 Windows 系统的"开始"程序组中生成 Sysplorer 程序组，其中有 Sysplorer(x64)和 uninstall(x64) 两个快捷方式，分别用于启动 Sysplorer 及卸载 Sysplorer。

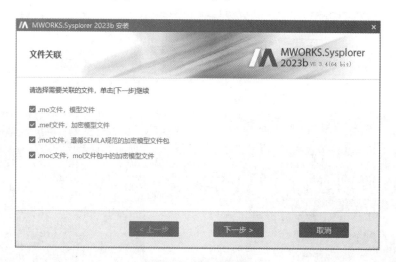

图 2-11　安装完成

系统支持更新本机 Sysplorer 程序到其他版本（高版本或低版本），可直接在原安装目录 下覆盖。如果选择不同的安装目录，则多个版本可以共存，但.mo、.mef、.mol 和.moc 文件 关联的是最后一次安装的版本。

2.1.2　授权申请

Sysplorer 在未授权状态下运行时，主窗口标题文字中显示[演示版]字样，如图 2-12 所示。 此时仅可使用软件基础功能且方程数量限制在 500 个以内，无法使用软件工具箱、模型库等 高级功能。

图 2-12 软件未授权状态

在软件授权申请之前,需要先登录同元账号(若无同元账号,则需要注册),以便后续授权申请与授权激活。可以单击软件右上角"登录"按钮,如图 2-13 所示,打开登录界面。

图 2-13 登录方式 1

也可以依次单击用户界面"工具"-"使用许可证"选项,在打开的对话框中的"许可证类型"区域选择"同元账号"选项,单击"登录"按钮,如图 2-14 所示,会弹出用户登录窗口,如图 2-15 所示。

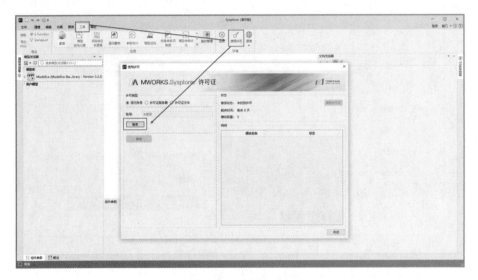

图 2-14 登录方式 2

图 2-15 用户登录窗口

若已有同元账号，则可以直接输入账号密码或者使用邮箱验证码登录。

若还未注册同元账号，则在用户登录窗口中单击"立即注册"按钮，即可进行账号注册，注册过程如图 2-16 所示。

图 2-16　账号注册过程

注册时，账号与密码由用户自定义，密码必须包含数字，且必须包含字母或其他符号，单击"获取验证码"按钮，所填邮箱会收到如图 2-17 所示的验证码，填写相关验证码，完成账号注册。

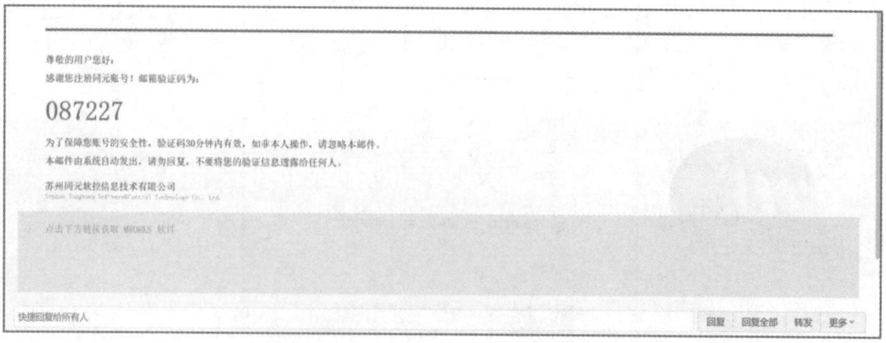

图 2-17　验证码

至此，账号注册完成，用户可通过输入账号密码或邮箱验证方式登录，登录成功后可管理与账号关联的许可证信息。

若无与账户关联的有效许可证，窗口左下角会提示没有与账号关联的许可证，如图 2-18 所示。

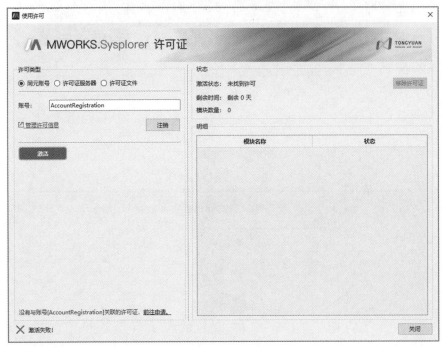

图 2-18　使用许可证界面

单击"管理许可信息"按钮，跳转到许可证申请界面，单击"前往兑换"按钮，如图 2-19 所示。

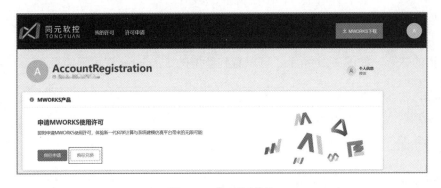

图 2-19　许可证兑换

打开激活许可证页面，如图 2-20 所示，根据图中的步骤输入书籍封底涂层中的激活码，然后选择需要激活的软件，单击"立即激活"按钮。激活成功页面如图 2-21 所示。

激活说明：

（1）激活许可证后，软件仅限当前账号使用，若想为其他账号激活，请单击"退出登录"按钮后，登录其他账号。

图 2-20　激活许可证页面

图 2-21　激活成功页面

（2）当前账号中已有许可证时，不支持重复激活。

（3）激活码支持同时激活 MWORKS.Syslab 和 Sysplorer 教育版两款软件，也支持分次按需激活。

查看我的许可，如图 2-22 所示，可以看到新增的 Sysplorer 许可证信息。

图 2-22　查看我的许可

若在图 2-18 所示的界面中，单击"激活"按钮，会看到激活剩余时间与激活模块数量，如图 2-23 所示。

至此，Sysplorer 软件激活完成。

软件授权激活后，可解锁如图 2-24 所示的全部模块。

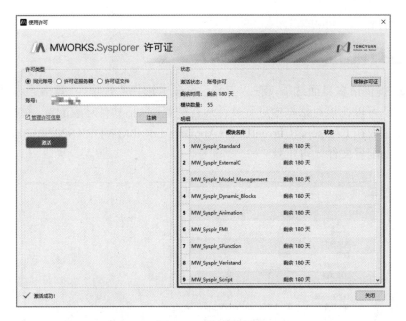

图 2-23　激活状态

功能模块	个人版	教育版	企业版
Sysplorer建模仿真环境	●	●	●
Sysblock建模仿真环境	●	●	●
后处理基础模块	●	●	●
数字仪表工具	●	●	●
命令与脚本工具	●	●	●
三维动画工具	—	●	●
模型加密工具	—	●	●
FMI接口（导入）	—	●	●
FMI接口（导出）	—	●	●
求解算法扩展接口	—	●	●
功能扩展接口	—	●	●
报告生成	—	●	●
模型试验	—	●	●
敏感度分析	—	●	●
参数估计	—	●	●
响应优化	—	●	●
基于模型的控制器设计工具箱	—	●	●
半物理仿真接口工具	—	●	●
半物理仿真管理工具	—	●	●
Sysplorer嵌入式代码生成	—	●	●
静态代码检查工具	—	●	●
Sysplorer CAD工具箱	—	●	●
SysMLToModelica接口工具箱	—	●	●
Simulink导入工具	—	●	●
模型降阶及融合仿真工具	—	●	●
机械系列模型库	—	●	●
流体系列模型库	—	●	●
电气模型库	—	●	●
车辆模型库	—	●	●

图 2-24　授权模块清单

2.1.3　运行配置

Sysplorer 提供诸多界面选项，在"工具"选项卡选择"选项"，弹出"选项"对话框，如图 2-25 所示，可以在该对话框中进行软件运行配置，包括软件环境配置。首次启动软件后，配置文件自动生成在 C:\Users\(CurrentUser)\AppData\Local\MWORKS2024\setting 中，此后需修改该目录下的配置文件才可生效。

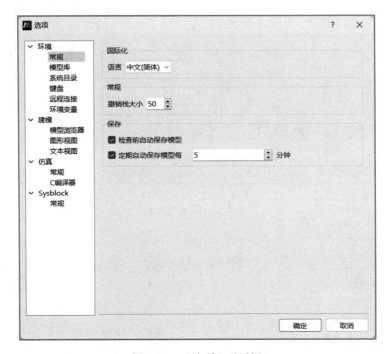

图 2-25　"选项"对话框

"环境"选项卡下包括"常规""模型库""系统目录""键盘""远程连接""环境变量"选项，这些选项的功能如下：

（1）常规：提供语言、撤销入栈限制、自动保存模型等选项。

（2）模型库：提供 Modelica 标准库、内置模型库配置等选项。

（3）系统目录：提供工作目录、仿真结果目录等选项，设置后立即生效。

（4）键盘：提供键盘快捷键配置选项。

（5）远程连接：提供 UDP 远程连接选项。

（6）环境变量：提供自定义环境变量功能，用于在 Sysplorer 软件、插件、外部函数中读取界面设置的环境变量的值，启动软件后生效。

"建模"选项卡下包括"模型浏览器""图形视图""文本视图"选项，这些选项的功能如下：

（1）模型浏览器：提供模型浏览器图标大小、模型节点文字、显示等设置选项；

（2）图形视图：提供图形视图网格、导航条、渲染等设置选项；

（3）文本视图：提供文本视图编辑器样式设置选项。

"仿真"选项卡下包括"常规"和"C编译器"选项，它们的功能如下：

（1）常规：提供仿真常规设置选项，包括结果保留数目、自动保存仿真结果、仿真结果关闭时提示等；

（2）C编译器：为了仿真模型，设置编译器是必要的。一般情况下，系统会自动指定一个编译器。若对编译器有要求，或者指定的编译器不存在，则可以在此处进行设置，如图2-26所示。

图 2-26　C 编译器

图 2-26 中：

内置 Gcc 表示默认内置的 GCC 编译器。

自定义 Gcc 表示设置 GCC 编译器目录。

自动检测到的 VC 表示自动检测列出本机已有的 Visual Studio 编译器版本。

自定义 VC 表示设置 Visual Studio 编译器目录。通过单击"浏览"按钮可以选择编译器所在目录。

"校验"按钮用于校验编译器是否设置成功。

Sysplorer 支持以下的编译器：

Microsoft Visual C++ 2019

Microsoft Visual C++ 2017

Microsoft Visual C++ 2015

Microsoft Visual C++ 2013

Microsoft Visual C++ 2012

Microsoft Visual C++ 2010

Microsoft Visual C++ 2008

Microsoft Visual C++ 6.0

GCC（GNU Compiler Collection）

2.2　Sysplorer 软件环境

Sysplorer 支持多领域建模环境、模型编译分析模块、仿真求解模块、后处理模块，提供基于 Modelica 的图形化、可视化模型化表达和模块化封装、系统的物理集成、系统状态方程的自动推导、计算代码的自动生成及参数分析与优化功能，为系统知识的体系化、技术化积累及型号仿真验证提供有效的技术支撑。

2.2.1　Sysplorer 的主要功能

Sysplorer 具备多工程领域的系统建模和仿真能力，能够在同一个模型中融合相互作用的多个工程领域的子模型，构建描述一致的系统级模型；提供多文档多视图的建模环境，支持同时打开多个文档，浏览和编辑多个不同模型。Sysplorer 建模环境的布局如图 2-27 所示，可以根据需要通过窗口菜单来决定显示哪些子窗口。

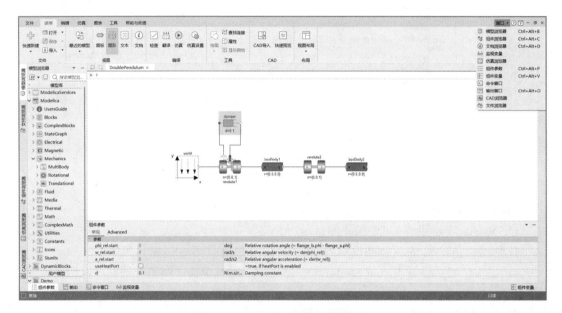

图 2-27　Sysplorer 建模环境的布局

界面中央的模型编辑窗口是建模环境的主要工作区域，用于建立、编辑和查看模型。模型编辑窗口与模型浏览器和组件浏览器密切关联，用户可以使用拖放的方式从模型浏览器中拖动模型到模型编辑窗口中建立组件，在组件浏览器中实时查看模型编辑窗口中当前主模型的相关信息，如主模型中声明的组件等。Sysplorer 有四种视图模式，分别为图标视图、图形视图、文本视图、文档视图，如图 2-28 所示，可通过单击"建模"选项卡下的"图标""图形""文本""文档"按钮实现四种视图的切换。

图 2-28　四种视图模式

模型浏览器默认位于模型编辑窗口的左侧，如图 2-29 所示，以树形结构显示当前已加载模型的层次结构，包括"模型库"和用户可以自定义的"用户模型"。

单击图 2-29 中的"模型库"选项，模型库加载如图 2-30 所示，展开的下拉菜单中显示配置完成的模型库，单击模型库即可加载对应模型库至模型浏览器。

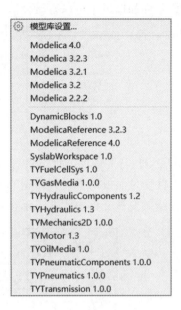

图 2-29　模型浏览器 图 2-30　模型库加载

窗口左侧列表框内组件浏览器以树形结构显示已打开模型中的组件层次结构。组件列表的内容与模型编辑窗口紧密关联，总显示模型编辑窗口中当前主模型的组件列表。在模型编辑窗口中选中组件，组件浏览器中对应的组件名称将以蓝底高亮显示，如图 2-31 所示，当前组件 resisitor 以蓝底高亮显示。

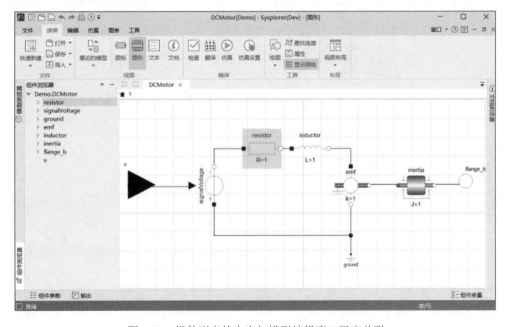

图 2-31　组件列表的内容与模型编辑窗口紧密关联

在图 2-31 左下角单击状态栏左侧的"组件参数"选项，弹出组件参数面板，如图 2-32 所示，组件参数面板用于显示当前模型或选中的组件中参数的名称、值、单位、描述等信息，其中参数名称和描述不可以直接修改。

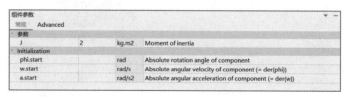

图 2-32　组件参数面板

在图 2-31 右下角单击状态栏右侧的"组件变量"选项，弹出组件变量面板，如图 2-33 所示，组件变量面板用于设置模型的监视变量。模型进行编译求解后，只有被监视变量会输出到仿真结果变量文件中，并显示在仿真浏览器上。

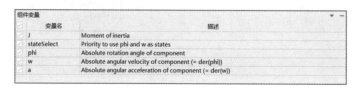

图 2-33　组件变量面板

在图 2-31 左下角单击状态栏左侧的"输出"选项，弹出"输出"窗口。"输出"窗口分为建模输出窗口和仿真输出窗口。其中，建模输出窗口如图 2-34 所示，检查模型时，若模型存在错误或警告，则对应信息以链接的形式给出，并用红色或蓝色字体突出显示。单击窗口上方的错误、警告或信息按钮，可以显示/隐藏对应种类的信息，方便查看所需要的信息。单击错误或警告行中的模型名"DCMotor.mo(12)"，光标会定位到文本视图中错误所在的行。

图 2-34　建模输出窗口

例如，单击"错误（3004）"，将跳转至具体的错误说明页，可查看错误产生原因、解决方法以及示例，帮助建模者快速定位和解决问题。

在进行系统建模仿真时，建模后，单击功能区中的"仿真"选项，在仿真时，仿真输出窗口会自动弹出，如图 2-35 所示，可以得到关于模型求解的详细信息，例如，求解开始时间和停止时间，求解算法，求解耗费的 CPU 时间，求解结果步数等。在仿真输出窗口中右击鼠标，会弹出快捷菜单，提供对输出栏内容的复制、全选、清空、自动换行等操作。

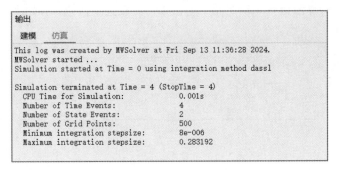

图 2-35　仿真输出窗口

使用 Sysplorer 完成模型搭建后，用户需要对所建模型进行仿真分析，单击软件的"仿真"选项卡，仿真界面如图 2-36 所示。仿真界面包括"仿真浏览器""曲线窗口""表格窗口""二维动画窗口""三维动画窗口"等区域，相关说明如表 2-2 所示。

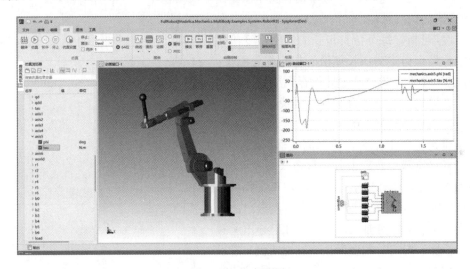

图 2-36　仿真界面

表 2-2　仿真界面说明

窗口	说明
仿真浏览器	仿真浏览器以树形结构显示模型的编译结果
曲线窗口	曲线窗口用于显示变量曲线
表格窗口	表格窗口用于显示变量随时间变化的结果
二维动画窗口	二维动画窗口用于显示组件动画
三维动画窗口	Sysplorer 支持三维图形显示与动画播放

仿真选项卡如图 2-37 所示。翻译按钮主要实现对建模环境产生的 Modelica 文本进行语法语义分析，完成模型检查，消除模型层次，形成平坦化方程系统；并针对形成的方程系统进行符号分析和结构优化。仿真按钮主要实现对编译分析模块生成的方程系统进行代码化，形成计算机可编译运行的标准 C 代码，并自动与求解器模块进行关联，实现系统模型的仿真

求解。在模型仿真求解之前，支持用户对模型求解算法进行选择，在仿真分析过程中，将会自动调用用户所选的算法进行求解分析。单击"仿真设置"按钮，弹出"仿真设置"对话框，如图 2-38 所示。

图 2-37　"仿真"选项卡

在"仿真区间"选区，可设置仿真开始/停止的时间；选择"步长"可设置仿真输出点之间的间隔长度；选择"步数"可设置仿真生成的输出间隔的数目。

在"积分算法"选区，可选择 MWORKS 提供的 23 种不同的仿真算法；

"精度"可指定每个仿真步长的局部精度；"初始积分步长"可指定变步长算法的初始积分步长；单击图 2-38 左下方的"确定并保存到模型"按钮可以将仿真设置中的常规设置保存到模型中。

在软件主界面选择"仿真"选项卡，工作区将切换为仿真浏览器工作区，仿真浏览器如图 2-39 所示。仿真浏览器工具栏中各个按钮（从左到右）的功能如下：打开仿真结果；将当前仿真实例另存为；将当前仿真实例的结果导出，提供仅导出曲线窗口结果、仅导出当前曲线子窗口结果、导出所有三种选择；显示指定时刻变量值；过滤实例，显示所有变量和参数；过滤实例，仅显示参数；过滤实例，仅显示变量；全部折叠；仿真浏览器上方的搜索列表框可输入要查找的变量名，根据输入的关键字，搜索结果即时显示。

图 2-38　"仿真"设置对话框

图 2-39　"仿真"浏览器工具栏

Sysplorer 中的曲线窗口分为 $y(t)$ 曲线窗口和 $y(x)$ 曲线窗口。$y(t)$ 曲线窗口以时间（time）作为横坐标（也称为自变量），而 $y(x)$ 曲线窗口则以第一次拖入的变量作为横坐标。右击曲线窗口，会弹出菜单，根据选中对象不同，菜单显示不同内容。

Sysplorer 中的表格窗口用于显示变量随时间变化的值，和曲线窗口导出的数据保持一致。右击表格窗口会弹出菜单，根据选中对象不同，菜单显示不同内容。

Sysplorer 提供了二维动画窗口，以图形方式表现模型的关系结构，在仿真或进行动画播放时，动态组件会进行二维动画演示，供用户观察模型的状态变化。切换到仿真选项卡，单击图形按钮，即可创建二维动画窗口，通过下拉菜单可选择以图标视图、图形视图或文本视图创建动画窗口。

Sysplorer 支持三维图形显示与动画播放。切换到"仿真"选项卡，单击"动画"按钮，可以新建一个动画窗口，如果当前实例包含机械多体模型中的组件并且具有动画属性，则新建的动画窗口将显示该实例的动画对象。动画窗口提供了丰富的界面交互功能，这些功能集成在动画控制工具栏、动画展示工具栏等中。右击动画窗口会弹出菜单，根据选中对象不同，菜单会显示不同内容。新建 $y(t)$ 曲线窗口和新建 $y(x)$ 曲线窗口后，可进行对应相应的曲线操作和运算操作，"图表"选项卡下的曲线操作功能可在"图表"组、"曲线工具"组、"曲线运动"组中选择，如图 2-40 所示。

图 2-40 "图表"选项卡下的曲线操作功能

2.2.2 Sysplorer 模型库

Sysplorer 模型库基于 Modelica 语言开发，覆盖航天、航空、汽车、工程机械、能源和船舶等多个行业，包括基础模型库与行业模型库，如表 2-3 所示。基础模型库为各行业或专业系统提供通用的基础组件，行业模型库提供行业特定的子系统或单机模型。

表 2-3 模型库汇总

模型库	描述	模型库	描述
TYTransmission	传动组件模型库	TYPneumaticComponents	气动元件模型库
TYMechanics2D	平面机械模型库	TYMotor	电机模型库
TYMechanics	基础机械模型库	TYFuelCellSys	燃料电池模型库
TYDriveline	传动系统模型库	TADynamics	车辆动力学模型库
TYMultibody	多体系统模型库	TAEconomy	车辆动力性经济性模型库
TYHydraulics	液压组件模型库	TAThermalSystem	车辆热管理模型库
TYHydraulicComponents	液压元件模型库	TAElectronic	车辆电子模型库
TYThermalHydraulics	热液压组件模型库	TAEngine	车辆发动机模型库
TYThermalHydraulicComponents	热液压元件模型库	TABattery	车辆电池模型库
TYPneumatics	气动组件模型库		

TYHydraulics（液压组件模型库）如图 2-41 所示，包括泵源、执行机构、液压阀类、液压油液、液压附件等模型。该库可用于航空、船舶、工程机械等领域液压系统的设计、仿真及优化，例如，进行飞机液压能源系统的功率计算、验证挖掘机液压系统的关键指标等；该库提供丰富的液压组件模型，覆盖各行业液压系统建模需求，可实现系统的快速设计与验证；

适用于多场景、多工况的建模仿真，如车辆的助力转向效率计算、燃油喷射速度计算、油气悬架刚度计算等；支持多种换向动态响应特性的模拟，提供线性响应特性模型、考虑迟滞特性的一阶响应模型和二阶响应模型；适配多种计算方式（如常特性、插值表、简单、基础和高级等）的油液模型，满足多样化物性计算需求。

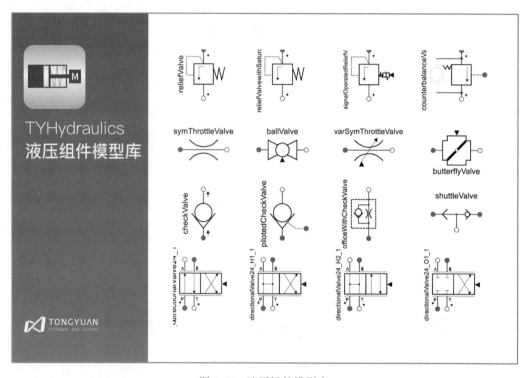

图 2-41　液压组件模型库

TYHydraulicComponents（液压元件模型库）如图 2-42 所示，包括活塞、滑阀芯、锥阀芯、球阀芯、喷嘴挡板阀芯、控制容积等模型。该库可用于搭建各种复杂的液压部件模型，根据液压柱塞泵、溢流阀、换向阀等液压部件的物理拓扑结构，搭建结构化的液压部件模型，可与液压组件模型库配合用于液压系统部件级、系统级的设计与验证；该库支持液压部件的定制化开发，根据拓扑结构自主搭建液压缸、阀、泵等定制化模型；支持液压部件的特性分析，可用于研究部件自身力学特性、运动特性、压力特性、流量特性及其之间的耦合关系。

TYThermalHydraulics（热液压组件模型库）如图 2-43 所示，包括泵源、液压阀类、执行机构、管路、液压辅件、边界源和各种传感器等模型，可用于航天航空、车辆船舶、工程机械、能源、风力发电等领域液压系统的热设计、仿真及优化，并可用于对液压系统的热故障、压焓图进行计算。该库提供完整的热液压组件模型，涵盖动力、执行、控制、辅助等不同种类组件，满足多场景液压系统快速搭建需求，可形成高效建模与分析流程；该库保证模型具备高可靠性、高精度，符合国家技术标准规范和国内用户使用习惯；该库满足多场景、不同工况仿真设计与验证需求，支持复杂液压系统热仿真分析、热故障模拟、压焓图计算和能源系统优化设计等；该库支持模型与外界发生热交换的模拟，多种模型具备可选的热接口，可覆盖液压系统与外界发生热交换的场景应用。

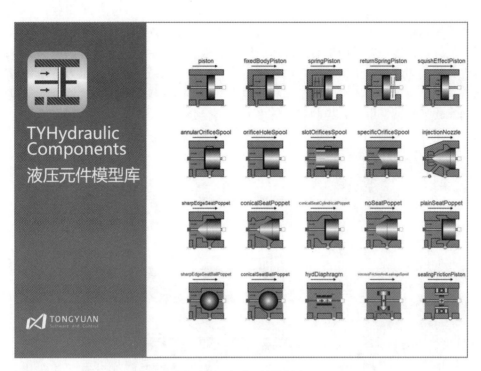

图 2-42　液压元件模型库

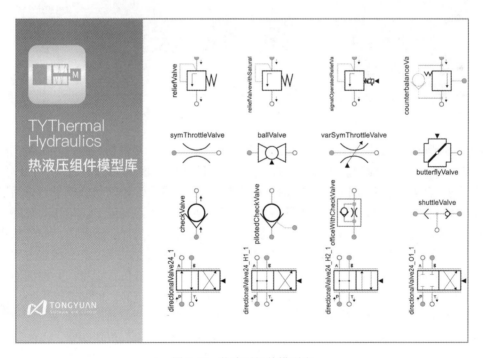

图 2-43　热液压组件模型库

TYThermalHydraulicComponents（热液压元件模型库）如图 2-44 所示，包括活塞、滑阀芯、锥阀芯、球阀芯、喷嘴挡板阀芯、隔膜、密封摩擦泄漏和控制容积等模型，主要用于搭建各种复杂的热液压部件模型。用户可根据柱塞泵、溢流阀、换向阀等液压部件的物理拓扑结构，搭建结构化的液压部件模型。该库可与液压组件模型库配合，用于液压系统部件级、系统级的设计与验证，并可用于对热液压系统的热故障、压焓图进行计算。该库支持液压系统的特性分析，实现与液压组件配合搭建液压系统，研究系统中流量、压力特性和热特性之间的耦合关系；兼容热液压组件模型库和其他类型模型库，包含液压、机械、控制和热等多专业接口，实现机械、电气、控制和热等多专业耦合分析。

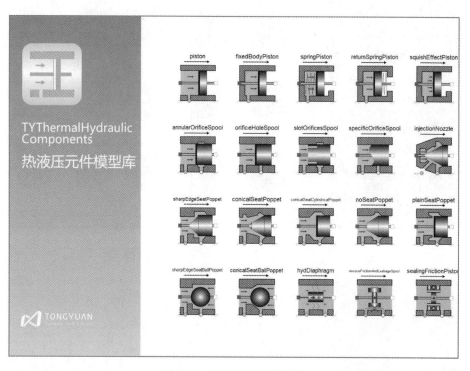

图 2-44　热液压元件模型库

　　TYPneumatics（气动组件模型库）如图 2-45 所示，包括执行机构、压力控制阀、流量控制阀、方向阀、管路、流阻及传感器等模型。该库可用于气动系统的设计优化、性能分析及功能验证等。用户可根据实际需求快速搭建一套气动系统模型，如气动机械手、车辆气压制动系统、飞机燃油通气系统等。该库具备丰富的气动组件模型，满足多场景气动系统建模需求，支持气动系统快速设计与验证；支持多种基于状态方程的气体介质使用，如理想状态方程、半理想状态方程、VDW 状态方程、RK 状态方程、SRK 状态方程、PR 状态方程等；适用于多领域气动系统设计，可满足各类工程场景应用，实现虚拟仿真实验，并根据使用场景设计不同的工况；提供灵活的边界条件设置，包括流量及压力边界，能够灵活选择，实现流量、压力控制，完成气动系统的整体设计。

　　TYPneumaticComponents（气动元件模型库）如图 2-46 所示，包括活塞、滑阀阀芯、锥阀阀芯、球阀阀芯、板孔阀芯、隔膜、流量控制阀、气体容腔等模型。该库可用于各类气动系统的设计与分析，可搭建高粒度气动组件模型及系统模型、气动机械手模型等，如起落架应急系统、救生防护服系统等；提供可更改的模型组件形式，支持阀芯模型类型及尺寸的自由选择，可快速搭建系统仿真所需的不同气动组件；可实现各类气动机械系统的参数化设计，支持调控压力及流量等气动参数，满足各类工程机械气动系统设计的要求。

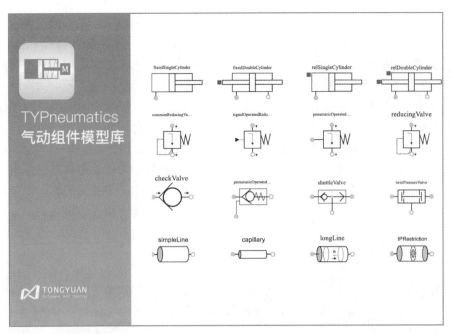

图 2-45　气动组件模型库

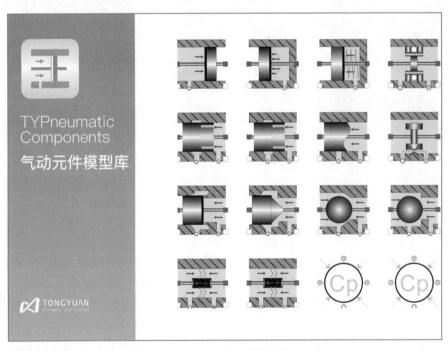

图 2-46　气动元件模型库

TYDriveline（传动系统模型库）如图 2-47 所示，TYDriveline 是在 TYMechanics（基础机械模型库）基础上开发的，面向传动系统建模仿真的专用模型库，包含机构、内燃机、齿轮、连接器、刹车、传动附件、执行器、绳索、激励源，共 9 类传动模型。该库可满足车辆、船舶、航空航天、工程机械、装备制造等行业领域的传动系统模型需求，提供不同粒度等级模型，可满足对机械传动系统多种详细特性的分析和改进需求，如振动冲击、传动精度、动态载荷、传动效率等特性的分析和改进；提供凸轮挺柱、曲柄滑块、线性凸轮等常用机构模型，可满足运动转换机构建模的各种需求；提供包含曲柄连杆机构、缸压激励、多缸发动机、MAP 数据内燃机等在内的内燃机模型,可满足使用内燃机作为动力源的传动系统对内燃机激励的建模需求；提供考虑齿轮侧隙和啮合刚度的齿轮模型，包含圆柱齿轮、滚珠丝杠、螺纹螺杆等，可满足精密传动系统建模分析需求；提供离合器、联轴器、万向节、湿式碟片离合器等连接器模型，可满足传动系统中对动力连接和切换特性的建模需求；提供鼓刹、碟刹、棘轮等用于传动系统建模的刹车模型；提供变速箱手动挡挡位选择、传动轴、车身阻力模型、船身阻力模型、轮胎和地面、平动损失、转动损失等多种传动附件模型；提供包含变速箱液压执行器、比例电磁阀在内的执行器模型；提供包含弹性绳索、多质量绳索、滑轮、绞盘、绳索末端在内的绳索模型，支持复杂绳索和滑轮传动系统的动态特性建模仿真。

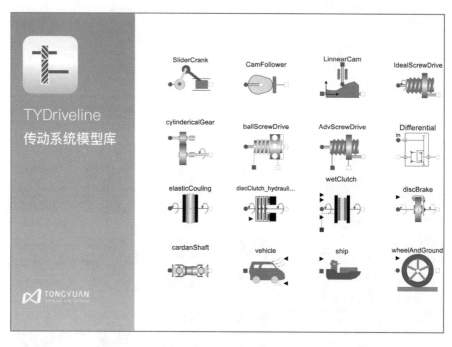

图 2-47　传动系统模型库

TYMechanics（基础机械模型库）如图 2-48 所示，包含一维平动机械模型和一维转动机械模型，用于基础机械力学特性建模仿真，提供可变质量与可变转动惯量、非线性弹簧阻尼、多种接触和摩擦、理想齿轮、齿轮齿条等力学模型。该库满足工程领域对机械力学特性，包括线性、非线性和时变特性的多种建模需求，可应用于各类机电系统建模仿真和性能分析，如车辆、工业装备中的各类直线驱动或减速器传动系统的性能分析；提供可变质量、可变转动惯量、可变刚度阻尼等多种具有时变参数特性的模型，可进行对变质量、非线性或受控弹簧阻尼等多种时变力学特性的建模仿真；提供 Stick-Slip 摩擦模型以及支持实时仿真的平滑摩擦模型，支持外部可变法向力输入，满足多种摩擦特性的建模仿真需求；提供单边弹性接触和双边间隙弹性接触模型，支持对平动机械间隙和转动间隙，可对如活塞限位和齿轮转动间隙等进行建模仿真；提供可变速比齿轮、齿轮齿条、杠杆等运动变换模型，可对可变速度变速器、可变半径滚动运动、可变长度杠杆等运动变换进行高效率建模仿真；提供力/力矩、速度、加速度等外力和驱动模型；提供各类相对和绝对运动传感器，包括力/力矩和功率传感器，满足各种边界特性建模和信号测量需求。

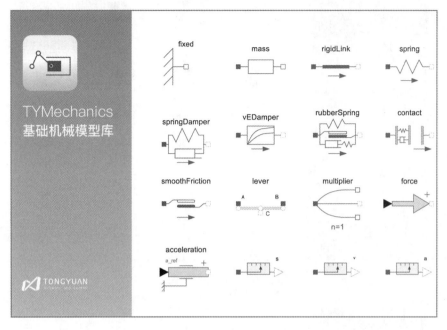

图 2-48　基础机械模型库

TYMultibody（多体系统模型库）如图 2-49 所示，TYMultibody 是通用的三维多刚体系统建模仿真模型库，用于多体动力学和复杂多领域系统的运动学和动力学分析，包含各种刚体、关节副、约束、力和传感器模型。该库可应用于车辆、船舶、航空航天、工程机械等行业领域，满足多体动力学系统动态特性的分析和性能优化需求；提供多种形状的恒定质量和变质量刚体模型，满足可变形状、可变质量多体模型的建模需求；提供转动副、平移副、球副等关节副模型，包含三自由度、六自由度接口模型，全面支持一三维融合的多体系统建模；提供包括全局外力/外力矩、体力/力矩、直线弹簧阻尼、悬置、三维弹簧阻尼/衬套等在内的丰富的力单元模型，支持构建复杂的力学系统模型；提供绝对运动、相对运动、RPY姿态等运动信号传感器，包括力/力矩和功率传感器，满足各种运动和动力学物理量的信号测量需求。

TYMechanics2D（平面机械模型库）如图 2-50 所示，包括多种力源、平面环境重力、平面组件、运动副、传感器等模型。模型支持三个自由度，x 轴和 y 轴方向的平移以及绕 z 轴的旋转。模型元素可在 3D 视图中进行动画演示。该库可用于各类平面运动机械的系统设计和运动学及动力学仿真分析，如挖掘机机械臂模型设计和系统运动学分析、车辆悬架系统振动特性分析等，用户可根据实际需求搭建高粒度平面机械模型及系统模型；定义了全局坐标系、坐标轴直径、铰链长度等通用参数，提供了默认的重力设置和动画，使模型的参数化更加方便。提供标准形式的力源、运动组件、运动副模型，支持用户快速地搭建平面机械运动系统；提供标准的机械接口，可以实现与 1D、3D 机械组件模型的交互，以及复杂机械系统模型的开发。

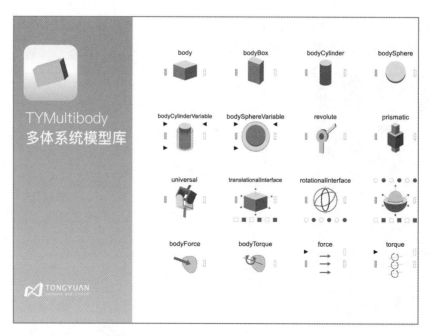

图 2-49　多体系统模型库

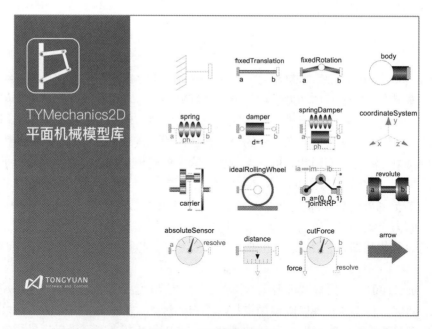

图 2-50　平面机械模型库

TYMotor（电机模型库）如图 2-51 所示，包括电机本体、控制器、驱动器、负载、传感器等组件模型。该库可用于电机系统控制策略的开发，驱动电路的设计、验证与优化，电机动态特性的仿真与分析等。用户可根据实际需求搭建所需的系统模型。该库提供有刷直流电机、永磁同步电机、感应电机、查表电机等电机本体模型，支持多种电机选型，用户可根据实际需求，通过虚拟实验完成电机的选型；支持电机控制策略设计，能够实现电流环、角速度环、角度环等不同组合的闭环控制，为电机控制策略的设计与验证提供依据；提供不同粒度的组件模型，用户可以根据不同的仿真需要进行选择，快速构建适用于不同仿真工况的系统模型，分析电机系统的动态特性分析。

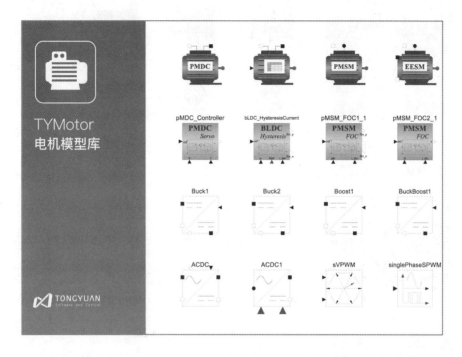

图 2-51　电机模型库

TYFuelCellSys（燃料电池模型库）如图 2-52 所示，包括电堆、空气压缩机、加湿器等模型。用户可根据实际需求搭建质子交换膜燃料电池（Proton Exchange Membrane Fuel Cell，PEMFC）系统模型。该库可应用于燃料电池系统的设计分析与仿真验证，如电堆设计参数对性能的影响分析、基于模型的 ECU 控制策略开发、氢燃料电池汽车的性能分析等；提供多粒度的燃料电池电堆模型，用户可以通过外部极化特性数据描述电池性能，也可以采用粒度较细的模型研究不同参数变化对燃料电池性能的影响；支持电堆内部状态的监测分析，充分考虑电池内部电化学、热力学、物质传递、多孔介质等因素，能够直观监测电流密度、气体浓度、压力、温度、含水量等状态参数；提供丰富的燃料电池系统附件装置及控制器模型，包含氢气循环泵、空压机、加湿器、水泵等重要部件，支持燃料电池系统部件级、子系统级、系统级设计与验证。

TYTransmission（传动组件模型库）如图 2-53 所示，包括一级定轴齿轮传动、多级定轴轮系传动、行星轮系传动、滚珠丝杠、曲柄滑块、传感器等模型。该库可应用于车辆中常用的减速变速、中断传动及差速作用等系统，并可支持传动系统变速特性和能量损耗的仿真分析和应用验证。用户可根据实际需求，搭建所需的离合器、变速器、万向传动装置、减速器等模型。TYTransmission 可用于计算传动过程中的变速特性和能量损耗；针对传动系统的设计需求，考虑了效率、惯量、刚度、阻尼、间隙等因素对传动系统的影响，支持用户选择不同粒度的传动组件模型；支持传动部件/复杂传动系统的设计验证，可快速搭建变速器、压缩机和发动机等系统模型，分析传动系统的力学性能与频域特性，实现传动系统的快速设计与验证。

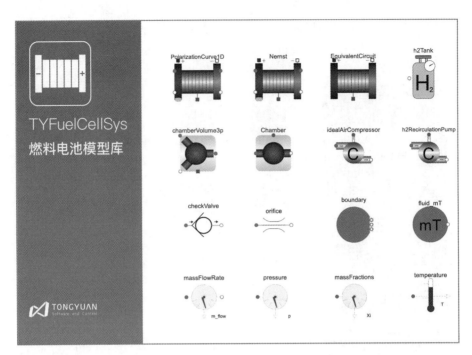

图 2-52　燃料电池模型库

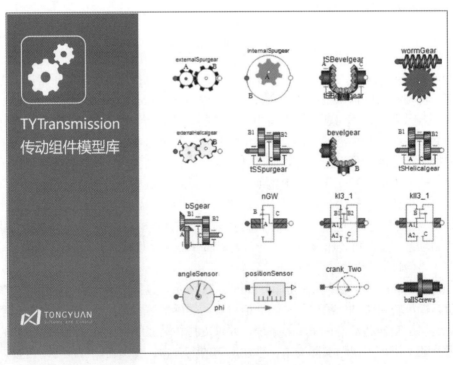

图 2-53　传动组件模型库

TAEngine（车辆发动机模型库）如图 2-54 所示，包括发动机缸、进气系统、排气系统、供油系统等模型。该库可应用于发动机控制器虚拟标定、发动机热管理分析、发动机进排气系统分析、发动机开发设计与验证、整车动力性与经济性分析，用户可根据实际需求搭建不同类型的发动机，如涡轮增压发动机。TAEngine 提供丰富的发动机组件，支持发动机瞬态特性分析，即根据发动机控制器输出的信号，分析发动机的瞬态特性，如输出扭矩、曲轴转速等，同时能够应用于发动机控制策略的虚拟验证。

图 2-54　车辆发动机模型库

TABattery（车辆动力电池模型库）如图 2-55 所示，包括电芯、电池模组、电池包等模型。该库可应用于不同粒度的电池性能分析，也可以应用于纯电动/混动车型的各类工况或热管理仿真分析。该库可与整车模型/热管理系统模型组合；可提供不同粒度的电池模型；支持电芯、电池模组、电池包的温度分布的分析，即基于离散化的电芯、电池模组和电池包模型，能够分析电池包内各点的温度以及各电芯的 SOC（System On Chip，片上系统）。

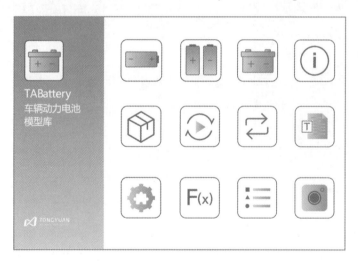

图 2-55　车辆动力电池模型库

TAElectronic（车辆电子模型库）如图 2-56 所示。TAElectronic 提供了常见的车辆低压电器负载模型，如车身域、底盘域、动力域等。用户可以根据实际车辆行驶工况搭建相应的控制和系统模型，分析低压负载网络的能耗和功率的变化，也可以基于提供的各电器元件模板，进行二次开发，以满足定制化需求。

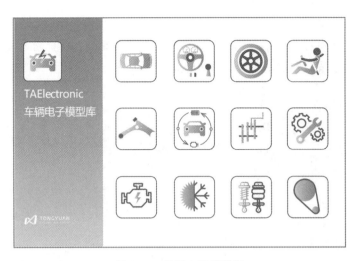

图 2-56　车辆电子模型库

TAThermalSystem（车辆热管理模型库）如图 2-57 所示，包括阀类、换热器、管道、压缩机、泵源、加热器、储液箱等模型。该库可应用于车辆系统级和整车级热管理性能分析，用户可根据实际需求搭建整车热管理模型，其中不同粒度的子系统模型，能够满足用户对各车辆子系统的热管理控制算法开发需求，并集成整车其他子系统热管理系统模型；支持二次开发和扩展，提供多种组件的基础模板，支持用户自定义开发，如开发新构型的蒸发器；支持集成控制策略，提供多种模型接口，支持与控制策略集成。

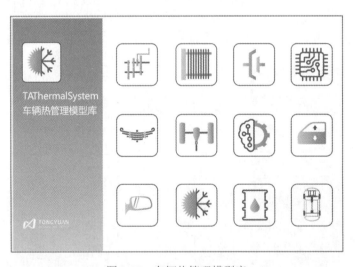

图 2-57　车辆热管理模型库

TAEconomy（车辆动力性经济性模型库）如图 2-58 所示，包括制动、线性轮胎、驾驶员、车身、变速器、发动机、电机、电池、控制器和驾驶舱等模型。该库可应用于发动机控制策略设计、变速器换挡策略设计、DC-DC 策略设计、循环驾驶工况经济性仿真分析和车辆百公里加速性能分析，用户可根据实际需求搭建所需的驾驶员工况模型并与整车模型进行组合。该库提供传统燃油车、混动车和纯电动车架构：包括 P0-P4 混动车型、单/双电机纯电动车型；支持自定义车型架构和系统开发，提供多系统的基础模板，支持用户二次开发系统模型，同时整车架构支持以文本形式保存，方便与其他工程师进行交互；提供总线通信机制：构建虚拟的总线，包含制动系统、轮胎、动力系统等关键信号变量，以满足控制策略输入需求。

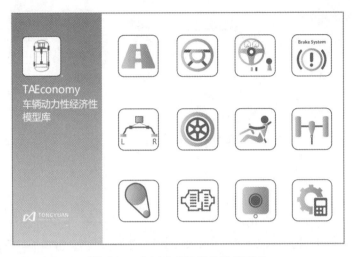

图 2-58　车辆动力性经济性模型库

TADynamics（车辆动力学模型库）如图 2-59 所示，包括驾驶员、道路、制动系统、转向系统、传动/驱动系统、悬架系统、车身等模型。该库可应用于驾驶员控制算法开发和车辆动力学性能评估，同时提供不同粒度的子系统模型，以支持用户对各子系统的控制算法进行验证；提供开环和闭环驾驶员模型，其中开环驾驶员模型根据输入的转向/制动和加速信号进行控制，闭环驾驶员模型根据规划的路径对车辆进行纵向和横向控制；支持二次开发和扩展，提供多种系统的基础模板，支持用户进行二次开发；支持整车级和系统级动力学性能分析，适用于整车动力学性能分析，如整车操稳性和子系统动力学分析。

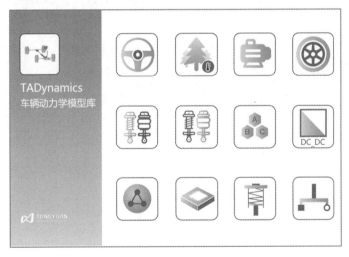

图 2-59　车辆动力学模型库

2.2.3　Sysplorer 工具箱

Sysplorer 工具箱及其类别如表 2-4 所示。

在用 Sysplorer 创建模型的过程中，除了可以调用 Modelica 语言编写的函数，还可以调用其他语言（如 C、C++和 FORTRAN）编写的函数，这些非 Modelica 语言编写的函数称为外部函数。Sysplorer 通过 Modelica 函数调用外部函数。注意，Modelica 函数没有算法（algorithm）区域，它通过接口声明语句 external 表示调用外部函数。FMI 是基于 Modelica 提出的，是一个统一的模型执行接口。Sysplorer 支持 FMI V1.0 和 V2.0 版本，提供一种生成 dll 文件的方式，用于与 Veristand 工具进行联合仿真。

针对系统仿真分析中无法获取部分参数的情况，Sysplorer 提供模型线性化器，可用于对非线性 Modelica 模型进行线性分析，功能包括：通过仿真获取系统模型的工作点、对非线性模型进行线性化、在不同工作点处进行批量线性化、对非线性模型进行频率响应估计、对线性化及频率响应估算结果进行时频域响应可视化。

表 2-4　Sysplorer 工具箱及其类别

编号	类别	工具箱
1	接口	C、C++和 FORTRAN
2		FMI
3		Veristand
4		模型发布
5		Python 脚本命令行
6		CMD 启动参数
7		多体
8	设计优化	模型实验
9		参数估计
10		检查参数灵敏度
11		模型参数优化
12	控制系统	模型线性化器
13	嵌入式代码生成	嵌入式代码生成（SEC）
14		静态代码检查

Sysplorer 专门面向微控制器（MCU/DSP etc）中应用层软件的开发，提供基于因果的框图式建模和状态机建模环境，即嵌入式代码生成 Sysplorer Embedded Coder（SEC），SEC 新增了图元、数据字典、面向嵌入式 C 的代码生成和仿真等功能，能够采用基于模型设计的方式设计电子控制器应用层软件，可以应用在家电、工业控制、汽车电子等行业。

Sysplorer 支持静态代码检查，提供静态代码检查工具（Static Code Check，SCC），SCC 依据 C 和 C++编码规则自动扫描代码，在开发过程的早期可以用来做缺陷检测，检查软件代码的编程规范，分析程序的静态结构，对软件的质量进行度量。

2.2.4　帮助中心

Sysplorer 提供了强大的中文帮助功能，"帮助"选项卡如图 2-60 所示，用户可根据需求单击"帮助"选项卡，可选择观看视频课程、反馈问题、获取帮助等操作。

图 2-60　"帮助"选项卡

2.3　Sysplorer 建模入门

Sysplorer 建模方式包括两种：图形化建模与文本建模。图形化建模在图形视图中实现，而文本建模则主要通过文本视图进行。Sysplorer 建模过程包括四个步骤，如图 2-61 所示。

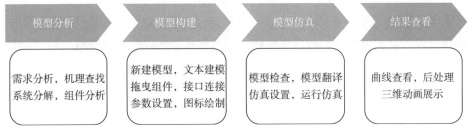

图 2-61　建模步骤

模型分析：从建模仿真需求出发，查找建模所依据的原理，对系统进行分解，并对组成系统的每个组件进行分析。

模型构建：根据软件使用流程，新建模型，通过文本建模或者图形化建模，开发相关模型，并设置组件参数，绘制图标。

模型仿真：首先进行模型检查，检查模型是否存在语法错误；然后进行模型翻译，检查模型是否可生成求解器；接着设置仿真参数，包括开始时间、终止时间、步长及仿真算法等，设置完成后，运行仿真。

结果查看：通过曲线查看模型仿真结果，并对曲线进行相加、相减、积分等处理。模型中存在多体组件时，可以通过三维动画展示模型的仿真结果。

2.3.1　图形化建模

如图 2-62 所示，以单摆受力分析为例，展示图形化建模的方法。单摆摆杆受重力影响，绕固定点进行左右摆动，并在固定点与杆摩擦力的影响下，逐渐在竖直方向停止。根据单摆的物理结构与原理，结合标准库中的相关组件，自顶向下地对系统进行分解，分解结果如下：固定副即为固定点，起固定作用，使得摆杆围绕该点摆动；转动副用于连接固定副与摆杆，使二者之间能够发生相对转动，并在两组件之间的传递力与力矩。杆件在重力与摩擦力作用下，通过转动副绕固定点转动。以上各组件均可直接调用 Modelica 标准库中的已有模型。

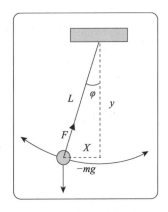

图 2-62　单摆受力分析

单摆的模型分解结果如表 2-5 所示，单摆模型构建前，要根据模型分解结果，结合现有模型库，分析能否满足仿真需求，若满足，则可直接使用现有模型库进行构建；若不满足，则需要根据模型机理，基于文本建模进行开发。

在图 2-63 所示界面中选择"文件"-"新建"-model 选项，弹出"新建模型"对话框，如图 2-64 所示，在弹出的对话框中填写模型名"Pendulum"，在"描述"文本框中输入"单摆"，单击"确定"按钮，完成模型创建。

表 2-5　模型分解结果

机构	固定副
	转动副
	杆件
边界条件	重力
	摩擦力

如图 2-65 所示，单击"建模"选项卡，再单击"图形"按钮，在窗口左侧的模型浏览器中依次展开 Modelica 标准库中的 Modelica-Mechanics-MultiBody 模型库，选中 World 组件，并将其拖曳至图形视图中。按照相同方式，找到其余组件，将它们拖曳至图形视图中。本例中用到的组件路径如表 2-6 所示，根据物理拓扑关系对组件进行合理布局，如图 2-66 所示。

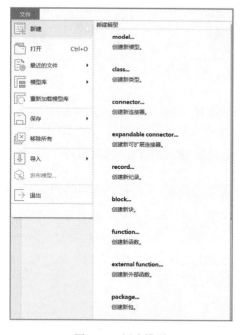

图 2-63　新建模型　　　　　　　　　　　图 2-64　填写模型名与描述

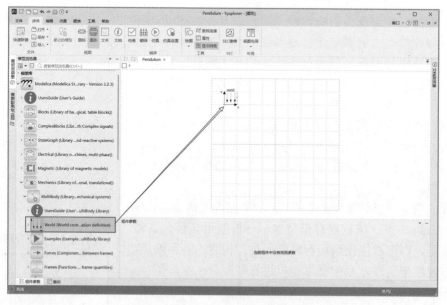

图 2-65　拖曳组件①

---

① 在 Sysplorer 模型浏览器下的组件名称的首字母大写，如 World，将其拖曳到图形视图中后，组件名称的首字母小写，如 world，全书正文中采用首字母大写的组件名称形式。

表 2-6　组件路径

组件名	路径
World	Modelica.Mechanics.MultiBody.World
Fixed	Modelica.Mechanics.MultiBody.Parts.Fixed
Damper	Modelica.Mechanics.Rotational.Components.Damper
Revolute	Modelica.Mechanics.MultiBody.Joints.Revolute
Body	Modelica.Mechanics.MultiBody.Parts.Body

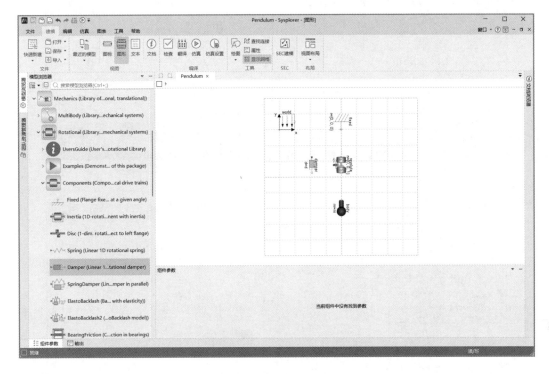

图 2-66　组件布局

下面进行组件连接，例如，先单击 Fix 组件，选中 Fixed 组件接口，再单击待连接的组件 Revolute，选中 Revolute 组件接口，即可完成组件连接，组件连接示意图如图 2-67 所示。两个组件只有接口类型一致才可连接成功，当接口类型不同时，连接时会弹出对话框显示"连接器的类型不匹配"。

每个组件均有自己的属性，我们可根据单摆的物理属性，设置模型组件的相关参数。假设转动副摩擦系数为 0.1 N·m/(rad/s)，可在模型浏览器中选中 Damper 组件，在参数面板中修改参数"d"的值，如图 2-68 所示。修改时需注意单位是否对应，若不对应，则需要修改单位。其他组件参数如表 2-7 所示。

模型构建完成之后，通过绘制图标，可使模型更加直观。图标绘制如图 2-69 所示，单击"建模"或"编辑"选项卡，单击"图标"按钮，即可选择"绘图"组中功能绘制模型图标，并可以在图形属性中为图标添加填充颜色及样式。图标绘制完成后，左侧"模型浏览器"中的"用户模型"中会出现所绘制的图标。

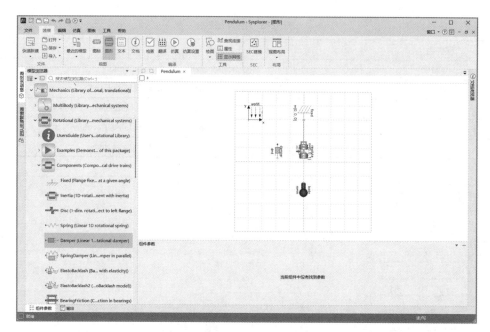

图 2-67　组件连接示意图

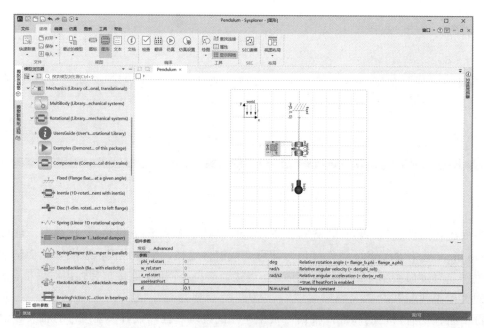

图 2-68　参数设置

表 2-7　其他组件参数

组件	参数	参数值	单位
Revolute	phi.start（初始角度）	50	deg
	useAxisFlange（是否使用外置接口）	True	/
Body	r_cm（质心位置）	{0.5,0,0}	m
	m（质量）	1.0	kg
Damper	d（阻尼）	0.1	N·m/(rad/s)

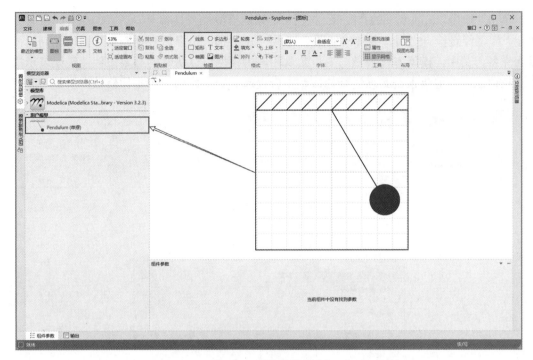

图 2-69　模型图标绘制

除绘制图标之外，还可以编辑模型文档，使模型更加易用。其操作方法如图 2-70 所示，进入文档浏览器，单击"编辑模式"图标进入编辑模式，可在文档浏览器中输入文字、插入图片与链接。

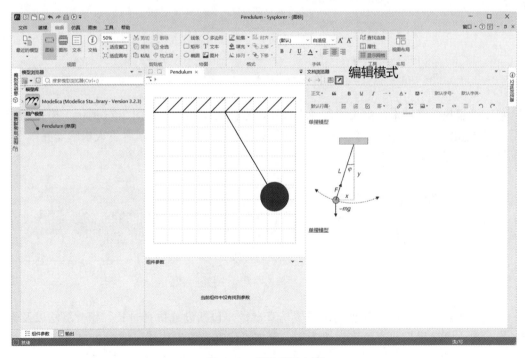

图 2-70　编辑模型文档

单击"建模"选项卡下的"检查"按钮，可分析模型是否具备可以仿真的条件，如图 2-71 所示，模型经过检查之后，会弹出如图 2-72 所示的界面，用户可根据输出界面信息判断模型是否完备。其中，模型方程数量与变量数量相等为模型可以仿真的必要条件；错误表示模型中存在语法或其他错误，必须进行修改，警告仅起到提示作用，可不做修改。

图 2-71　检查选项

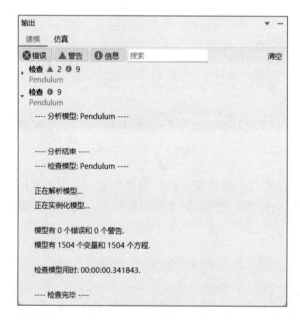

图 2-72　检查输出界面

单击"建模"选项卡，单击"翻译"按钮，进行模型翻译，如图 2-73 所示。模型翻译完成后会弹出如图 2-74 所示的输出界面，如果模型正确，最终会显示"生成求解器完毕"，否则翻译无法通过，并会在输出界面报告错误信息。

图 2-73　单击"翻译"按钮

模型通过翻译后，即可根据需求设置仿真参数，包括设置仿真时长、积分算法以及输出步长等。单击"建模"或"仿真"选项卡，单击"仿真设置"按钮，如图 2-75 所示，会弹出如图 2-76 所示的仿真设置界面，可分别在各选项卡中设置相关参数。各参数说明如下：

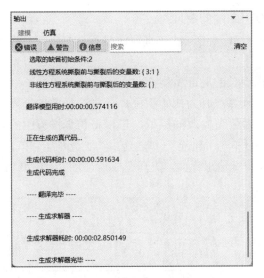

图 2-74　翻译输出界面

图 2-75　单击"仿真设置"按钮

图 2-76　仿真设置界面

仿真区间：仿真开始/终止的时间，此处设置为 0～5s；

步长：仿真输出点之间的间隔长度，此处设置为 0.01；

步数：仿真生成的输出间隔的数目；

算法：MWORKS 提供 21 种不同的仿真算法进行选择，并且提供自定义算法，此处使用 Dassl 算法；

精度：指定每个仿真步长的局部精度；

积分步长：选择变步长算法时为初始积分步长，选择定步长算法时为固定积分步长；

确定并保存到模型：对于可修改的模型，可以将仿真设置中的常规设置保存到模型中。

完成仿真设置后，即可单击"建模"（或"仿真"）选项卡，单击"仿真"按钮，如图 2-77 所示，软件会自动跳转到仿真输出界面，仿真完成后，会输出模型仿真信息，如图 2-78 所示。

图 2-77 单击"仿真"按钮

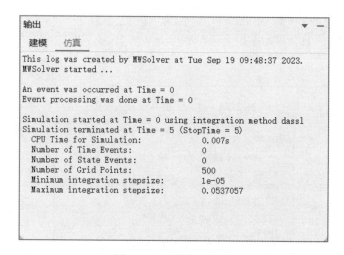

图 2-78 仿真输出信息

当模型仿真完成以后，即可在仿真输出界面查看模型仿真结果。Sysplorer 支持通过曲线与三维动画的形式查看仿真结果，并可以将仿真结果导出为图片或者数据格式。Sysplorer 提供了变量定位、$y(t)$ 曲线、$y(x)$ 曲线、曲线游标等功能，辅助用户快速对仿真结果进行查看与分析。其中变量定位功能如图 2-79 所示，单击"仿真"选项卡，单击"图形"按钮，在"仿真浏览器"中可快速自动定位到组件变量上。

$y(t)$ 曲线窗口以时间（time）为横坐标，方便用户查看模型组件变量与仿真时间的关系，生成 $y(t)$ 曲线窗口的操作方式有两种：

操作方式 1：在"仿真"选项卡中，选中相关变量前面的复选框或将定位的相关变量拖曳至空白区域，即可生成 $y(t)$ 曲线窗口，如图 2-80 所示；

操作方式 2：在"图表"选项卡中单击"新建 $y(t)$ 曲线窗口"按钮，然后将定位的相关变量拖曳到 $y(t)$ 曲线窗口中或选中相关变量前的复选框，如图 2-81 所示。

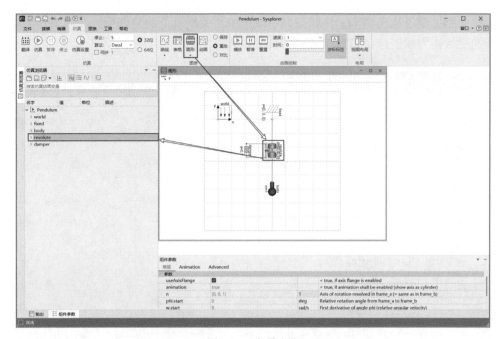

图 2-79　变量定位

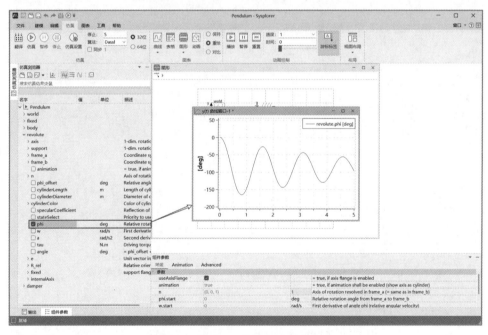

图 2-80　生成 $y(t)$ 曲线窗口操作方式 1

$y(x)$ 曲线窗口以第一次拖入的变量作为横坐标，第二次拖入的变量作为纵坐标，用于查看模型中变量与变量之间的关系。生成 $y(x)$ 曲线窗口的操作方式也有两种：

操作方式 1：如图 2-82 所示，按住 Shift 键，先将在仿真界面定位的相关变量拖曳到空白区域，作为横坐标，再选中另一个变量前的复选框或将其向右拖曳至已生成窗口的纵坐标处，生成纵坐标；

操作方式 2：如图 2-83 所示，在"图表"选项卡下单击"新建 $y(x)$ 曲线窗口"按钮，然后将定位的相关变量拖曳到 $y(x)$ 曲线窗口中或选中相关变量前的复选框，此时窗口会以第一次选择的变量作为横坐标，第二次选择的变量作为纵坐标。

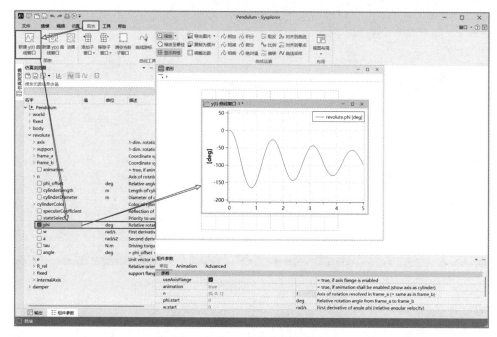

图 2-81　生成 $y(t)$ 曲线窗口操作方式 2

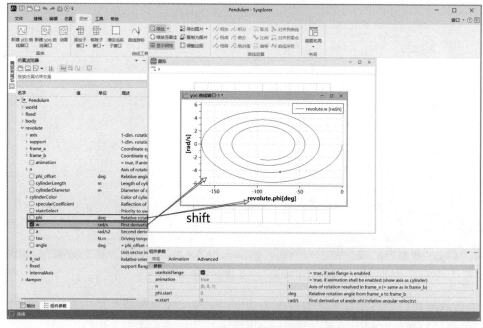

图 2-82　生成 $y(x)$ 曲线窗口操作方式 1

　　Sysplorer 提供了三种曲线绘制模式选项，用于重复仿真场景，单击"仿真"选项卡，在"图表"组下可见"保持""重绘""对比"三种模式，如图 2-84 所示。三种模式的说明如下：

　　保持：保持当前变量曲线不变。

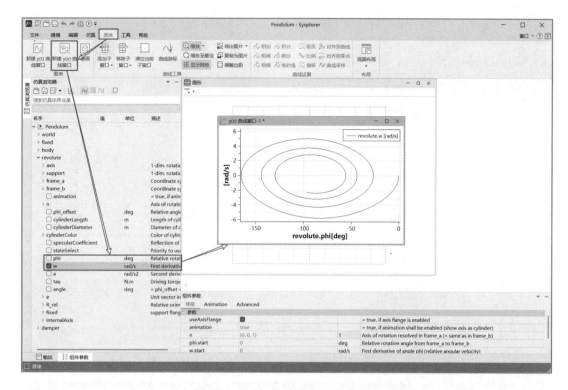

图 2-83　生成 y(x)曲线窗口操作方式 2

图 2-84　曲线绘制模型选项

重绘：基于新实例重新绘制变量曲线。

对比：保留当前变量曲线，并基于新实例再次绘制变量曲线（不支持 y(x)窗口对比）。

Sysplorer 支持将曲线窗口保存到模型中，方便其他用户查看。单击"仿真"选项卡，单击"曲线"按钮，展开"曲线"下拉菜单，选择"保存曲线绘制"选项，弹出"保存曲线到模型"对话框，在对话框中选择"新建命令"选项，输入曲线名，即可将曲线保存到模型，如图 2-85 所示。

Sysplorer 支持在曲线窗口中生成子窗口，且支持在一个窗口中查看多个曲线结果。首先单击"图表"选项卡，再单击"添加子窗口"按钮，然后选中其他变量前的复选框或者将变量向右拖曳至空白子窗口中，即可生成子窗口，如图 2-86 所示。

单击"图表"选项卡，单击"曲线游标"按钮，可见到如图 2-87 所示的"曲线游标"。还可以通过框选曲线窗口中的局部区域，并将其放大，查看相关数值，如图 2-88 所示。

Sysplorer 提供机械多体仿真后的三维动画创建、播放功能。如图 2-89 所示，单击"仿真"选项卡，单击"动画"按钮，即可打开如图 2-90 所示的动画窗口，Sysplorer 支持动画的"播放""暂停""重置"及播放速度调整等功能。

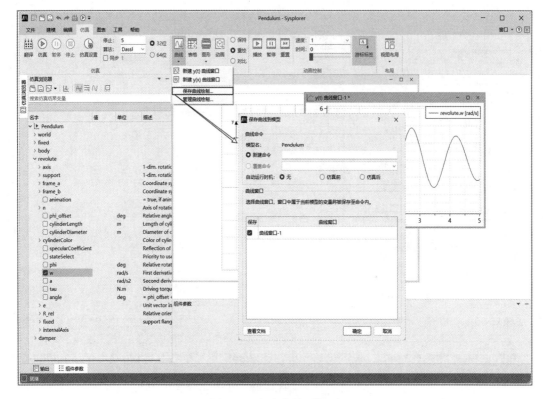

图 2-85　保存曲线到模型

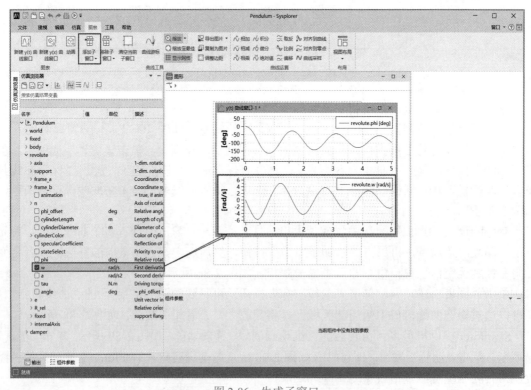

图 2-86　生成子窗口

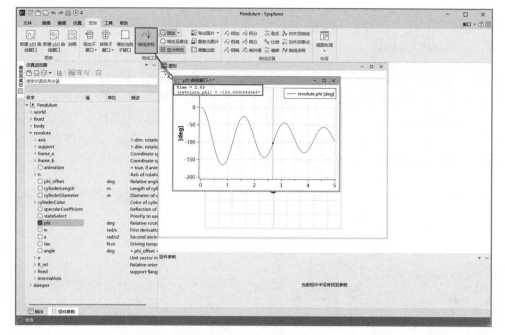

图 2-87　曲线游标

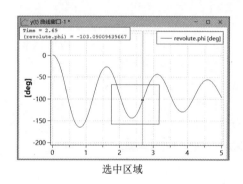

选中区域

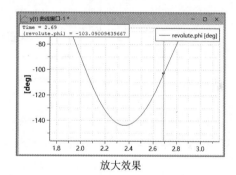

放大效果

图 2-88　局部区域放大查看

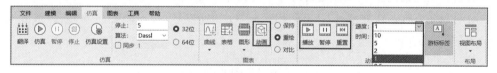

图 2-89　动画选项

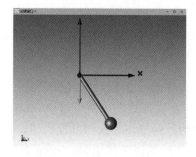

图 2-90　动画窗口

2.3.2　文本建模

当现有模型库无法满足建模需求时，用户可采用文本建模的方式开发新的模型，以完成建模仿真任务。文本视图界面如图 2-91 所示，单击"建模"选项卡，单击"文本"按钮，可以显示模型的 Modelica 文本。文本视图提供了错误定位、编码助手、语法高亮、展开与折叠、查找与替换等功能，可以帮助用户快速地完成模型开发工作。接下来，以洛伦兹方程为例，展示如何通过文本建模的方式创建模型。

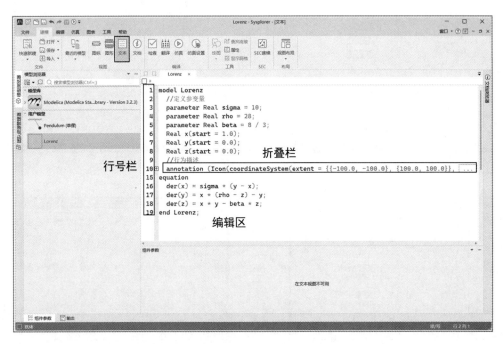

图 2-91　文本视图界面

洛伦兹方程是描述空气流体运动的一个简化微分方程组，如式（2-1）所示，它是一个经典的非周期混沌方程，设置式（2-1）的相关参数，令 $\sigma = 10$，$\rho = 28$，$\beta = 8/3$，初始值 $x_0 = 1$，$y_0 = z_0 = 0$。

$$\begin{cases} \dfrac{\mathrm{d}x}{\mathrm{d}t} = \sigma(y - x) \\[2mm] \dfrac{\mathrm{d}y}{\mathrm{d}t} = x(\rho - z) - y \\[2mm] \dfrac{\mathrm{d}z}{\mathrm{d}t} = xy - \beta z \end{cases} \tag{2-1}$$

三维相空间的混沌态在二维平面上的投影轨线如图 2-92 所示，根据以上分析，采用 Modelica 语言，基于相关语法，在文本视图中，可构建 Modelica 模型，并设置仿真初始值，模型代码如图 2-93 所示。模型的行为描述方式与方程类似，没有复杂的推导过程，用户只需要根据机理方程输入代码即可，后续编译工作由 Modelica 求解器完成，大大提高了建模效率。

完成机理建模后，与图形化建模类似，对模型进行检查、翻译，输出结果如图 2-94 所示。

图 2-92　三维相空间的混沌态在二维平面上的投影轨线

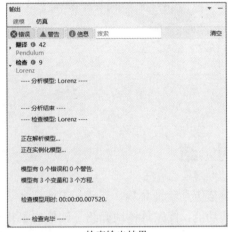

```
model Lorenz
//定义参变量
  parameter Real sigma = 10;
  parameter Real rho = 28;
  parameter Real beta = 8 / 3;
  Real x(start = 1.0);
  Real y(start = 0.0);
  Real z(start = 0.0);
//行为描述
equation
  der(x) = sigma * (y - x);
  der(y) = x * (rho - z) - y;
  der(z) = x * y - beta * z;
end Lorenz;
```

图 2-93　模型代码

检查输出结果　　　　　　　　　　翻译输出结果

图 2-94　模型检查与翻译

翻译通过之后，设置仿真参数，单击"建模"选项卡，单击"仿真设置"按钮，弹出如图 2-95 所示的对话框，设置仿真时间为 300 s（开始时间为 0，终止时间为 300），步长为 0.01，采用 Dassl 算法。

图 2-95　参数设置

单击"建模"选项卡，单击"仿真"按钮，在仿真浏览器中定位变量 x，y，z，如图 2-96 所示。单击"图表"选项卡，单击"新建 $y(x)$ 曲线窗口"按钮创建 $y(x)$ 曲线窗口，以 x 为横坐标，y、z 分别为纵坐标，查看 y、z 各自与 x 的对应关系，仿真结果如图 2-97 所示。

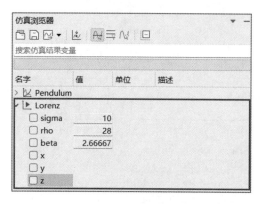

图 2-96　变量定位

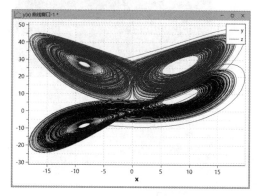

图 2-97　仿真结果

本 章 小 结

Sysplorer 是面向多领域工业产品的系统建模与仿真验证环境，支持多领域耦合复杂系统建模和仿真。本章介绍了 Sysplorer 的基本用法和功能，首先具体地介绍了软件的安装和许可证配置等步骤，其次介绍了 Sysplorer 的主要功能、Sysplorer 模型库、Sysplorer 工具箱和帮助中心，最后通过实例介绍了 Sysplorer 建模的两种方式——图形化建模和文本建模。Sysplorer 的工作环境具有简单易用、界面友好、功能齐全的特点，可以帮助实验室管理者和研究人员更好地控制和管理实验数据。

习　题　2

（1）请根据 2.1 节，完成 Sysplorer 软件安装，同时完成针对微分方程的仿真。

（2）请学习图形化建模，完成单摆模型建模仿真，并对比书中仿真结果。

（3）请学习文本建模，结合所学专业领域，新建 Modelica 模型并完成文本建模，检查仿真结果是否符合预期。

第 3 章

Modelica 模型开发基础

Modelica 模型开发基础知识包括 Modelica 语言的一般结构、建模方式、类与内置类型、数组、模型的方程和算法描述、连接与连接器、函数、连续与离散建模、模型重用以及模型注解。本章内容可以帮助读者了解 Modelica 模型开发的基础知识和方法，从而更加高效地进行建模和仿真。

通过本章学习，读者可以了解（或掌握）：

❖ Modelica 语言的一般结构、建模方式等。
❖ Modelica 语言中的类与内置类型。
❖ Modelica 语言中数组的使用。
❖ 模型的行为描述，分为方程和算法两部分。
❖ Modelica 语言中的连接与连接器。
❖ Modelica 语言中函数的概念、定义规范和调用方法。
❖ Modelica 语言中的连续与离散建模。
❖ 模型重用，包括继承重用、实例化重用、重声明重用三种方式。
❖ Modelica 语言中的模型注解方式。

Modelica 是一种开放的、面向对象的、基于方程的物理系统多领域统一建模语言。它允许工程师和科学家采用方程的形式描述系统的物理行为，构建机械、电气、热力、流体、控制、液压、电磁等领域的模型，并构建出多领域耦合的系统模型，进行仿真分析。

本章将通过以下 9 节来讲解 Modelica 模型开发基础知识，分别为：Modelica 语言的一般结构、类与内置类型、数组、模型行为描述、连接与连接器、函数、连续与离散建模、模型重用、模型注解。

Modelica 语言的一般结构：Modelica 文本一般由"开始模型定义""变量声明""模型行为描述""结束模型定义"等部分组成。

类与内置类型：Modelica 中的类是通用类和特化类的统称。Modelica 中规定了 1 种通用类和 10 种特化类，使用特化类是为了使 Modelica 模型代码便于阅读和维护。

数组：数组是 Modelica 语言中一种重要的数据结构，是一组同类型变量的集合。数组的常见操作包括数组声明、数组构造、数组连接、索引切片、数组运算。

模型行为描述：模型行为描述是语言的一般结构中的重要部分，主要用于根据机理或物理拓扑描述模型的参数、变量及继承或被调用等模型之间的关系。建模者能够通过方程和算法的组织来捕获及描述复杂物理系统的行为，从而支撑后续仿真、优化、控制等工作的进行。

连接与连接器：组件的接口称为连接器，建立在组件接口上的耦合关系称作连接。连接器采用一种称作连接器类的特化类来描述。Modelica 连接建立在相同类型的两个连接器之上，表达的是组件之间的耦合关系，用于组件之间的通信，可分类为因果连接器、非因果连接器、隐式连接器、可扩展连接器。

函数：函数是以 function 关键字定义的特化类，遵循 Modelica 类定义的语法形式。Modelica 不仅支持用户自定义函数，还提供了丰富的内置函数，并且支持使用其他语言编写的函数。

连续与离散建模：Modelica 通过事件驱动机制全面支持连续、离散混合建模。事件指变量变化的特定时间点。

模型重用：Modelica 作为面向对象建模语言，提供继承（extends）、实例化（modification）和重声明（redeclaration）等机制，能够方便地支持模型重用，提高建模效率。继承是对已有类型的重用，结合变型（类型变化）与重声明，实现对基类的定制与扩展。

模型注解：注解是与 Modelica 模型相关的附加信息，可以理解为包含 Modelica 模型中一些元素相关信息的属性或者特性，这些附加信息被 Modelica 环境使用，例如添加图标或支持图形模型编辑。使用注解能够使用户更加理解模型信息，让模型的参数属性一目了然。

下面将对以上 Modelica 知识进行详细介绍。本章所有示例均在基于 Modelica 的多领域统一系统建模仿真环境 Sysplorer 中构建。

3.1 Modelica 语言的一般结构

本章使用 Modelica 语言对自由落体运动及电阻元件进行建模，以此为例阐述 Modelica 语言的一般结构。

3.1.1 自由落体运动 Modelica 建模

伽利略于 1589 年在比萨斜塔（Leaning Tower of Pisa）进行了著名的自由落体实验，如

图 3-1 所示。物理原理如下：

$$v = \frac{h}{\mathrm{d}t}$$

$$a = \frac{\mathrm{d}v}{\mathrm{d}t} = g$$

式中：

v ——小球速度（m/s）；

h ——小球离地高度（m）；

a ——小球加速度（m/s^2）；

g ——重力加速度（m/s^2）；

t ——时间（s）。

在不考虑空气阻力的情况下，假设小球初始高度为 10m，使用 Modelica 对自由落体小球进行建模，代码如下：

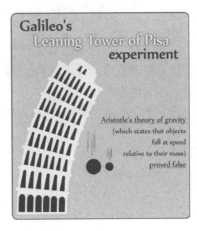

图 3-1　比萨斜塔实验

```
class Fall "自由落体"
    //声明参数
    parameter Real h0 = 10 "初始高度";
    //声明变量
    Real g = 9.81 "重力加速度";
    //声明小球下落高度，并设置初始值为 10
    Real h(start = h0) "高度";//使用 start 函数设置初始值
    Real v "速度";
equation
    //自由落体原理方程
    v = der(h);   //高度对时间求导得到速度
    der(v) = - g;   //速度对时间求导得到加速度
end Fall;
```

class Fall 声明了通用类 Fall。parameter Real h0 声明了实型参数 h0，表示小球起始离地高度，设置初始值为 10。Real g 声明实型参数 g，表示重力加速度。Real h(start = h0)声明实型变量 h，以 h0 作为变量 h 的初始值。der()是 Modelica 内置函数，der(h)表示对 h 求导，高度对时间求导得到速度，速度对时间求导得到加速度。

对上述模型进行仿真，仿真结果如图 3-2 所示，随着时间 t 增加，小球高度 h 不断减小，小球速度绝对值以加速度 g 作为斜率线性增加，与真实的自由落体物理现象一致。

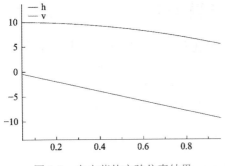

图 3-2　自由落体实验仿真结果

扫描查看彩图

3.1.2　电阻元件 Modelica 建模

电阻是一种基本的电子元件，一般我们根据不同场景选择不同阻值的电阻。实际上，真实世界中的电阻元件可能会受到一些非理想因素的影响，如温度效应、频率依赖性、热噪声等。理想电阻是电路理论中的一个简化模型，用来描述完全符合欧姆定律的电阻。根据欧姆定律，电阻两端的电压（U）与通过电阻的电流（I）之间的关系是：

$$U = I \times R$$

式中：

U——电压（V）；

I——流过电阻的电流（A）；

R——电阻值（Ω）；

使用 Modelica 对理想电阻进行建模，代码如下。

```
class Resistor"电阻" // 模型定义
    import SI = Modelica.SIunits;
    parameter SI.Resistance R(start = 1) = 1 "阻值";
    SI.Voltage v "电阻两端电压";
    SI.Current i "电阻两端电流";
    Modelica.Electrical.Analog.Interfaces.PositivePin p "正极";
    Modelica.Electrical.Analog.Interfaces.NegativePin n "负极";
equation
    v = p.v - n.v; //正极减去负极电压
    0 = p.i + n.i;
    i = p.i;
    R * i = v; //欧姆定律
end Resistor;
```

class Resistor 声明了通用类 Resistor，Modelica.SIunits 为 Modelica 标准库提供的 450 种国际单位制。parameter SI.Resistance R(start = 1) = 1 声明 SI.Resistance 类型变量 R，设置电阻初始值为 1。声明电压类型变量 V 和电流类型变量 I。p 声明为电阻正极，n 声明为电阻负极。v = p.v - n.v 表示正极电压减去负极电压为电阻分压。同时，根据欧姆定律有 R * I = v。

以上利用 Modelica 完成了一个电阻模型的开发，后续给定电阻两端电压即可对电阻模型进行仿真测试分析。

3.1.3　Modelica 语言一般结构组成

对比 3.1.1 节中的自由落体小球模型代码与 3.1.2 节中的电阻元件模型代码，总结出 Modelica 语言一般结构，如图 3-3 所示。

Modelica 语言的一般由"开始模型定义""变量声明""模型行为描述""结束模型定义"等部分组成。接下来针对 Modelica 语言一般结构进行详细说明。

1. 开始模型定义

Modelica 模型一般以以下格式作为开始模型定义的标志：

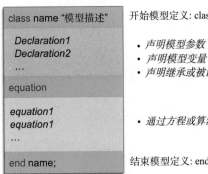

图 3-3　Modelica 语言一般结构

　　类型关键字为模型所属的类或特化类，除了通用类 class，Modelica 语言还定义了 10 种特化类，不同特化类具有不同限制和功能，同时也具有不同的代码结构。Modelica 通用类与特化类如图 3-4 所示，具体内容请见 3.2 节。

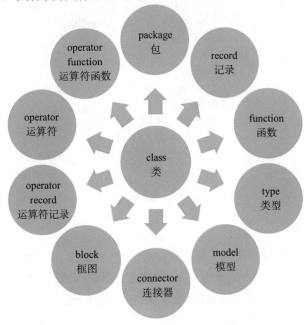

图 3-4　Modelica 通用类与特化类

2. 结束模型定义

Modelica 模型一般以以下格式作为结束模型定义的标志：

结束模型定义中的模型名必须与开始模型定义中的模型名对应。

3. 变量声明

　　Modelica 模型中的变量声明关键字位于开始模型定义之后、方程 equation 关键字或算法 algorithm 关键字之前，对模型参数、模型变量和继承或被调用的模型进行声明。变量声明的一般格式为：

数据类型包括连续数据类型与离散数据类型。连续数据类型指实型（Real）。离散数据类型包括离散实型（discrete Real）、整型（Integer）、布尔型（Boolean）、枚举型（enumeration）、字符串型（String）。上述基本类型均可扩展为物理量纲，用于物理建模，详见 3.2.3 节中的 type 类。

Modelica 语法中定义了参数、变量、常量等数据前缀，如图 3-5 所示。数据前缀、数据类型将在 3.2 节中阐述。

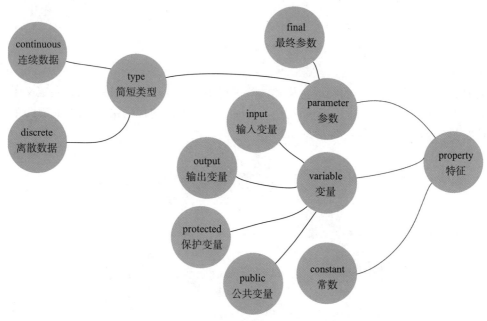

图 3-5　数据前缀

4. 模型行为描述

Modelica 语言支持使用方程或算法对模型行为进行描述，对应的关键字分别为 equation 与 algorithm。方程以陈述的方式表达约束和关系，不指定数据流和控制流。方程区域以 equation 关键字开始，终止于类定义结束或者 public、protected、algorithm 等关键字。算法是由一系列语句组成的计算过程，是过程式建模的重要组成部分。算法只能出现在算法区域，以 algorithm 关键字开始，同样终止于类定义结束或 equation、public、initial 等关键字。模型行为描述将在 3.4 节进行阐述。

3.2　类与内置类型

3.2.1　类与对象

与其他面向对象语言一样，Modelica 语言也提供类和对象的概念。类是 Modelica 语言的基本结构元素，是构成 Modelica 模型的基本单元。类的实例称为对象，对象的抽象称为类。

类可以包含 3 种类型的成员：变量、方程和成员类。变量表示类的属性，通常代表某个物理量。方程指定类的行为，表达变量之间的数值约束关系。方程的求解方向在方程声明时是未指定的，方程与来自其他类方程的交互方式决定了整个仿真模型的求解过程。类也可以作为其他类的成员。类的成员类可以直接定义，也可以通过继承从基类中获得。

Modelica 中类的概念是通用类和特化类的统称。Modelica 中的每种特化类均具有特殊的用途，在语法规范上有一定的增强限制。Modelica 中规定了 10 种特化类，使用特化类是为了使 Modelica 模型代码便于阅读和维护。通用类由关键字 class 修饰，特化类由特定的关键字修饰，如 model、block、connector、type、function、record、package、operator、operator record、operator function。特化类只不过是通用类概念的特殊化形式，在模型中特化类关键字可以被通用类关键字 class 替代，而不会改变模型的行为。特化类关键字也可以在适当条件下替代通用类关键字 class，只要二者在语义上等价即可。

3.2.2　通用类

在 Modelica 中，模型库中所有的事物都是类：从预定义的 Real、Integer 到庞大的 package，都是类。class 在 Modelica 中是表示通用类的关键字，即所有模型均可用 class 进行定义。

在计算机语言领域有个历史悠久的传统：第一个测试程序总是一个打印"Hello World"的简单程序，而 Modelica 是一种基于方程的语言，打印字符串没有意义。因此，Modelica 版"Hello World"是一个求解微分方程的程序。使用 Modelica 语言对一阶微分方程进行求解：

$$x' = -ax$$

图 3-6 中描述了采用通用类关键字 class 对一阶微分方程建模的代码。

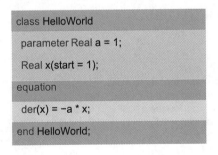

```
class HelloWorld
  parameter Real a = 1;
  Real x(start = 1);
equation
  der(x) = -a * x;
end HelloWorld;
```

图 3-6　求解一阶微分方程

3.2.3　特化类

为更加精确地表达类的作用，使 Modelica 代码更加易读和维护，引入特化类。特化类是针对类的内容的特别主张，在某些方面受到限制、某些属性有额外增强的类。图 3-7 展示了 Modelica 规定的 10 种特化类，每个特化类都面向建模的一类场景。

1. model

model 一般用于定义组件或系统模型，具有完备的机理。完备模型指变量数与方程数相

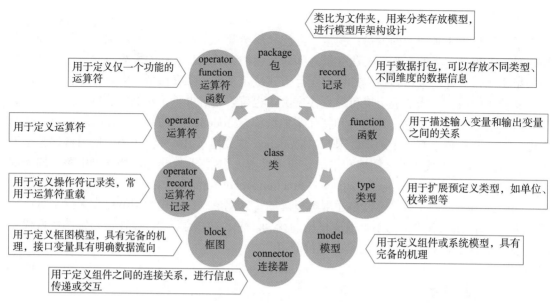

图 3-7 10 种特化类

同的模型，只有变量数与方程数相同时模型才可能进行求解。model 与 class 在语义上等价，可以互相替换，因此 model 的一般结构与上文介绍的 class 完全一致。model 主要应用于以下 3 种场景。

1）不带接口的单一组件或系统模型

可以使用 model 构建不带接口的单一组件或系统模型，如解四元一次方程组，计算洛伦兹方程等本身就可以独立仿真的单独模型。

图 3-8 展示了 model 建模示例：使用 model 特化类计算洛伦兹方程的代码及仿真结果。其中，$\sigma=10$，$\rho=28$，$\beta=8/3$，且初始值为 $x\_0=1$，$y\_0=z\_0=0$。使用 Sysplorer 进行仿真并绘制 z-x 图像。

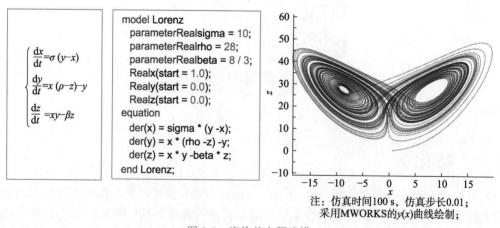

注：仿真时间100 s，仿真步长0.01；
采用MWORKS的$y(x)$曲线绘制；

图 3-8 洛伦兹方程建模

2）由多个组件连接而成的系统模型

model 可用于构建由多个组件连接而成的系统模型。图 3-9 展示了使用 Modelica 标准库中的电学模型库搭建的低通滤波器电学模型，它由多个电容、电阻、电感等元件根据物理拓扑进行集成。

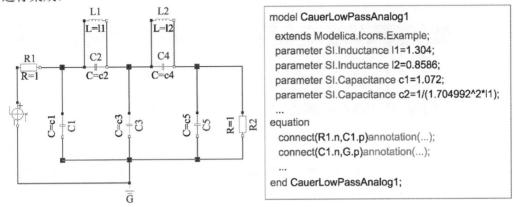

```
model CauerLowPassAnalog1
  extends Modelica.Icons.Example;
  parameter SI.Inductance l1=1.304;
  parameter SI.Inductance l2=0.8586;
  parameter SI.Capacitance c1=1.072;
  parameter SI.Capacitance c2=1/(1.704992^2*l1);
  ...
equation
  connect(R1.n,C1.p)annotation(...);
  connect(C1.n,G.p)annotation(...);
  ...
end CauerLowPassAnalog1;
```

图 3-9　低通滤波器电学模型及底层代码

3）带接口的单一组件模型

model 可用于构建带接口的单一组件模型，如图 3-9 中的低通滤波器电学模型中的电容、电阻等。此类元件模型为完备模型，均可给定边界进行仿真。

2. block

block 用于定义接口变量具有明确数据流向关系的完备组件模型，一般用于控制系统。其与 model 的区别在于：block 的接口变量具有明确的数据流向关系，数据只能从输入接口流入，从输出接口流出。但由于采用等式建模，因此其依然是非因果模型。以 Gain（增益）模型为例，使用 block 进行模型构建，并总结 block 的一般结构，如图 3-10 所示。

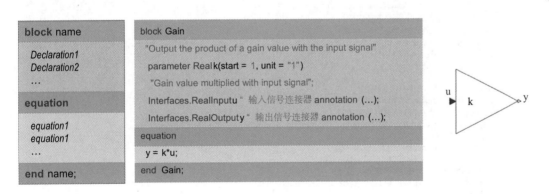

图 3-10　Gain 模型及 block 的一般结构

Interfaces.RealInput 和 Interfaces.RealOutput 分别为输入接口和输出接口的路径，u 和 y 分别为输入接口和输出接口在 Gain 组件中实例化的名称，声明增益参数 k，并使用等式描述增益组件行为：y = k * u，然后绘制图标，至此，Gain 模型开发完成。

3. connector

connnector 为连接器类，可以用于模型与模型之间交换信息。不同模型之间，只有类型相同的接口（接口变量一致）可以互相连接。以电路正负极接口为例，使用 connector 进行建模，抽象出 connector 特化类的一般结构如图 3-11 所示。

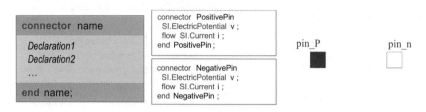

图 3-11　connector 特化类的一般结构

与通用类 class 和模型类 model 不同，连接器类 connector 不包含模型行为描述代码，仅允许包含变量声明。关于连接器的机理及详细内容将在 3.5 节中进行讲解。

4. type

在 Modelica 中，对每个变量都可以赋予对应的物理含义，比如单位。对于物理仿真而言，物理一致性，即方程两边单位一致，是仿真结果有效的前提条件。

Modelica 定义了所有标准国际单位属性之间的关系，也规定了复杂数学表达式单位计算的规则。Modelica 中可使用 type 对预定义的类型进行扩展，即对数据类型赋予物理含义。

以平面摆 PendulumWithTypes 为例，使用 type 关键字定义 Mass（质量）变量的单位为 kg，定义 Length（长度）变量的单位为 m，定义 Velocity（速度）变量的单位为 m/s，定义 Force（力）变量的单位为 N。由于代码中自定义了派生类型，在参数声明代码中，声明 Mass、Length、Velocity 等变量时可直接使用以上派生类型，给各个变量赋予物理含义。type 单位定义与使用示例如图 3-12 所示。

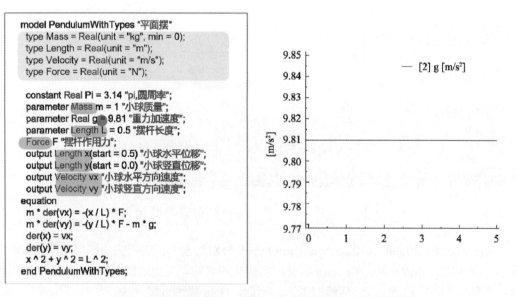

图 3-12　type 单位定义与使用示例

代码中并没有定义重力加速度 g 的单位，仅定义 g 为 Real 类型的，但求解结果中 g 是带有单位的（m/s²），实际上这就是 Modelica 执行单位推导计算的结果，可以使用此功能来快速验证公式两边的单位一致性，若检查后出现单位不一致的警告，则可能是公式有误或单位选用有误。

实际上，Modelica 标准库中已根据 ISO 31-1992 国际标准单位制，通过 type 声明了 450 个左右的物理量类型。如果对于每个模型都重新去定义其使用到的各变量的类型，则会导致模型代码极度冗长乏味。因此，在建模过程中应该直接引用 Modelica 标准库中已进行预定义的物理量。图 3-13 展示了 Sysplorer 平台中 Modelica 标准库提供的物理量类型。

与上文使用 type 关键字自定义类型进行平面摆建模的示例不同，图 3-14 显示了使用 Modelica 标准库中的物理量类型进行平面摆建模的示例。其中，Modelica.SIunits.Mass 类型变量 m 为 1，表示质量为 1 kg；g 为重力加速度，数值为 9.81；L 为 Modelica.SIunits.Length 类型变量，表示长度为 0.5 m；Modelica.SIunits.Force F 声明变量 F，表示作用力；Modelica.SIunits.Velocity 为速度类型，声明 vx、vy 分别为摆体水平方向速度、竖直方向速度。

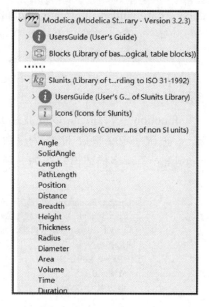

图 3-13　Modelica 标准库提供的物理量类型

```
model Pendulum "平面摆"
  constant Real Pi = 3.14;
  parameter Modelica.SIunits.Mass m = 1;
  parameter Modelica.SIunits.Acceleratio
  g = 9.81;
  parameter Modelica.SIunits.Length L = 0.5;
  Modelica.SIunits.Force F;
  Modelica.SIunits.Length x(start = 0.5);
  Modelica.SIunits.Length y(start = 0);
  Modelica.SIunits.Velocity vx;
  Modelica.SIunits.Velocity vy;
equation
  m * der(vx) = -(x / L) * F;
  m * der(vy) = -(y / L) * F - m * g;
  der(x) = vx;
  der(y) = vy;
  x ^ 2 + y ^ 2 = L ^ 2;
end Pendulum;
```

图 3-14　使用 Modelica 标准库中的物理量类型进行平面摆建模的示例

5. function

Modelica 语言本身提供了许多内置函数，当内置函数无法满足需求时，可以根据需求使用 Modelica 语言构建函数，即自定义函数。封装函数可以提高代码的可读性和可维护性。将复杂过程封装为函数，可以提高代码的重用性，避免重复工作，提高工作效率。function 类的一般结构必须满足以下规范：

（1）参数声明部分根据需要声明函数的输入/输出，不允许引用全局变量 time。

（2）function 中只允许包含一个 algorithm 区域，并且不能包含 when 语句。

（3）function 中不允许调用 der、initial、terminal、sample、pre、edge、change、reinit、delay、cardinality、inStream、actualStream 等函数。

（4）参数、结果以及中间变量（protected）不能是模型或块。

（5）数组的大小受限。参数若是数组类型的，则可不指定其维数并且其大小由引用它的函数隐性确定。函数返回值若是数组类型的，则其大小必须由常数或与其相关联的输入参数的大小来定义。

function 支持递归。以斐波那契函数 Fibonacci 为例，使用 function 模型进行建模，使用 input 关键字定义整数 N 作为函数输入，使用 output 关键字定义 YN 作为函数输出，使用 algorithm 关键字描述模型行为。函数代码及仿真结果如图 3-15 所示。

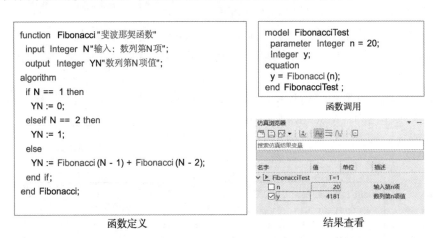

图 3-15　函数代码及仿真结果

函数的作用为计算斐波那契数列第 n 项的值，输入 n=20，所得结果为 4181。函数的调用、传参、返回值将在函数后面的章节具体阐述。

6. record

在频繁应用一类模型的时候，可使用 record 定义参数集，比如系统建模中存在很多电机，虽然各电机有差异，但存在大量相同的参数需要定义，如果对于每个电机模型都去重新定义参数，那么系统会非常烦琐且不易维护。使用 record 类定义参数集，既便于调用，也能统一参数源头，以便后续维护。Modelica 中的 record 类是一种用于创建用户定义的数据结构的元素。record 类允许定义包含多个字段（成员变量）的自定义数据类型，每个字段可以具有不同的数据类型。这对于描述复杂的物理系统或数据结构非常有效。

以三维空间坐标 Vector 为例。Vector 类共包含 x、y、z 三个变量，分别指代点在三维坐标系中的 x、y、z 轴坐标。使用 record 模型对 Vector 类的数据结构进行建模，抽象出 record 类的一般结构，如图 3-16 所示。

与连接器类 connector 类似，record 类的一般结构中不包含模型行为描述字段，仅包含参数定义。对于每个 record 类的定义，都会自动生成与 record 类名称完全相同的函数，称为"记录构造函数"，记录构造函数输入与 record 类型内部定义相匹配的变量，并返回一个 record 类

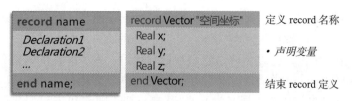

图 3-16　record 类的一般结构

型实例。"vector = Vector(1,2,3);"调用 Vector 类的记录构造函数,构造一个名为 vector 的坐标为(1,2,3)的空间坐标。

使用 record 类时,需要注意以下事项:

（1）record 类中不允许存在 protected 部分,即定义的所有变量只能为 public 的。

（2）record 类中的元素不能有前缀 input、output、inner、outer、flow。

7. package

建立复杂系统时,如何管理、组织数量庞大的模型是需要解决的问题。如何在管理模型的同时,保证模型具有清晰的层次逻辑也是需要解决的问题。类似于 Java 语言中的 package,Modelica 同样提供 package 类（又称为包）对模型进行管理。如图 3-17 所示,package 类的一般结构与连接器类 connector、记录类 record 相似,不包含模型行为描述,仅包含变量声明部分。不同的是,package 类中的变量声明部分仅支持定义常量。package 类中可以包含模型和其他 package 类（称为子包）。

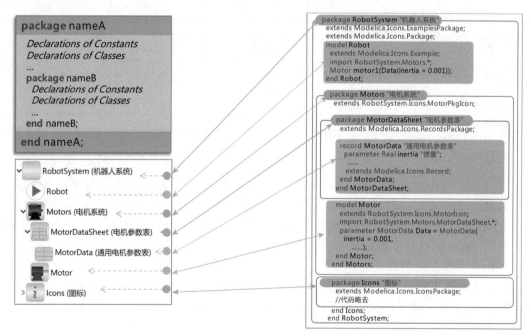

图 3-17　package 类的一般结构及示例

图 3-17 中定义了名为 RobotSystem 的包,其中包含名为 Robot 的模型、名为 Motors 的子包和名为 Icons 的子包。子包 Motors 中包含名为 MotorDataSheet 的子包。MotorDataSheet 子包中包含 record 类 MotorData。

总而言之，使用 package 类对不同层级的模型进行管理是一种良好的软件工程手段，它提供了更好的组织性、可维护性和可读性，有助于更高效地开发和维护大型项目和模型。通过清晰合理地设计包结构，可以更好地组织和管理代码，减少潜在的问题和错误。

Modelica 中的 package 类文件有两种存储形式：单个文件和目录结构。单个文件指将所有信息存储为一个文件，文件扩展名为.mo，其缺点在于随着包中模型数量的增加，文件长度过长，可维护性、可读性较差。目录结构指将包储存为一个文件夹，在包代码中使用 import 关键字从目录中导入模型定义。

8. operator record、operator、operator function

Modelica 通过 operator record、operator、operator function 实现运算符重载，相比于其他特化类，这三个运算符重载特化类的应用相对较少，此处不做介绍，需要了解的读者可参考 Modelica 帮助文档。

3.2.4 数据类型及其属性

前面案例中常见的 Real、Integer 分别表示实型和整型。Modelica 语言预定义了五大基本数据类型，分别为 Real、Integer、Boolean、String、enumeration。每种数据类型均限制了变量的可能值和范围。五种基本数据类型同样使用 type 关键字进行定义。表 3-1 中记录了五种基本数据类型对应的范围。

表 3-1　五种基本数据类型

数据类型			范围
类型名	中文名	连续/离散	
Real	实型	连续、离散	$[-1e60, 1e60]$, eps=1e–15
Integer	整型	离散	$[-2147483647, 2147483647]$
Boolean	布尔型	离散	[true, false], [1,0]
String	字符串型	离散	-
enumeration	枚举型	离散	-

1. Real 类型

Modelica 中 Real 类型的定义如图 3-18 所示，Real 类型变量共包含 11 种属性。value 属性表示 Real 类型变量的值。quantity 属性表示 Real 类型变量的物理量纲。unit 属性表示 Real 类型变量的单位。min、max 分别代表 Real 类型变量允许的最小值和最大值。值得注意的是 start 属性。start 属性用于指定 Real 变量的初始值。若声明 Real 类型变量时不指明其 start 属性，则 Real 类型变量值默认为 0。当几个变量的 start 值有冲突时，Modelica 会自行选择采用其中的一个或多个初始值。图 3-19 中使用 start 属性为变量 x、y 分别指定初始值，由于 x 和 y 因为 x+y=10 的原因无法同时满足初始值为 0，所以系统自行选择了 x 变量的初始值 0，而忽略了 y 变量的初始值。

start 属性与 fixed 属性结合可以锁定 Real 类型变量的初始值。修改上述案例，设定 Real 类型变量 y 的 start 属性为 5 且 fixed 属性为 true。重新仿真，仿真结果如图 3-20 所示。x 变量初始值为 0，y 变量初始值为 5。y 属性的 fixed 值为 true，强制 Modelica 系统接受 y 初始值，根据模型行为描述中的方程，计算出 x 的合法仿真初始值为 5。

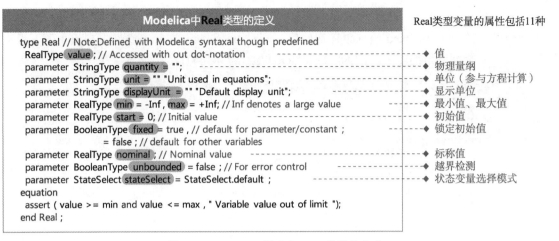

图 3-18　Modelica 语言中 Real 类型的定义

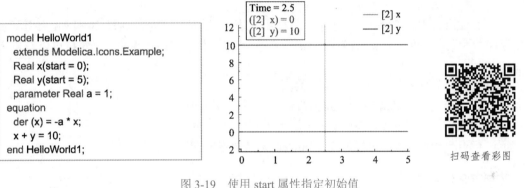

图 3-19　使用 start 属性指定初始值

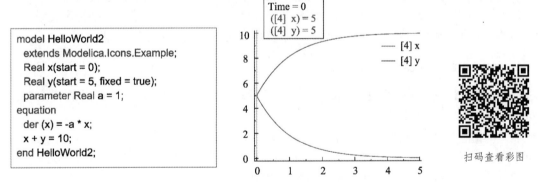

图 3-20　同时使用 start 与 fixed 属性

如果同时使用 fixed 属性锁定 x、y 变量的初始值，但初始值与模型行为描述中的方程冲突，那么模型将编译失败。

2. Integer 类型

Integer 表示整型，Integer 类型变量常用于表示离散数值，如数组下标、物体数量、循环次数、物体类型等。图 3-21 中给出了 Modelica 语言中 Integer 类型的定义。与 Real 类型相比，

Integer 类型变量仅包含 value、quantity、min、max、start、fixed 这 6 种属性。Integer 类型变量同样可通过 start 和 fixed 属性锁定初始值，同时可通过 min、max 属性限制最小值、最大值。Integer 类型变量的取值范围为[–2147483647, 2147483647]。

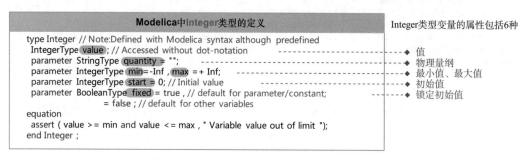

图 3-21　Modelica 语言中 Integer 类型的定义

3. Boolean 类型

Modelica 语言中的 Boolean（布尔）类型用于表示逻辑值，即真或假。Boolean 类型变量可以存储两个可能的值：true（1）或 false（0）。具体用途上，Boolean 类型变量可以有以下用途：

（1）条件语句中检查给定条件是否为真。

（2）循环控制中，通过检查给定条件判断是否结束循环。

（3）仿真中通过检查给定条件判断是否进行状态切换。

start 和 fixed 属性结合可以锁定 Boolean 类型变量的初始值。

4. String 类型

Modelica 中的 String（字符串）类型用于表示字符串变量。利用字符串变量可以解析外部数据源，如 CSV、XML 文件等，以便模型将其转换为可用的数据结构。字符串变量可用于日志输出，便于用户了解模型运行状态。字符串变量的初始值为空字符串。

5. enumeration 类型

enumeration（枚举）类型和 Integer 类型类似，通常用于定义一组有限的特定值。enumeration 类型的一般定义方式如下：

```
type E = enumeration(e1,e2, ... ,en);
```

type 关键字此处用于定义枚举型。enumeration 函数括号中的参数为需要枚举的元素，如 e1，e2，e3，…，en 等，枚举元素需要与数据类型相对应。

enumeration 关键字与 type 类结合，可以实现切换模块工作模式的功能。以下代码使用 type 定义枚举型，实现阶跃信号这一典型的分段函数的近似逼近。用户在参数面板设置"Mode"类型变量 SelectMode，SelectMode 的合法值为 Mode.Normal 和 Mode.AntiEvents。当用户在参数面板中设置 SelectMode 为 Model.Normal 时，StepApproximation 模型根据原始阶跃函数计算输出，当 SelectMode 为 Model.AntiEvents 时，StepApproximation 模型按照近似逼近函数输出。

```
model StepApproximation
    type Mode = enumeration(Normal "常规", AntiEvents "抑制事件");
```

```
    parameter Mode SelectMode = Mode.Normal;
    parameter Real height = 1 "阶跃高度";
    parameter Real steptime = 0.5 "阶跃时间";
    final parameter Real k = 500 "逼近系数";
    import Modelica.Constants.e;
    Real y "输出";
equation
    if SelectMode == Mode.Normal then
        y = 0 + (if time < steptime then 0 else height);
    else
        y = height / (1 + e ^ (-k * (time - steptime)));
    end if;
end StepApproximation;
```

3.2.5　数据前缀

使用数据前缀可更为清晰地定义不同类型数据的使用形式。Modelica 语言一共定义了以下四种数据前缀：可变性前缀、因果前缀、仿真限制前缀、禁止变型前缀。

1. 可变性前缀

可变性前缀用于定义组件值在分析过程中的可变性。parameter 前缀用于参数定义，可使定义的参数在参数面板中可见、可修改。constant 前缀用于常数定义，定义的常数在参数面板不可见、不可修改。参数值和常数必须为定值，即不能随仿真时间进行改变。因为参数和常数为定值，不是变量，所以可以减少系统中的变量和方程数量，提高仿真效率。discreate 前缀只能用于 when 语句中，定义变量为离散变量，只在仿真事件时刻可变。Modelica 中的事件概念将在后续章节中进行详细阐述。

2. 因果前缀

因果前缀 input 与 output 通常见于 function 类中，input 修饰的变量只能作为输入，output 修饰的变量只能作为输出。

3. 仿真限制前缀

与面向对象语言 Java 类似，仿真限制前缀 public、protected 用于限制类中元素的调用范围。使用 public 修饰的变量，外部可以直接访问；使用 protected 修饰的变量，外部不可访问。

4. 禁止变型前缀

禁止变型前缀 final 用于禁止类中的元素被修改或者重声明。使用 final 修饰的参数在参数面板中不可见、不可修改。

3.3　数组 ///////////////////////////////////

数组是 Modelica 语言中的一种重要数据结构，是一组同类型变量的集合。Modelica 支持一维数组（向量）、二维数组（矩阵）及三维数组等高维数组的定义和计算。下面将分节讲解数组的声明、构造、连接、索引与切片及运算，帮助读者熟悉 Modelica 语言中数组的基本操作。

3.3.1 数组声明

定义数组时需要声明数组的维度。Modelica 支持两种数组维度声明方式。第一种方式类似于 Java 语言，将数组维度写在数据类型之后，以一个向量和一个矩阵的声明为例：

```
model Array
   Real a = 1;
   Integer[3] b = {1, 2, 3};
   Real[3,3] c = {{1, 2, 3}, {2, 1, 2}, {3, 2, 1}};
end Array;
```

此方式的维度声明形式为：

数据类型[第 1 维长度, 第 2 维长度, ...] + 数组名称 + (数组赋值)

第二种方式类似于 C 语言，将数组维度写在变量名之后，同样以上述向量和矩阵为例：

```
model Array
   Real a = 1;
   Integer b[3] = {1, 2, 3};
   Real c[3,3] = {{1, 2, 3}, {2, 1, 2}, {3, 2, 1}};
end Array;
```

第二种方式的维度声明形式为：

数据类型 + 数组名称[第 1 维长度, 第 2 维长度, ...] + (数组赋值)

由于向量仅有一种声明方式，因此 Modelica 语言中不区分行向量和列向量。定义矩阵和向量时，应避免上述两种声明方式混合使用。

根据使用场景的不同，数组下标可以为整型、不确定型、布尔型和枚举型。

1. 整型下标

```
model Array
   parameter Integer c = 3;
   Real a[3] = {1, 2, 3};
   Real b[2,3] = {{1, 2, 3}, {4, 5, 6}};
   Real d[c] = {2, 4, 6};
end Array;
```

上述代码是以整型作为数组下标的范例，a[3]声明一维向量，向量长度或向量元素个数为 3。b[2,3]声明二维矩阵，2 表示矩阵行数，3 表示矩阵列数。下标的个数代表维度，下标的值代表各维度的长度。

2. 不确定型下标

当数组长度不确定时，可以使用"："（冒号）代替具体长度。创建不确定长度数组时，数组长度必须可从赋值、其他参数或长度中推导确定。以下代码是不确定长度数组的例子。

```
model Array
    parameter Real a[:,:] = {{1, 2}, {3, 4}, {5, 6}};
    Real b;
equation
    b = sum(a);
end Array;
```

框中代码声明未知长度的二维数组 a，同时使用等式对 a 进行赋值。由等式右边的赋值可以看出，二维数组 a 为 3 行 2 列的矩阵。

整型、不确定型是使用较多的两种下标类型。除此之外，布尔型和枚举型同样可作为向量或矩阵的下标，其使用方式与整型类似，故不在此重复介绍。

3.3.2 数组构造

Modelica 语言中的数组构造有两种方式：数组构造器方式和范围向量方式。

1. 数组构造器

数组构造器提供了简便的方式来生成数组，即采用 "{ }" 的形式。每嵌套一层 "{ }"，数组维度加 1。例如，{1,2,3}构造了一个一维数组，该维的长度为 3；{{1,2,3},{4,5,6}}构造了一个二维数组，维度及其长度为 2×3。

```
model Array
    Real a[3] = {1, 2, 3};
    Real b[3] = {4, 5, 6};
    Real c1[2,3] = {{1, 2, 3}, {4, 5, 6}};
    Real c2[2,3] = [1, 2, 3; 4, 5, 6];
    Real c3[2,3] = {a, b};
end array;
```

Modelica 中除数组构造器 "{ }" 外，还可以用方括号 "[ ]" 的形式表示矩阵。例如，在以上代码框中，c2[2,3]被定义为一个 2 行 3 列的矩阵。"[ ]" 的使用规则与数组构造器 "{ }"基本一致，区别在于方括号 "[ ]" 仅能构造二维数组，方括号中使用分号";"进行换行。通常而言，构建向量使用{ }，构建矩阵使用[ ]。数组构造器 "{ }" 通过嵌套，可以构造高维数组。

2. 范围向量

范围向量方式是指向量元素取值于一个区间内的固定间距点。比如，{1,3,5,7,9}是数值 1~9 区间内、以间距 2 进行取值后的集合。范围向量的基本形式（即范围表达式）为 "范围起点(: 步长)：范围终点"，不指定步长时，步长默认为 1。这种范围向量非常有用，例如，在 for 循环中用作迭代范围等。范围表达式可用于构造整型、布尔型以及枚举型的范围向量，使用规则定义为：

（1）表达式 $j:k$ ——如果 j 和 k 是整型变量，则表示整型向量 $\{j, j+1, \ldots, k\}$；如果 j 和 k 是实型变量，则表示实型向量 $\{j, j+1, \ldots, j+n\}$，其中 n=floor(k - j)。

（2）表达式 $j:d:k$ ——如果 j、d 和 k 是整型变量，则表示整型向量 $\{j,\ j+d, \cdots,\ j+n*d\}$，其中 n=(k–j)/d；如果 j、d 和 k 是实型变量，则表示实型向量 $\{j, j+d, \cdots, j+n*d\}$，其中 n = floor((k – j) / d)。

（3）表达式 false : true ——表示布尔型向量 { false, true }。

（4）表达式 j : j ——表示 { j }，j 可以是整型、实型、布尔型或枚举型。

（5）表达式 E.ei : E.ej ——表示枚举型向量 {E.ei, …, E.ej}，其中 E.ej 和 E.ei 均为枚举型 E 中定义的元素，并且要求 E.ej > E.ei。

3.3.3 数组连接

数组连接是将两个或多个数组组合成一个元素更多或维度更高的数组的操作。这个操作在计算、编程和数学应用中都有重要的意义。数组连接按照对象可分为向量连接和矩阵连接。线性代数中，矩阵连接是进行矩阵运算的基础，将多个矩阵连接在一起以执行矩阵相乘、求逆等操作，对于解决线性方程组、特征值分解等问题非常重要。图像处理领域中，图像通常表示为矩阵。矩阵连接可用于将多个图像组合在一起，创建新的图像或执行图像的各种转换和增强操作。信号处理中，连接操作可用于将多个信号或时间序列组合在一起，以进行频谱分析、滤波和其他信号处理操作。

1. 向量连接

Modelica 中，两个向量连接后形成元素更多的向量使用 cat 函数实现。cat 函数需要维度 dim、向量 a、向量 b 三个参数：

```
c = cat( dim, a, b)
```

式中：

dim——连接方向，dim 为 1 时沿行方向连接，dim 为 0 时沿列方向连接；

a——参与连接的向量 a；

b——参与连接的向量 b。

下面的示例代码中，a[3] 和 b[3] 为长度为 3 的向量。c[6] = cat(1,a,b) 将 a、b 向量沿行方向连接，得到长度为 6 的一维向量 c。使用 cat 沿行方向连接时，并不要求 a、b 向量具有相同长度。与 Python 或 MATLAB 矩阵库不同的是，Modelica 区分向量与矩阵，认为向量仅具有一个维度，即长度。当设置 dim 参数为 2 时，代码将无法通过编译。因此，Modelica 不支持使用 cat 将向量连接成矩阵。若需将维度相同的向量连接成二维矩阵，可以使用 3.3.2 节中介绍的数组构造器 "{ }"。

```
model Array
  Real a[3] = {1, 2, 3};
  Real b[3] = {4, 5, 6};
  //向量连接形成向量
  Real c[6] = cat(1, a, b);
  //向量连接形成矩阵
  //Real d0[2,3] = cat(2, a, b)      错误
  Real d1[2,3] = {{1, 2, 3},{1, 2, 3}};
  Real d2[2,3] = {a, b};
end Array;
```

2. 矩阵连接

Modelica 中，矩阵连接也可以使用 cat 函数实现。使用 cat 函数实现矩阵连接时，同样需

要维度 dim、矩阵 a、矩阵 b 三个参数。维度 dim 控制连接的维度，dim 设置为 1，代表沿一维方向（行方向）连接；dim 设置为 2，代表沿二维方向（列方向）连接。沿列方向连接时，行数必须相等；沿行方向连接时，列数必须相等。下面给出使用 cat 函数进行行和列连接的示例，a[1,3] 与 b[1,3] 均为 1 行 3 列矩阵。调用 cat(2,a,b) 沿列方向连接得到 1 行 6 列的矩阵 c1，调用 cat(1,a,b) 沿行方向连接，得到 2 行 3 列的矩阵 d1。

```
model array
    Real a[1,3] = [1, 2, 3];
    Real b[1,3] = [4, 5, 6];
    Real c1[1,6] = cat(2, a, b);
    Real d1[2,3] = cat(1, a, b);
    Real c2[1,6] = [a,b];    // 两个 1×3 矩阵连接成 1×6 矩阵
    Real d2[2,3] = [a;b];    // 两个 1×3 矩阵连接成 2×3 矩阵
    Real f1[2,6] = [[a,b];[a,b]];
    Real f2[2,6] = [[a;b],[a;b]];
    Real f3[2,6] = [a,b;a,b];
end array;
```

矩阵连接除了使用 cat 函数，更推荐使用方括号 "[ ]"。上面代码框中同样给出了使用方括号 "[ ]" 进行连接的示例。在方括号中，逗号 ","表示沿二维方向拼接，分号 ";"表示沿一维方向拼接。逗号 ","与分号 ";"可以混用，混合表达式中逗号 ","优先级高于分号";"。使用 ","与 ";"进行连接时，同样需要保证满足连接条件，即沿行方向连接时，列数必须相等；沿列方向连接时，行数一维必须相等。

3.3.4 数组索引与切片

数组索引操作符 "[ ]" 用来访问数组元素的值。通过索引既可以访问相应数组元素的值，也可以修改它们的值。注意，Modelica 中的数组索引值从 1 开始。

索引表达式可以是整型标量表达式，也可以是整型向量表达式，还可以是布尔型和枚举型表达式。标量索引表达式用来访问单个数组元素，向量索引表达式则用来访问数组的某个划分，故向量索引又称为 "切片"操作。切片操作能够挑选出向量、矩阵和数组中选定的行、列和元素。冒号用于表示某一维所有下标，表达式 end 表示某一维中的最后一个元素。

```
model Array
    parameter Real a[6] = {1, 2, 3, 4, 5, 6};
    parameter Real b[3,3] = [1, 2, 3; 4, 5, 6; 7, 8, 9];
    Real c[4];
    Real d[4];
    Real e[3];
    Real f[3];
    Real g[2,3];
    Real h[3,2];
equation
    c = a[1:4];              // 取 a 中第 1 个到第 4 个元素
    d = a[end-3:end];        // 取 a 中最后 4 个元素
    e = b[1,:];              // 取 b 中第 1 行的所有元素
    f = b[:,end];            // 取 b 中最后 1 列的所有元素
```

```
    g = b[1:2,:];                  // 取 b 中第 1 行到第 2 行组成的矩阵
    h = b[:,{1, 3}];               // 取 b 中第 1 列和第 3 列组成的矩阵
end Array;
```

上述代码给出了使用冒号操作符":"进行索引及切片的示例，定义长度为 6 的向量 a，使用索引操作符又"[ ]"，在"[ ]"中指明切片的起始和结束位置，a[1:4]表示从向量 a 中"切出"第 1 个到第 4 个元素。end 关键字在索引中的作用与其他编程语言中的"−1"类似，表示向量或矩阵在该维度上的最后一个元素。a[end − 3 : end]表示取 a 中最后 4 个元素。索引操作符"[ ]"中若仅包含冒号":"，未指明切片起始位置，则表示取出该维度所有元素。例如，b[1,:]表示取出 b 中第一行的所有元素。更多案例不在此一一讲解，在假设 x[n,m]、v[j]、z[i,n,m]已声明的前提下，表 3-2 给出了数组索引和切片后的结果类型。

表 3-2　数组索引和切片后的结果类型

功能	表达式	维度	结果类型
索引	v[1]	0	标量
	x[1,1]	0	标量
切片	v[1:p]	1	p 长度向量
	x[:,1]	1	n 长度向量
	x[1,:]	1	m 长度向量
	x[1:p,:]	2	p×m 矩阵
	x[1:1,:]	2	1×m 矩阵
	x[{1,3,5},:]	2	3×m 矩阵
	x[:,p]	2	n×p 矩阵
	z[:,3,:]	2	i×m 矩阵
	x[{1},:]	2	1×m 矩阵

3.3.5　数组运算

Modelica 语言将数组运算分为五类基本操作：等式与赋值运算、加减运算、乘法运算、除法运算、内置函数运算。

1. 等式与赋值运算

标量、向量、矩阵和数组的等式"a = b"与赋值"a = b"是基于元素定义的，并且要求操作的两个对象具有相同的维数和相匹配的维长度，且对象类型相同。等式两边各维度上的各个量一一对应相等。

```
model array
    parameter Real a0 = 1;
    parameter Real a1[3] = {1, 2, 3};
    parameter Real a2[2,2] = [1, 2; 3, 4];
    parameter Real a3[2,2,2] = {{{1, 2}, {3, 4}}, {{1, 2}, {3, 4}}};
    Real b0;
    Real b1[3];
    Real b2[2,2];
    Real b3[2,2,2];
equation
```

```
        b0 = a0;
        b1 = a1;
        b2 = a2;
        b3 = a3;
      end array;
```

在上面代码示例中，a0 为标量，a1 为长度为 3 的向量，a2 为 2×2 的矩阵，a3 为 2×2×2 的三维数组。通过等式分别将 a0、a1、a2、a3 赋值给新声明的变量 b0、b1、b2、b3。等式与赋值运算规则如表 3-3 所示。

表 3-3　等式与赋值规则

a 的类型	b 的类型	a = b 的结果类型	操作(j = 1:n，k=1:m)
标量	标量	标量	a = b
向量	向量	向量	a[j] = b[j]
矩阵	矩阵	矩阵	a[j,k] = b[j,k]
数组	数组	数组	a[j,k,…] = b[j,k,…]

2. 加减运算

数值标量、向量、矩阵和数组的加运算"A + B"与减运算"A – B"是基于元素定义的，并且要求 size(A) = size(B)，a、b 分别为 A、B 中对应位置的元素，且 a 和 b 均为数值。字符串标量、向量、矩阵和数组的加运算"A + B"定义为 A、B 中对应位置元素逐一进行字符串连接，同样要求 size(A) = size(B)；减法运算未定义。加减运算规则如表 3-4 所示。

表 3-4　加减运算规则

a 的类型	b 的类型	a +/– b 的结果类型	操作 c = a +/– b(j=1:n, k=1:m)
标量	标量	标量	c = a+/– b
向量	向量	向量	c[j] = a[j] +/– b[j]
矩阵	矩阵	矩阵	c[j,k] = a[j,k] +/– b[j,k]
数组	数组	数组	c[j,k,…] =a[j,k,…] +/– b[j,k,…]

图 3-22 中给出了加减运算示例，a0 与 b0 分别为数值标量，将 a0 与 b0 相加得到 c0，值为 3，符合表 3-4 中的运算规则。a1 与 b1 分别为长度为 3 的向量，c1 为 a1 与 b1 向量相加的结果，向量相加并不改变向量维度，其意义在于向量对应位置元素相加。a2 和 b2 为 2×2 的矩阵，a3 与 b3 为三维数组，维度为 2×2×2。将 a3 – b3 赋值给 c3，c3 维度与 a3、b3 相同，其对应位置元素等于 a3、b3 对应位置元素相减。

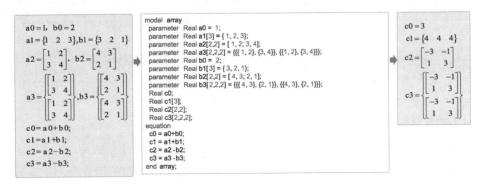

图 3-22　加减运算示例

3. 乘法运算

根据参与相乘的元素，乘法可以分为标量与数组相乘、数组与数组相乘。标量 s 与标量、向量、矩阵或数组 a 的乘法 s*a 或 a*s 是基于元素定义的。标量与标量相乘，结果为标量。标量与向量相乘，结果为向量，其向量长度与原向量相同，且数值等于原向量对应位置元素乘以标量数值。标量与数组相乘，结果为数组，且数值为原数组对应位置数值乘以标量数值。标量与矩阵相乘的运算规则与数组类似。标量与数组的乘法满足交换律，运算规则如表 3-5 所示。

表 3-5   标量与数组的乘法运算规则

s 的类型	a 的类型	s×a/a×s 的结果类型	操作 c = s * a(j=1:n, k=1:m)
标量（s）	标量（a）	标量	c = s * a
标量（s）	向量（a[n]）	向量	c[j] = s * a[j]
标量（s）	矩阵（a[n,m]）	矩阵	c[j,k] = s * a[j,k]
标量（s）	数组（a[n,m,...]）	数组	c[j,k,...] = s * a[j,k,...]

当 a 为向量、b 为矩阵时，a*b 中向量 a 可以视为 1×n 的行矩阵，b*a 中向量 a 可以视为 n×1 的列矩阵。矩阵与矩阵相乘需要满足维度条件。相关内容参见线性代数。在此不对矩阵乘法的原理进行仔细讲解。矩阵与矩阵相乘的乘法运算规则如表 3-6 所示。

表 3-6   矩阵和矩阵的乘法运算规则

a 的类型	b 的类型	a×b 的结果类型	操作 c = a * b
向量（a[n]）	向量（b[n]）	标量	c:=sum(a[k] * b[k]),k=1:n
向量（a[n]）	矩阵（b[n,m]）	向量	c[j]:=sum(a[k] * b[k,j]) j=1:m，k=1:n
矩阵（a[n,m]）	向量（b[n]）	向量	c[j]:=sum(a[j,k] * b[k])
矩阵（a[n,m]）	矩阵（b[n,m]）	矩阵	c[i,j]:=sum(a[i,k] * b[k,j]) i=1:n，k=1:m，j=1:p

4. 除法运算

标量、向量、矩阵或数组 a 与标量 s 的除法 a/s 是基于元素定义的，数组除以标量时，数组维度不变，对应位置元素分别除以标量。具体运算规则如表 3-7 所示，其结果类型总是 Real 类型。如果要得到带有截断的整数除法，可以使用下文介绍的 div 函数。

表 3-7   数组与数值标量的除法运算规则

a 的类型	s 的类型	a / s 的结果类型	操作 c=a/s(j = 1:n，k=1:m)
标量	标量	标量	c := a / s
向量（a[n]）	标量	向量	c[j] := a[j] / s
矩阵（a[n,m]）	标量	矩阵	c[j,k] := a[j,k] / s
数组（a[n,m,...]）	标量	数组	c[j,k,...] := a[j,k,...] / s

5. 内置函数运算

Modelica 中提供了多个用于数组操作的内置函数，按功能可以分类为：

（1）数组维数和维长度操作函数。例如，ndims 函数返回数组的维数、size 函数返回数组第 i 维的长度。

（2）维转换函数，包括 scalar 函数、vector 函数与 matrix 函数。

（3）特殊的数组构造函数。构造指定维数的全 0、全 1、对角、单位数组等。

（4）归约函数，求矩阵中所有元素中的最小值、最大值，所有元素的和、所有元素的积等。

（5）矩阵和矢量的代数函数，求数组的转置矩阵、计算向量外积、计算矩阵对称阵、连接数组等。

Modelica 的常见内置函数及说明总结如表 3-8 所示。

表 3-8　Modelica 的常见内置函数及说明

分类	函数名称	说明
数组维度和维长度操作函数	ndims(A)	返回数组的维数
	size(A,i)	返回数组 A 第 i 维的长度
	size(A)	返回数组 A 各维长度的向量
维转换函数	scalar(A)	返回数组的单个元素，数组各维长度均为 1
	vector(A)	返回包含数组所有元素的向量
	matrix(A)	返回数组前两维的元素组成的矩阵
特殊的数组构造函数	identity(n)	返回 n×n 的单位阵
	diagonal(v)	返回向量 v 作为对角元素的对角阵
	zeros(n1,n2,n3,…)	返回所有元素为 0 的 n1×n2×n3×…整型数组
	ones(n1,n2,n3,…)	返回所有元素为 1 的 n1×n2×n3×…整型数组
	fill(s,n1,n2,n3,…)	返回所有元素为 s 的 n1×n2×n3×…数组
	linspace(x1,x2,n)	返回具有 n 个等距元素的实型向量
归约函数	min(A)	返回所有元素中的最小值
	max(A)	返回所有元素中的最大值
	sum(A)	返回所有元素的和
	product(A)	返回所有元素的积
矩阵和矢量的代数函数	transpose(A)	返回 A 的转置矩阵
	outerProduct(v1,v2)	返回向量的外积
	cross(v1,v2)	返回长度为 3 的向量 v1, v2 的叉积
	symmetric(A)	返回 A 的对称阵
	skew(v)	返回与 v 关联的斜对称阵
	cat(n,A,B,…)	返回几个数组连接后的数组

3.4　模型行为描述

前面已经提到，类的一般结构中除包括变量声明外，还包括模型行为描述。变量声明部分定义模型参数、变量及继承或被调用的模型。模型行为描述主要用于根据机理或物理拓扑描述模型的参数、变量及继承或被调用的模型之间的关系。建模者能够通过方程和算法的组织来捕获及描述复杂物理系统的行为，从而支撑后续仿真、优化、控制等工作的进行。Modelica 中主要提供两种方式来描述模型的行为：方程（equation）和算法（algorithm）。方程、算法及其主要类型如图 3-23 所示。

3.4.1　方程

方程以陈述式的方式表达约束和关系，不指定数据流向和控制流，即可以直接根据数学方程或物理方程构建代码，无须进行因果推导。

按方程所在的代码区域可分为声明区域方程、方程区域方程。声明区域方程有三种：声明方程、变型方程和初始化方程。方程区域以 equation 关键字开始，终止于类定义结束或者public、protected、algorithm、equation、initial algorithm、initial equation 关键字之一。

方程区域方程按语法结构分为等式方程、连接方程、循环方程（for）、条件方程（if、when）、其他方程（reinit、assert、terminate）。

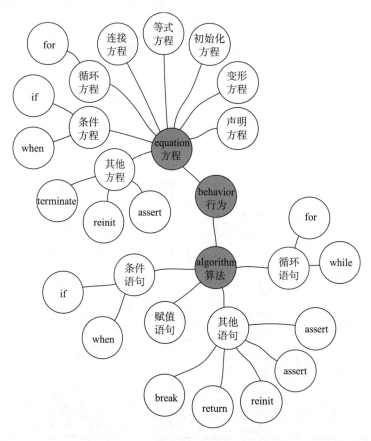

图 3-23　方程，算法及其主要类型

1. 声明方程

声明方程在声明变量的同时给定变量约束。声明方程给定变量的约束，在整个仿真过程中始终成立。

```
model Declaration
    parameter Real a = 1;
    Real b = 2;//声明方程
    Real c;
equation
```

```
    c = a + b;
end Declaration;
```

2. 变型方程

变型方程用于修改类的属性，即替换类的声明方程或增加新的方程。在 Sysplorer 软件中进行拖曳式建模时，修改参数值便会自动生成变型方程。图 3-24 给出了变型方程示例。

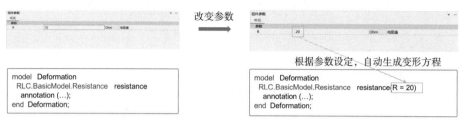

图 3-24　变型方程示例

3. 初始化方程

初始化方程用于定义变量的初始值。在积分场景下必须对变量初始值进行定义。初始化方程以 initial equation 开始，以 public、protected、algorithm、equation、initial algorithm 关键字结束，初始化方程只给定初始值，与 start=n, fixed=true;等价。

```
model Integral
    parameter Real a = 3;
    Real b;
initial equation
    b = 3;
equation
    der(b) = a;
end Integral;
```

4. 等式方程

等式方程用于定义各变量间的约束关系。等式方程无须考虑等式左右顺序和先后顺序。当变量数等于方程数时，模型才能通过编译进行仿真。

```
model SimpleMath
    Real x1 ;
    Real x2 ;
equation
    x1 + x2 = 35;
    2 * x1 + 4 * x2 = 94;
end SimpleMath;
```

5. 连接方程

连接方程定义了模型间接口与接口的连接。使用 Sysplorer 对组件接口进行连接时，在模型代码中自动生成连接方程，如图 3-25 所示。在 Modelica 代码中，连接方程通常表现为以下形式：

```
concect(接口 1,接口 2)
```

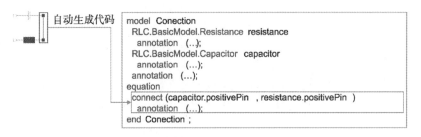

```
自动生成代码        model  Conection
                    RLC.BasicModel.Resistance  resistance
                      annotation  (..);
                    RLC.BasicModel.Capacitor  capacitor
                      annotation  (…);
                    annotation  (…);
                  equation
                    connect (capacitor.positivePin   , resistance.positivePin )
                      annotation  (…);
                  end Conection ;
```

图 3-25   连接方程示例

6. 循环方程

循环方程（for 方程）类似于编程语言中的 for 语句，其作用在于使循环变量在一定范围内变化，对结构形式相同的方程进行迭代计算。for 方程形式如下：

```
for <var> in <range> loop          model For1
    <方程>                            Real x[5];
end for;                           equation
                                     for i in 1:5 loop
                                       x[i] = i;
                                     end for;
                                   end For1;
```

上面右侧代码示例中，for 方程依次将 1 至 5 中的整数赋值给变量 x[i]。for 方程共循环 5 次。

当有多个迭代变量时，可直接嵌套 for 方程，形式如下：

```
for <var> in <range1>，<rang2> loop    model For2
    <方程>                               Real x[2,4];
end for;                              equation
                                        for i in 1:2, j in 1:4 loop
                                          x[i,j] = i + j;
                                        end for;
                                      end For2;
```

在上面右侧代码示例中，同时对 i、j 两个变量进行迭代计算，并将 i 与 j 之和赋值给 x[i,j]。多迭代 for 方程等价于多个单迭代变量方程嵌套。

7. 条件方程

条件方程可分为 if 方程和 when 方程。

if 方程的作用在于根据判断条件的不同结果选择计算方式。在 Modelica 中，为了保证模型满足仿真条件，if 方程必须保证每个分支中的方程数量一致。if 方程形式如下：

```
if <条件> then                       model If
    <方程>                            Real u = sin(10 * time);
elseif <条件> then                    Real y;
    <方程>                            equation
```

```
    else
        <方程>
    end if ;
```

```
    if u > 0.5 then
        y = 0.5;
    elseif u < -0.5 then
        y = -0.5;
    else
        y = u;
    end if;
end If;
```

在右侧代码示例中，u 由以时间 time 作为自变量的正弦函数赋值，if 方程检查变量 u 的值是否满足条件，根据判断结果对 y 变量进行赋值。if 方程的三个分支—— u > 0.5、u < −0.5、else 中均存在一个方程，模型满足仿真条件。

当每个分支的方程数量为 1 时，还可以使用简写形式：

```
<variable> = if <条件 1> then <value1> else if <条件 2> then <value2> else <value3>
```

```
model If
    Real u = sin(10 * time);
    Real y;
equation
    y = if u>0.5 then 0.5 elseif u<-0.5 then -0.5 else u;
end If;
```

if 方程简写形式的代码逻辑与前一示例相同，仅在模型行为描述部分修改了 if 方程的结构。when 方程也属于条件方程，表示在事件发生时刻有效的瞬态方程，条件从 false 变为 true 时瞬间触发执行一次方程。when 方程中可以有多个 elsewhen 分支，但是 when 中方程的优先级高于 elsewhen 中的方程。

```
when <条件> then
    <方程>
elsewhen <条件> then
    <方程>
end when;
```

图 3-26 所示的示例中，x 由 0 逐渐增大，y = x 方程在 x > 2 瞬间触发一次，触发一次后，x 继续增大，但不会执行 when 中的方程。elsewhen 语句可以出现多次，when 方程不能嵌套在 when、if、for 方程中。

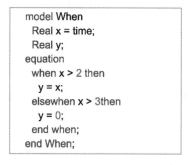
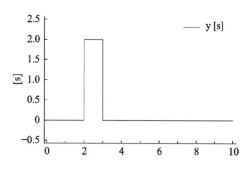

图 3-26　when 方程示例

8. 其他方程

其他方程包括 assert 方程、terminate 方程与 reinit 方程。

assert 方程是模型检查和校验的一种手段，当条件不满足时，输出消息，停止仿真。assert 方程的一般形式如下：

assert（<条件>,<消息>）

在图 3-27 所示的示例中，正弦函数 sin(time)的数值在[–1,1]中周期性变化。assert 方程检查 a 的值，当 a > –0.5 条件不满足时，停止仿真，同时在仿真控制台中打印 assert 语句中的消息。

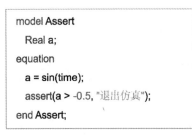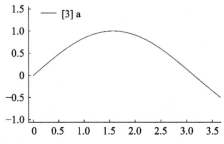

图 3-27　assert 方程示例

terminate 方程用于正常结束仿真程序，一般与 when 方程联用，通过 when 方程触发 terminate 方程，仿真模型程序输出指定的消息字符串之后退出。terminate 方程的一般形式如下：

terminate（<消息>）

在图 3-28 所示的示例中，正弦函数 sin(time)的数值在[–1,1]中周期性变化，when 方程判断 a < –0.5 条件满足时，激活 terminate 语句，退出仿真，同时在控制台中打印消息。

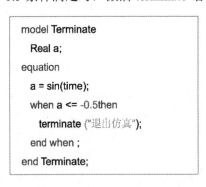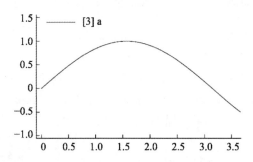

图 3-28　terminate 方程示例

reinit 方程用于重新初始化状态变量。reinit 方程只能用于 when 方程中，且同一个状态变量只能在一个方程中使用 reinit。当 when 方程判断事件发生时，执行 reinit 方程重新初始化变量。reinit 方程的一般形式如下：

reinit(状态变量,新的初始值)

model Ball "弹跳小球"

```
final parameter Real g = 9.8 ;
parameter Real coef = 0.9 "弹性系数";
parameter Real h0 = 10 "初始高度";
Real h "小球高度";
Real v "小球速度";
Boolean flying "是否运动";
initial equation
h = h0;
equation
flying = not (h <= 0 and v <= 0);
der(v) = if flying then -g else 0;
v = der(h);
when h <= 0 then
    reinit(v, -coef * v);
end when;
end Ball;
```

在以上示例代码中，使用布尔型变量 flying 作为碰撞状态变量，使用 h 记录小球高度，使用条件方程 when 检查小球高度，当小球高度 h <= 0 即发生碰撞时，使用 reinit 方程重新初始化速度的值，设置小球速度为 –coef * v。

所有方程及其作用总结如表 3-9 所示。

表 3-9　所有方程及其作用

方程类型	作用
声明方程	给定变量约束
变型方程	替换类的声明方程，用于属性修改
初始化方程	initial equation 用于变量初始化定义
等式方程	=定义变量之间的关系
连接方程	connect 连接组件
循环方程	for 用于多个迭代变量计算
条件方程	if 用于多种计算方式选择
	when 用于表示在事件发生时刻有效的瞬态
其他方程	assert 用于模型检查与校验
	terminate 用于正常结束仿真程序
	reinit 用于重新初始化状态变量

3.4.2 算法

算法是由一系列语句组成的计算过程，是过程式建模的重要组成部分。算法只能出现在算法区域，由一系列算法语句组成。算法区域以关键字 algorithm 开始，终止于类定义结束关键字 equation、public、protected、algorithm、initial 之一。算法区域作为一个整体，会用到算法区域外变量的值，这些变量称为算法的输入。同时，在算法中会对一些变量赋值，这些被赋值的变量称为算法的输出。从外部来看，有 n 个输出变量的算法区域可以看作有 n 条语句的子系统，这 n 条语句通过算法来表达 n 个输出变量之间的约束关系。

方程与算法的区别在于：方程采用陈述式建模，即不指定数据流向和控制流，等式赋值没有顺序。算法采用过程式建模，即语句按其出现的顺序执行，且等号左边是未知量，右边是已知量。算法由一系列算法语句组成。在 Modelica 中尽量减少在模型中使用 algorithm，可以将 algorithm 封装成 function 进行调用，可以减少生成数值雅可比矩阵，减少生成非线性代数环。算法区域中的语句分为如下几种类型：赋值语句、循环语句、条件语句、其他语句。

1. 赋值语句

赋值语句 ":=" 定义各变量之间的约束关系。与等式方程不同的是，赋值语句表示将符号 ":=" 右边赋值给左边。

下文代码中给出赋值语句示例，函数 Average_f 计算向量平均值，循环语句中的 sum:= sum + x[i]，重复将累加值 sum 加上当前元素值 x[i]，并通过赋值语句将累加值赋值给 sum。

```
function Average_f
  input Real x[:];
  output Real average;
  Real sum;
algorithm
  sum := 0;
  for i in 1:size(x, 1) loop
    sum := sum + x[i];
  end for;
  average := sum / size(x, 1);
end Average_f;
```

2. 循环语句

算法中循环语句包含 for 语句和 while 语句。

for 语句使循环变量在一定范围里变化，对结构形式相同的方程进行迭代计算。使用方式与方程中的 for 方程完全相同。

while 语句根据约束条件控制迭代计算。for 语句用于已知迭代次数的算法，while 语句用于已知需满足的条件，不限迭代次数的算法。while 语句格式如下：

```
while <条件> loop
    <语句>
end while
```

```
function Average_f
  input Real x[:];
  output Real average;
  Real sum;
  Integer i;
algorithm
  sum := 0;
  i := 0;
  while i <= size(x, 1) loop
    i = i + 1;
    sum := sum + x[i];
  end while;
  average := sum / size(x, 1);
end Average_f;
```

左侧代码表示 while 语句的一般结构，右侧代码给出了 while 语句的示例。函数 Average-f 用于计算数组平均值，一般结构中，使用 while 语句不断从数组 x 中取出元素 x[i]，并累加给记录变量 sum，sum 除以数组长度可得到数组元素平均值。

3. 条件语句

算法中的条件语句与方程中的条件方程的用法基本一致。if 语句根据不同的判断条件选择计算方式。when 语句表示在事件发生时刻有效的瞬态方程，在条件变为 true 时触发一次。

4. 其他语句

算法中的其他语句包括 break、return、assert、terminate、reinit 共 5 种语句，其中 assert、terminate、reinit 语句与方程中的其他方程用法完全一致。break 语句只能用在算法中的 while 和 for 语句中，用于终止 while、for 循环。return 语句用于终止函数调用，输出变量的当前值作为函数调用的结果返回。

算法语句及其作用总结如表 3-10 所示。

表 3-10　算法语句及其作用总结

语句类型	表达式	作用
赋值语句	:=	定义各变量之间的约束关系
循环语句	for	用于多个迭代变量计算（与方程中使用相同）
	while	用于具有约束条件的迭代计算
条件语句	if	用于多种计算方式的选择（与方程中使用相同）
	when	用于表示在事件时刻有效的瞬态（与方程中使用相同）。不能用于 function 中
其他语句	break	用于终止 for、while 循环
	return	终止函数调用，返回当前输出变量的值
	assert	用于模型检查与校验（与方程中使用相同）
	terminate	用于正常结束仿真程序（与方程中使用相同）
	reinit	用于重新初始化状态变量（与方程中使用相同）。不能用于 function 中

3.5　连接与连接器

3.5.1　组件与系统

图 3-29 显示的是一个升降机系统模型示例，该系统模型涉及机械、电气、液压、控制四个领域。如何实现不同领域之间的耦合仿真，连接器的作用至关重要。对于多领域系统模型而言，一般需要构建多种仿真连接器，不同组件之间利用连接器进行通信（传递信号/能量），再通过物理原理方程构建的领域转换器进行能量转换，从而实现模型构建。

Modelica 语言基于面向对象的特点提供了功能强大的组件模型，具有与硬件组件模型系统同等的灵活性和重用性。Modelica 的组件模型主要包含 3 个概念：组件模型、连接机制和组件框架。组件模型通过连接机制进行交互连接，并在连接图中可视化。组件框架实现组件及其连接，并确保组件间的有效通信以及连接关系下的约束保持。

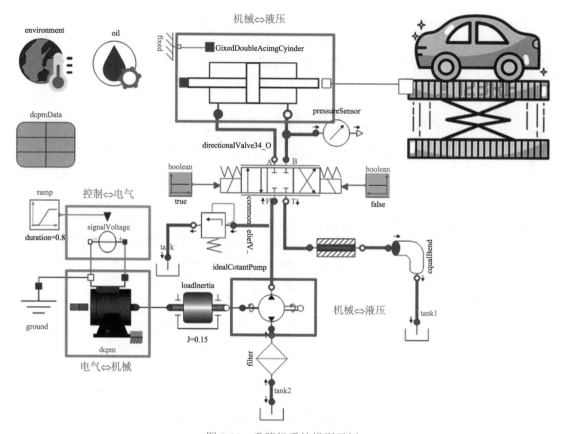

图 3-29　升降机系统模型示例

在 Modelica 类库环境中，组件指的是 Modelica 类。在构建特定 Modelica 模型时，组件就是 Modelica 类的实例。组件一般需要有明确的接口，即连接器，用于实现组件与外界的通信。面向对象建模只考虑事物本身的特性，不考虑环境因素，这是组件可重用的关键所在，这意味着在类定义中只能包含方程，只使用局部变量与连接器变量，并要求组件与外界的通信必须通过组件连接器。组件可以由其他相互连接的组件构成，也就是层次建模。

复杂系统通常由大量相互关联的组件构成，其中的大部分组件又可以分解为更小的组件，这样的分解通常可以在多个不同层次上执行。为了能够清晰地表达这种复杂性，组件和连接的图示表示就显得十分重要。

3.5.2　连接器概念及机制

在 Modelica 语言中，组件的接口被称为连接器，建立在组件接口上的耦合关系称为连接。连接器采用一种称为连接器（connector）类的特化类来描述。Modelica 连接建立在相同类型的两个连接器之上，表达的是组件之间的耦合关系，这种耦合关系在语义上通过连接方程实现，故 Modelica 连接在模型编译时会转化为方程。

图 3-30 描述了组件与连接的关系，可以看出不同组件的耦合关系不完全相同。如果连接表达的是因果耦合关系，则称为因果连接；如果连接表达的是非因果耦合关系，则称为非因果连接。

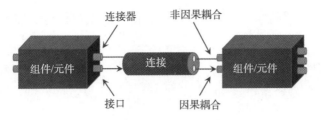

图 3-30　组件框架内的组件连接示意图

Modelica 根据功能、耦合关系提供了 4 种连接器，分别为因果连接器、非因果连接器、可扩展连接器、隐式连接器，如图 3-31 所示。

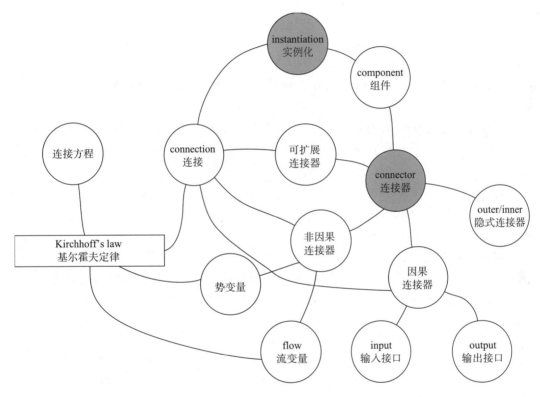

图 3-31　连接器种类

3.5.3　因果连接器

因果连接器又称信息流连接器，是具有固定数据流向的连接器。数据流向为从 input 到 output，所以在连接中至少有一个连接器使用 input 和 output 关键字定义数据的流向。

因果连接器的构建可参照如下形式：

```
connector 接口名称 ＝ input/output 数据类型
    annotation(
    defaultComponentName＝ "接口默认名称"，… )；
end 接口名称
```

例如，构建一个简单的标量实型连接器（Icon(…)为简化代码，完整代码详见案例库）：

```
connector RealInput = input Real
annotation (
    defaultComponentName = "u", Icon(…));
end RealInput;
```

```
connector RealOutput = output Real
    annotation (
    defaultComponentName = "y", Icon(…));
end RealOutput;
```

在模型中将该连接器实例化，即将模型库中构建的接口拖曳至 Gain 组件的图形视图中，再进入文本视图可发现自动生成了实例化代码，其中 Modelica.Blocks.Interfaces.RealInput 为输入连接器路径，u 为输入接口名称，最后声明参数并对系数 k 和输入输出接口建立 y=k*u 的行为约束，最终形成以下代码（annotation (…) 为简化代码，完整代码详见案例库）：

```
model Gain
    parameter Real k(start = 1, unit = "1");
    Modelica.Blocks.Interfaces.RealInput u
annotation (…);
    Modelica.Blocks.Interfaces.RealOutput y
        annotation (…);
equation
    y = k * u;
end Der;
```

注意，在日常应用场景下是不需要自行构建因果连接器的。Modelica 的标准库（Modelica.Blocks.Interfaces）中已经定义了多种数据类型的因果连接器，可直接进行实例化使用。

将输出接口与输入接口进行连接时，文本会自动生成"connect(输入接口，输出接口)"的代码，代码中接口的顺序根据连接的顺序决定，示例如图 3-32 所示。相比其他连接器，因果连接器具有明确的数据流向，连接器两头的输入和输出数据完全相同，输入接口的值均等于相互连接的输出接口的值，即"connect(输入接口，输出接口)"的含义等效于：输入量=输出量。

图 3-32　连接示例

图 3-33 展示了一个模型结构图，可以看出 Fuzzy 是一个封装后的组件，外部有两个输入接口和一个输出接口。

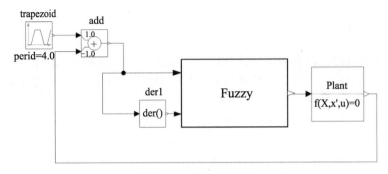

图 3-33　模型结构图

图 3-34 展示了 Fuzzy 组件的内部结构，出现了输入接口连接输入接口、输出接口连接输出接口的现象，可以看出在组件封装时外部 input 连接器的行为在内部类似于 output 连接器，外部 output 连接器的行为在内部类似于 input 连接器，但在本质上还是输出接口与输入接口连接。

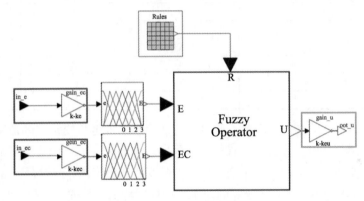

图 3-34　Fuzzy 组件的内部结构

根据接口数不同，连接可分为单个连接和多重连接，输入接口的值均等于相互连接的输出接口的值。在创建不明确的连接时，编译器会出现标题为"创建连接"的设置窗口，这是为了确保连接器正确赋值，避免产生冲突。图 3-35 展示了一个创建多对多复合连接的窗口示例，在这里"："表示全部分量，"1:3"表示第 1 个到第 3 个分量。

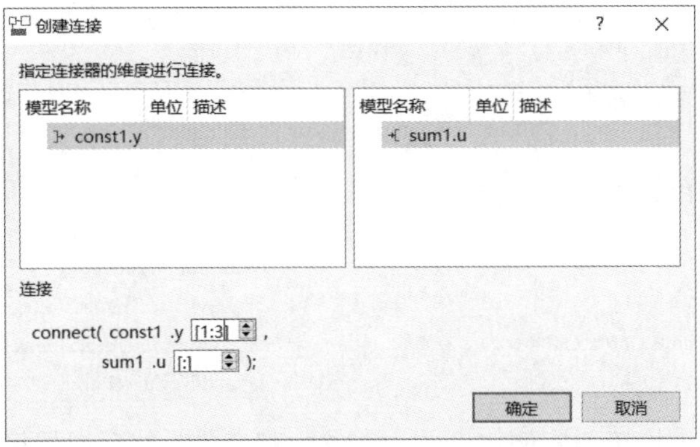

图 3-35　"创建连接"窗口示例

3.5.4 非因果连接器

使用因果连接器存在很多限制条件。首先，因果连接器要求两个组件间具有单一的数据流向，即从输入流向输出，不能支持可以双向传输的组件。其次，因果连接器只能传递，无法将不同领域的组件连接在一起。

非因果连接器是无固定数据流向的连接器。非因果连接器之间传递能量，因此又称为能量流连接器。根据广义基尔霍夫定律，不同领域的连接器中定义的变量均可划分为流变量和势变量两种类型，如表 3-11 所示。其中，流变量是一种"通过"型变量，如电流、力、力矩等，由关键字 flow 限定；势变量是一种"跨越"型变量，如电压、位移、角度等。Modelica 语言将各个领域的接口的变量都分为流变量和势变量，从而实现多领域统一建模与仿真。

表 3-11　不同领域的流变量和势变量

领域	势变量		流变量	
	变量	说明	变量	说明
平移机械	s	位移	f	力
转动机械	ψ	角度	τ	转矩
电子	v	电压	i	电流
液压	p	压力	V	流速
热力学	T	温度	Q	熵流
化学	μ	化学势	N	粒子流

流变量之间的耦合关系由"和零"形式的方程表示，即连接交汇点的流变量之和为零。势变量之间的耦合关系由"等值"形式的方程表示，即连接交汇点的势变量值相等。连接方程反映了实际物理连接点上的功率平衡、动量平衡或者质量平衡。假设存在连接 connect(P_1, P_2)，其中，P_1 和 P_2 为电学连接类 Pin 的两个实例化连接器。该连接等价于以下两个方程：

$$P_1.v = P_2.v$$

$$P_1.i + P_2.i = 0$$

由此可见，Modelica 方程可以直接定义，也可以由连接产生。方程的非因果特性使得 Modelica 模型也是非因果的。

非因果连接器的接口变量包含流变量和势变量，可以参照以下形式构建：

```
connector + 接口名称
    势变量单位 + 势变量名；
    flow +流变量单位 + 流变量名；
    end + 接口名称
```

例如，构建一对电学正负极接口：

```
connector PositivePin
    Modelica.SIunits.Voltage v;
    flow    Modelica.SIunits.Current i;
    end PositivePin;
```

```
connector NegativePin
    Modelica.SIunits.Voltage v;
    flow    Modelica.SIunits.Current i;
    end NegativePin;
```

在电阻模型中将该连接器实例化，并声明参数和变量，然后根据接口之间的关系和欧姆定律，完成电阻模型建模（annotation(…)为简化代码，完整代码见案例库）：

```
model Resistance "电阻"
    parameter Modelica.SIunits.Resistance R = 10;
    Modelica.SIunits.Voltage v;
    Modelica.SIunits.Current i;
//接口实例化
    Connector.PositivePin positivePin
        annotation (…);
    Connector.NegativePin negativePin
        annotation (…);
    annotation (…);
equation
    v = positivePin.v - negativePin.v;
    i = positivePin.i;
    positivePin.i + negativePin.i = 0;
    v = R * i;
end Resistance;
```

注意，流变量前一定要使用 flow 前缀，否则会默认为势变量。

只有同一类型的非因果连接器（接口变量完全相同）可以相互连接。而且，根据广义基尔霍夫定律，非因果连接器节点势变量相等，流变量和为零。图 3-36 和 3-37 展示了这一规律。图 3-36 是一个使用 Modelica 搭建的流体系统模型示例，图 3-37 则展示了模型右下角管道和阀的非因果连接器的势变量和流变量变化曲线图。可以看出，两端势变量（压力）的变化曲线完全重合，流变量（质量流量）的曲线值互为相反数，即和为零，符合上述规律。注意，对于接口中的流变量，流入为正，流出为负。

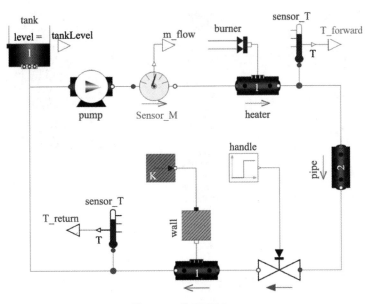

图 3-36　模型示例

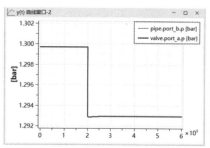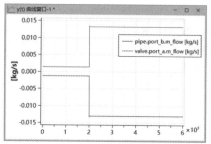

扫码查看彩图

图 3-37　势变量和流变量变化曲线图

3.5.5　可扩展连接器

如果在声明连接器时出现 expandable 前缀，则该连接器的所有实例均可作为可扩展连接器使用。该连接器一般用于构建总线。

构建可扩展连接器可参照如下形式：

```
expandable connector + 接口名称
    数据类型 + 变量名称;
    …
    接口路径 + 接口名称;
    …
end + 接口名称
```

例如，构建可扩展连接器 ControlBus，其图形展示如图 3-38 所示。

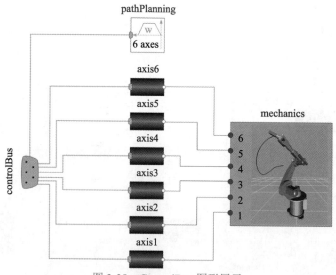

图 3-38　ControlBus 图形展示

其代码（annotation(…)为简化代码，完整代码见案例库）如下所示：

```
expandable connector ControlBus "Data bus for all axes of robot"
    extends Modelica.Icons.SignalBus;
    AxisControlBus axisControlBus1 "Bus of axis 1";
```

```
        AxisControlBus axisControlBus2 "Bus of axis 2";
        AxisControlBus axisControlBus3 "Bus of axis 3";
        AxisControlBus axisControlBus4 "Bus of axis 4";
        AxisControlBus axisControlBus5 "Bus of axis 5";
        AxisControlBus axisControlBus6 "Bus of axis 6";
        annotation (…);
    end ControlBus;
```

　　可扩展连接器可以用来连接各种不同类型的组件以实现组件间的通信。当不同的组件通过不同的接口连入可扩展连接器时，如果组件接口中的一个变量及其类型在可扩展连接器中没有被定义，那么可扩展连接器会自动扩展定义出这些元素，以满足连接语义的要求。

　　此外，当两个可扩展连接器相连时，只在一个连接器中声明的变量将被扩展至另一个连接器中，这个过程反复执行，直到两个连接器中的变量相互匹配，即单个连接器中定义的变量被扩展至两个连接器中变量定义的总集。如果一个可扩展连接器中有一个输入变量，那么在与之相连的所有其他可扩展连接器中，至少有一个连接器里该变量是非输入变量。

3.5.6　隐式连接器

　　目前为止，我们关注的都是连接器间的显式连接，即每个连接均通过连接方程或者连接线条表示。但是，当建立由许多组件交联的大型模型时，使用显式连接有时会显得复杂。对于多个组件交联的情况，Modelica 提供了一种取代大量显式连接的机制，即通过"inner/outer"前缀为一个对象及 n 个组件创建隐式连接，可以增加模型的简洁性。

　　以图 3-39 为例进行说明，该图在 3.5.1 节中以升降机系统模型的示例给出，这里为了方

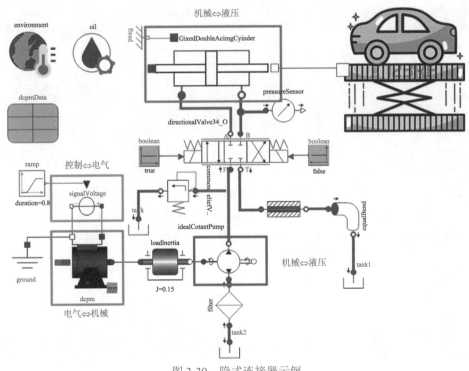

图 3-39　隐式连接器示例

便学习，再次以隐式连接器示例给出。图 3-39 左上角的 environment（环境）和 oil（油液）对象采用了隐式连接器。在图 3-39 的系统中，大部分组件都需要使用以上两个对象的属性信息，采用隐式连接的方式可以避免组件的连接冗余，而且系统中所有组件均可读取环境和油液的物性信息。

"inner/outer" 作为 Modelica 语言的高级特征之一，提供了一种外层变量或外层类型的引用机制。在元素前面使用"inner"前缀修饰，定义一个被引用的外层元素；在元素前面使用"outer"前缀修饰，该元素引用相匹配的外层"inner"元素；对于一个"outer"元素，至少应存在一个相应的"inner"元素声明。"inner/outer"相当于定义了一个全局接口或变量，可以在嵌套的所有实例层次中被访问。

隐式连接可参照如下形式构建（inner 定义和 outer 读取）：

```
model + 模型名称
    <属性定义>
    <行为描述>
    annotation(
        defaultComponentName = "默认组件名",
        defaultComponentPrefixes = "inner");
end + 模型名称
```

```
model + 模型名称
    outer+ inner 模型路径 + 实例化名称;
    <属性定义>
equation
    变量名称 = inner 实例化模型名称.读取的变量名
    <其他方程>
end + 模型名称
```

注意，在隐式连接器中，实例化默认名称不允许与模型重名，组件中的实例化名称应该与隐式连接器实例化后的默认名称一致。

以图 3-39 中的 environment 对象为例，使用"inner"和"outer"构建代码（Icon(…)和annotation(…)为简化代码，完整代码详见案例库）如下：

```
model Environment
    parameter Real k = 1;
    Modelica.SIunits.Temperature T0;
equation
    T0 = sin(k * time) + 273.15;
    annotation (
        defaultComponentName = "environment",
        defaultComponentPrefixes = "inner",
        Icon(…));
end Environment;
```

```
model Component
    outer ModelicaGrammar.Connector.Environment environment;
    Modelica.SIunits.Temperature T;
equation
    T = environment.T0;
    annotation (…)
end Component;
```

在系统中使用时，将上文定义的 Environment 类和 Component 类进行实例化使用，可得到以下代码，此时 component 可读取 environment 中的温度（annotation(…)为简化代码，完整代码详见案例库）：

```
model System
    Component component
        annotation (…);
    inner Environment environment
        annotation (…);
end System;
```

3.6 函数

3.6.1 函数概念

图 3-40 展示了一个一次函数求解问题，已知 p_0、p_1 点的横纵坐标，如何根据 p 点的横坐标求纵坐标？

该问题可以通过函数求解，即已知 x_0、y_0、x_1、y_1、x 求解 y，则求解函数为（代码详见 3.6.2 节）：

$$y(x, x_0, y_0, x_1, y_1) = x \frac{y_1 - y_0}{x_1 - x_0} - \frac{x_1 + x_0}{2(x_1 - x_0)} \frac{y_1 - y_0}{2} + \frac{y_1 + y_0}{2}$$

函数用于完成特定的计算任务，是 Modelica 实现过程式建模的重要工具。Modelica 中的函数是数学意义上的纯函数，也就是说，相同的输入总是具有相同的输出，并且调用顺序与调用次数不改变所在模型的仿真状态。图 3-41 展示了 Modelica 中函数的分类。

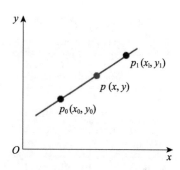

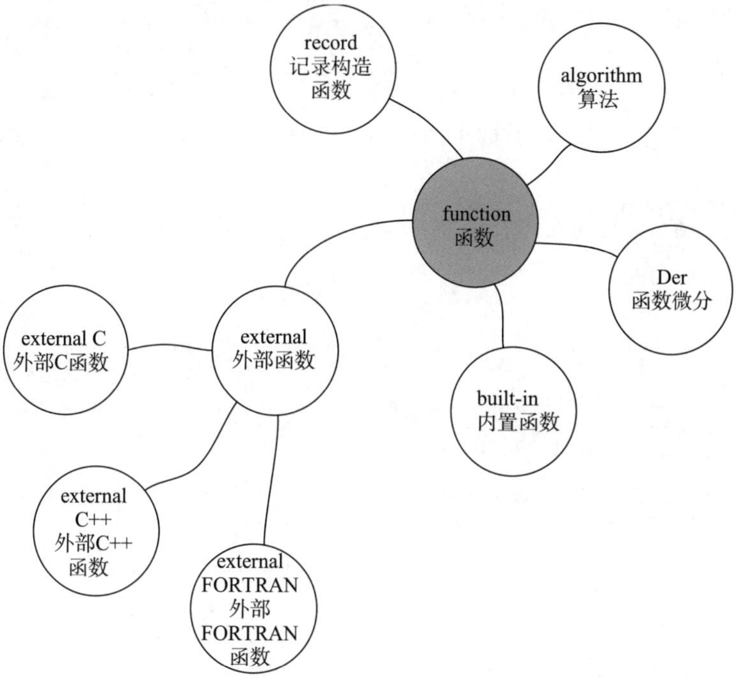

图 3-40　求直线上的点的坐标

图 3-41　Modelica 函数分类

3.6.2 函数定义规范

函数是以"function"关键字定义的特化类，遵循 Modelica 类定义的语法形式。函数体是以"algorithm"开始的算法区域，或者由外部函数"external"声明，作为函数调用时的执行序列。函数的输入形参以变量声明的形式定义，并有"input"前缀；输出形参也以变量声明的形式定义，前缀为"output"。

函数中使用的临时变量（局部变量）在"protected"区域中定义，并且不带"input"和"output"前缀。函数的形参可以使用声明赋值的形式定义默认参数。

下面给出 Modelica 语言中函数的一般结构，由输入变量、输出变量、中间变量、算法组成：

```
function name
    input Typel1 in1;
    input Typel2 in2;
    input Typel3 in := default_expr1 "Comment" annotation(...);
    ...
    output TypeO1 out1;
    output TypeO2 out2 := default_expr2;
    ...
protected
    <local variables>
    ...
algorithm
    ...
    <statements>
    ...
end name;
```

对于 3.6.1 节中提出的计算直线上的点的坐标的数学问题，可采用如下 Modelica 代码解决：

```
function LineWithProtected "计算直线点坐标"
    input Real x "输入横坐标";
    input Real p0[2] "直线上 p0 点坐标";
    input Real p1[2] "直线上 p1 点坐标";
    output Real y "对应 x 的 y 坐标";
protected
    //计算斜率
    Real m = (p1[2] – p0[2]) / (p1[1] – p0[1]);
    //计算截距
    Real b = (p1[2] + p0[2] - m * (p1[1] + p0[1])) / 2.0 ;
algorithm
    y := m * x + b;
end LineWithProtected;
```

函数作为一种特化类，除了遵循 Modelica 类定义的通用语法，还有如下一些限制和增强的特性：

（1）public 区域声明的变量是函数的形参，必须有"input"或"output"前缀；protected 区域声明的变量是函数的临时变量，不能有"input"和"output"前缀。

（2）函数中的输入形参赋值只是给输入形参一个默认值。输入形参是只读的，也就是说，在函数体中不能给输入形参赋值。

（3）函数不能用于连接，不能有方程"equation"和初始算法"initial algorithm"，至多有一个算法区域"algorithm"或外部函数接口。

（4）函数中输出形参数组和临时变量数组的长度必须能由输入形参或函数中的参数、常量确定。

（5）函数中不能调用 der、initial、terminal、sample、pre、edge、change、delay、cardinality、reinit 等内置操作符和函数，也不能使用 when 语句。

（6）函数中使用 return 语句退出函数调用，返回值取输出形参的当前值。

在很多场景下，可以将函数中的变量定义和记录类配合使用，例如，需要使用复数的时候，我们可以定义复数记录类：

```
record Complex "复数"
  Real re "实数部分";
  Real im "虚数部分";
end Complex;
```

在实现复数加法的函数中，可以有多种形式：

```
//形式一
function Complex_add
  input Complex u;
  input Complex v;
  output Complex w(
    re = u.re + v.re,
    im = u.im + v.im);
end Complex_add;
```

```
//形式二
function Complex_add
  input Complex u;
  input Complex v;
  output Complex w;
algorithm
  w.re := u.re + v.re;
  w.im := u.im + v.im;
end Complex_add;
```

```
//形式三
function Complex_add
  input Complex u;
  input Complex v;
  output Complex w;
algorithm
  w := Complex(
    re = u.re + v.re,
    im = u.im + v.im);
end Complex_add;
```

这三种形式本质上是相同的。record 相当于集合，能够增加形参的重用性，有效减少工作量，并且将相关变量使用 record 集合化可以增加仿真结果的直观性。

3.6.3　函数调用方法

对于输出形参，单个输出形参的函数调用形式为：

```
out=函数路径()
```

多个输出形参的函数调用形式为：

```
(out1,out2,out3,…)=函数路径()
```

以函数 Equal 为例，该函数有三个输入变量和三个输出变量，其代码如下：

```
function Equal
  input Real x1;
  input Real x2 = 2;
  input Real x3 = 3;
  output Real y1;
  output Real y2;
  output Real y3;
```

```
algorithm
  y1 := x1;
  y2 := x2;
  y3 := x3;
end Equal;
```

在 Equal_test 模型中调用 Equal 函数：

```
model Equal_Test
  parameter Real a = 1;
  parameter Real b = 2;
  parameter Real c = 3;
  Real y1;
  Real y2;
  Real y3;
equation
  (y1,y2,y3) = Equal(a, b, c);
end Equal_Test;
```

示例代码中采用的调用方式为按位置传参，Modelica 语言支持多种传参方式，按输入参数的传递形式划分，共有 3 种：

（1）按位置传参：实参与形参的声明顺序一一对应。例如：

```
(y1,y2,y3) = Equal(a, b, c)
```

（2）按形参名字传参：实参与指定名字的形参对应。例如：

```
(y1,y2,y3) = Equal(x3 = c, x2= b, x1 = a)
```

（3）按位置和形参名字混合传参，但按形参名字传递的实参必须放在按位置传参的实参之后。例如：

```
(y1,y2,y3) = Equal(a, x3 = c)
```

注意，实参与形参的数据类型及维度均需保持一致，并不是所有的形参都要有对应的实参，如果形参有默认值就可以不传递实参而使用默认值。函数调用时，输出形参只能位于等式方程的右端或赋值符号的右端。

多个输出使用"()"表示，其中 out1、out2、out3 等均是变量，不能是表达式或常量，结果变量与函数输出形参按位置一一对应。结果变量省略时，相应的输出形参值被丢弃。以函数 Equal 为例，若仅求解前两个值，代码可以写为：

```
(y1,y2) = Equal(x3 = c, x2= b, x1 = a);
```

求解第 1 和第 3 个值，代码可以写为：

```
(y1,,y3) = Equal(a, x3 = c);
```

求解后两个值，代码可以写为：

```
(,y2,y3) = Equal(x3 = c, x2= b, x1 = a);
```

其中未赋值变量需要使用其他等式进行赋值。

Modelica 的函数支持向量化调用，即返回标量值的函数可以应用向量化调用方式以数组作为实参调用函数。以内置函数 sin()为例，下面两边的调用方式分别等价：

sin({a, b, c})	等价于	{sin(a), sin(b), sin(c)}
sin([a,b,c])	等价于	[sin(a),sin(b),sin(c)]
sin([1,2;3,4])	等价于	[sin(1), sin(2); sin(3), sin(4)]
div({a,b,c},{d,e,f})	等价于	{div(a,d),div(b,e), div(c,f)}

Modelica 自动以逐个数组元素作为参数来调用函数，返回结果数组，极大地提高了建模效率。

3.6.4　内置函数

Modelica 除了支持用户自定义函数外，还提供了丰富的内置函数，无须定义就可以直接调用。内置函数有 4 类：

（1）数学函数和转换函数，具体见表 3-12。

表 3-12　数学函数和转换函数

分类	函数名称	说明
数值函数	abs(x)	返回标量绝对值
	sign(x)	返回标量符号
	sqrt(x)	返回标量平方根
转换函数	integer(x)	返回枚举型序数
	string(x)	将一个标量表达式转为字符审表示
事件触发数学函数	div(x,y)	返回 x/y 的商且丢弃小数部分
	mod(x,y)	返回 x/y 的整数模，即 x-floor(x/y)*y
	rem(x,y)	返回 x/y 整除的余数
	ceil(x)	返回不小于 x 的最小整数
	floor(x)	返回不大于 x 的最大整数
	integer(x)	返回不大于 x 的最大整数，结果类型必为整型
数学函数	sin(x)	正弦函数
	cos(x)	余弦函数
	tan(x)	正切函数
	asin(x)	反正弦函数
	acos(x)	反余弦函数
	atan(x)	反正切函数
	atan2(x,y)	四象限反向切值
	sinh(x)	双曲正弦函数
	cosh(x)	双曲余弦函数
	tanh(x)	双曲正切函数
	exp(x)	自然指数雨数
	ln(x)	自然对数(e 为底)，x>0
	log10(x)	10 为底的对数，x>0

（2）求导和特殊用途函数，具体见表 3-13。

表 3-13 求导和特殊用途函数

分类	函数名称	说明
求导函数和特殊用途函数	der(expr)	求导函数
	delay(expr,delayTime,delayMax)	若 time>time.start+delayTime，结果为 expr(time−delayTime)，；
	delay(expr,delayTime)	若 time≤time.start+delayTime，结果为 expr(time.start)
	semiLinear(x,positiveSlope,negativeSlope)	若 x≥0，结果为 positiveSlope*x，否则结果为 negativeSlope*x

（3）事件相关的函数，详见 3.7.2 节。
（4）数组函数，详见 3.3 节。

3.6.5 记录构造函数

记录构造函数（record constructor function）针对特化类 record，是创建并返回记录的函数。记录构造函数并不需要用户显式定义，如果定义了一个记录类就等同于隐式定义了一个与记录同名并且作用域相同的记录构造函数；记录中所有可以修改的成员作为记录构造函数的输入形参，不能修改（如有"constant"和"final"前缀）的参数作为 protected 区域中的临时变量；输出形参是与记录相同类型的变量，所有输入形参的值用来设置输出形参的值。

以如下 demo 代码为例，它在模型中定义了 Record1 和 Record2：

```
package demo
  record Record1
    parameter Real r0 = 0;
  end Record1;
  record Record2
    extends Record1;
    constant Real c1 = 2.0;
    constant Real c2;
    parameter Integer n1 = 5;
    parameter Integer n2;
    parameter Real r1 "comment";
    parameter Real r2 = sin(c1);
    parameter Real r4;
    parameter Real r5 = 5.0;
    Real r6[n1];
    Real r7[n2];
    final parameter Real r3 = cos(r2);
  end Record2;
end demo;
```

Demo 是 demo 的隐式定义，其代码如下：

```
package Demo
  function Record1
    input Real r0 = 0;
```

```
        output Record1 'result'(r0 = r0);
      end Record1;
      function Record2
        input Real r0 = 0;
        input Real c1 = 2;
        input Real c2;
        input Integer n1:=5;
        input Integer n2;
        input Real r1 "comment";
        input Real r2:=sin(c1);
        input Real r4;
        input Real r5 = 5.0;
        input Real r6[n1];
        input Real r7[n2];
        output Record2 'result '
(r0 = r0, c2 = c2, n1 = n1, n2 = n2, r1 = r1, r2 = r2, r4 = r4, r5 = r5, r6 = r6, r7 = r7);
      protected
        final parameter Real r3 = cos(r2);
      end Record2;
    end Demo;
```

3.6.6　函数求导注解声明

当 der 作用于函数时，就要对函数求导，对于内置函数（如 sin(x)）能够推导出导函数，但是自定义函数不能推导出导函数，自定义函数的导函数要求在定义函数时显式声明，可以使用 smoothOrder 让工具自行推导出导函数，形式为：

```
function + 函数名称
    <属性描述>
    annotation(smoothOrder = n)
    <行为描述>
end + 函数名称
```

在一些特定情况下，smoothOrder 无法推出导函数。这时，还可以自己推导导函数并进行相关绑定，通过导数（derivative）注解在函数中显式声明，形式为：

```
function + 函数名称
    <属性描述>
    annotation(derivative (order = n)=n 阶导函数路径)
    <行为描述>
end + 函数名称
```

其中，order 表示求导的阶数，默认情况下取 1。导函数的输入形参根据原函数构造，首先是原函数的所有输入形参，然后是原函数所有实型（Real）输入形参的导数（noDerivative 和 zeroDerivative 声明忽略的形参除外）。导函数的输出形参是原函数所有实型输出形参的导数。

例如，对于自定义函数 sin(x)*cos(x)，代码可参考以下内容：

```
function sin_cos
    input Real x;
    output Real y;
    annotation (derivative = sin_cos_d);
algorithm
        y := sin(x) * cos(x);
end sin_cos;
```

导函数的定义为：

```
function sin_cos_d
    input Real x;
    input Real der_x;
    output Real der_y;
algorithm
    der_y := der_x * cos(x) ^ 2
                - der_x * sin(x) ^ 2;
end sin_cos_d;
```

3.6.7 外部函数调用

模型中除了可以调用使用 Modelica 语言编写的函数，还可以调用其他语言（目前支持 C、C++和 FORTRAN）编写的函数，其他语言编写的这些函数称为外部函数。Modelica 中调用外部函数通过 Modelica 函数进行，这种 Modelica 函数没有算法（algorithm）区域，取而代之的是外部函数接口声明语句"external"，用于表示调用的是外部函数。

Sysplorer 支持以下 3 种外部函数调用方式：

（1）调用头文件（例如.c、.h 文件）。其中需要头文件名称、头文件位置、输入/输出变量、函数封装语句。用 Include 注解指定所需的.c 文件（或.h 文件），用 IncludeDirectory 注解指定所需的.c 文件（或.h 文件）所在的位置。以如下外部函数为例，该函数的目的是将输入值相加：

```
double add(double a , double b)
{
    return a + b;
}
```

可参照如下方式调用（IncludeDirectory 注解中为相对路径，不同模型库会存在不同的相对路径，因此代码也会不同）：

```
model UriTest1
    //将外部函数封装成 function
    function IncTest1
        input Real a1;
        input Real b1;
        output Real c1;
        //外部函数声明
        //用 IncludeDirectory 注解指定头文件所在的位置，以 URI 的 modelica 模式表示
```

```
        //用 Include 注解指定外部函数所需的头文件
      external "C" c1 = add(a1, b1)
      annotation (IncludeDirectory =
        "modelica://ExternFunc/Include",
        Include = "#include\"add.c\"");
      end IncTest1;
      //调用函数 IncTest1
      Real y = IncTest1(2.0, 3.0);
    end UriTest1;
```

Include 注解表示 add.c 为外部函数所需的头文件，IncludeDirectory 注解表示 add.c 位于 ExternFunc/Include 文件夹中。这里，IncludeDirectory 注解中的.c 文件所在路径采用了 URI 的 Modelica 模式来表示。

（2）调用链接库文件。其中需要指定链接库名、链接库文件位置、输入/输出变量、函数包装语句。用 Library 注解指定链接库名（注意：不带扩展名），用 LibraryDirectory 注解指定链接库文件和 dll（或 so）文件所在的位置。

可参照如下方式调用（编译器需要选择 VS2010）：

```
model TestExternFuncUseDll
    function call_lib
        input Integer a;
        input Integer b;
        output Integer y;
        //Library 指定链接库
        //LibraryDirectory 指定库文件所在的位置
        external "C" y = add(a, b)
        annotation (
            Library = "dll_2010",
            LibraryDirectory = "modelica://ExternFunc/library/dll/win32");
        end call_lib;

        parameter Integer a = 1;
        parameter Integer b = 2;
        Integer addr;
    equation
        addr = call_lib(a, b);
    end TestExternFuncUseDll;
```

上例中指定的链接库名是"dll_2010"，完整的链接库名称是"dll_2010.lib"（VC 编译生成）或"Load.a"（GCC 编译生成），指定的链接库文件和.dll（或.so）文件所在的位置是"ExternFunc/library/dll/win32"。此处 Sysplorer 求解器设置为"32 位求解器"。

目前，Sysplorer 支持 win32、win64 平台文件夹。如果没有平台文件夹，就位于指定目录中。也就是说，假设在上述代码示例中，dll 文件夹及平台文件夹 dll/win32 中都存在"dll_2010.lib"文件。仿真的时候，求解器会优先选择 dll/win32 中的"dll_2010.lib"文件；只有当 dll/win32 中不存在"dll_2010.lib"文件时，才会查找 dll 文件夹；如果 dll 文件夹中同时存在 win32 和 win64 两个文件夹，则由求解器的位数决定在哪个文件夹中搜索文件。求解器的位数在仿真设置>编译中设置。

Sysplorer 要求保持求解器和链接库文件的一致性，当求解器为 32 位时，相对的链接库文件在 VC 或 GCC 中编译时也必须由 32 位平台生成。

注意，一般情况下要求同时具有 IncludeDirectory 注解和 LibraryDirectory 注解，要使模型仿真时能正确找到外部函数相关的资源文件，IncludeDirectory 注解和 LibraryDirectory 注解中指定的文件路径需要采用 URI 的 Modelica 模式。

（3）无外部文件。其中需要 C 语言源码、输入/输出变量、函数封装语句。可以直接将 C 语言代码嵌入 Include 注解中。但是由于这种方式不适合调试，所以不建议使用。

可参照如下形式：

```
model UriTest2
    //将外部函数封装成 function
    function IncTest2
        input Real x1;
        input Real x2;
        output Real y;
    //外部函数声明
    //Include 引用外部函数的关键字
    //add(double x,double y){return x+y;} 外部函数的具体实现
    external "C" y = add(x1, x2)
    annotation (Include =
        "double add(double x,double y)
    {
        return x+y;
    }");
    end IncTest2;
    //调用函数 IncTest2
    Real y1 = IncTest2(1.0, 2.0);
end UriTest2;
```

3.7　连续与离散建模 ///////////////////////

3.7.1　连续与离散

Modelica 通过事件驱动机制全面支持连续-离散混合建模。宏观下物理系统的变化通常都按照物理定律连续演绎，例如用一个关于时间的函数表示物理运动、电流电压变化、化学反应等，这些行为都属于连续行为。有时需要将某些系统组件的行为近似成离散行为。离散行为是指系统变量值只在特定时间点上瞬时、不连续地发生改变。实际物理系统中，变化可以非常快，但不是瞬时的。在系统建模时进行离散近似，能够简化数学模型，使模型求解易于收敛，提高计算速度。

离散近似的应用场景很多，例如动力学的刚性碰撞问题，一个弹跳小球几乎瞬间改变了运动方向；电路中的开关操作能极快地改变电压值；液压系统中的阀门能迅速引起流量的变化。图 3-42 所示为弹跳小球的简化模型示例，描述了小球自由下落碰撞地面反复弹起的动态过程。图 3-43 所示为小球在每一时刻的高度（h）和速度（v）的变化曲线。可以看出，小球在触地瞬间的高度和速度的方向都瞬间发生了变化。

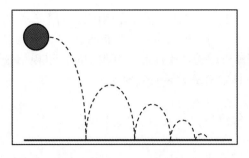

图 3-42　弹跳小球 Modelica 混合模型及其轨迹曲线

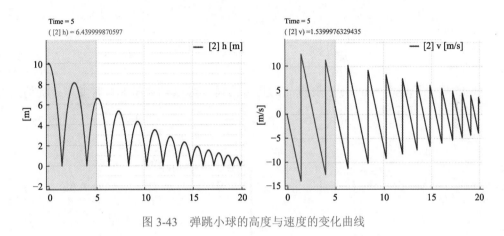

图 3-43　弹跳小球的高度与速度的变化曲线

3.7.2　事件

1. 事件概念

变量只在特定的时间点才改变其值，这些时间点称作为事件，在事件之间变量的值保持不变，如图 3-44 所示。

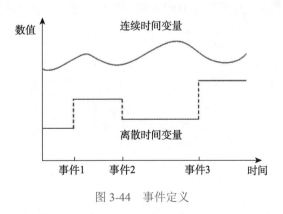

图 3-44　事件定义

注意，事件对应的时间点是瞬时的，也就是说没有持续期间，当事件条件从 false 变为 true 时，事件发生。与事件相关的变量集就是与事件相关的方程中引用或改变的变量，与事件相关的行为（即条件方程）在事件发生时变为起作用或变为不起作用。瞬态方程是特殊的条件方程，它只在事件发生时起作用。根据事件产生的原因，可以将事件分为时间事件和状态事件。时间事件是由时间变量引起的，事件点是可预知的。以模型 Simple 为例，该模型规定 5 秒前变量 a 的值为 1，0.2 秒之后变量 a 的值为 5：

```
model Simple
  Real a;
equation
  if time < 5 then
    a = 1;
  else
    a = 5;
  end if;
end Simple;
```

图 3-45 展示了模型 Simple 中变量 a 的变化曲线，可以看到在 5 秒时变量 a 的值瞬间变为 5，即为一个时间事件。

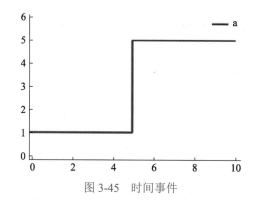

图 3-45　时间事件

状态事件是由表示系统状态的变量引起的，不同系统对应的状态变量选择不同，所以不可避免地要搜索事件点，事件点是未知的。以模型 Simple2 为例，该模型规定在变量 b 小于 0 时变量 a 为 0，在变量 b 大于或等于 0 时变量 a 的值等于变量 b 的值。

```
model Simple2
  Real a;
  Real b;
equation
  b = sin(time);
  if b < 0 then
    a = 0;
  else
    a = b;
  end if;
end Simple2;
```

图 3-46 展示了模型 Simple2 中变量 a 的变化曲线，由于变量 a 的值由变量 b 的值决定，事先不可预知，在变量 b 大于或等于 0 时变量 a 的值瞬间随之变化，即为一个状态事件。

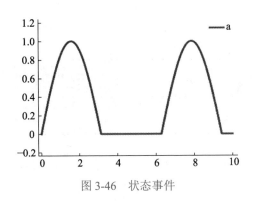

图 3-46　状态事件

2. 事件触发语句及函数

当连续的 Real 元素关系式改变其值时，积分会中止，于是产生事件。模型 Simple3 是一个事件触发示例。如果 if 表达式按照字面意义进行计算，则在 x = 0 时，方程是不连续的，der(y)的值产生跳跃。由于事先难以精确预测 x = 0 的时间点，因此直接对上述方程进行求解可能违背数值积分算法的连续可微性假设。为此，在 Modelica 语言中，x > 0 被当作一个事件表达式。

```
model Simple3
  Real x;
  Real y(start = 2);
equation
  x = time - 5;
  der(y) = if x > 0 then 1 else 2;
end Simple3;
```

Modelica 用条件方程来表达事件，两类基本的条件方程如下。

（1）if 方程：包含条件表达式和条件方程，用于描述不连续条件模型；

（2）when 方程：用于表示只在某些离散时刻有效的方程。

模型 Limit 是一个事件触发示例。只要"a～0.5"或"a～−0.5"穿越 0，积分就被中止，并产生事件，在事件时刻，选择正确的 if 分支，并重新开始积分。

```
model Limit
  Real a = sin(time);
  Real b;
equation
  if a > 0.5 then
    b = 0.5;
  elseif a < -0.5 then
    b = -0.5;
  else
    b = a;
  end if;
end Limit;
```

图 3-47 展示了 Limit 中变量 a、b 的变化曲线和对应的窗口输出。可以看出在对应的时间窗口中都输出了对应事件。

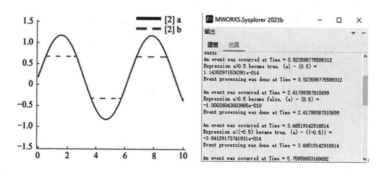

图 3-47　事件触发曲线及输出窗口示例

在 Modelica 的内置函数中，有一类函数如果在 when 方程之外使用，也将触发状态事件，具体函数如表 3-14 所示。

表 3-14　事件触发函数及说明

类型	函数名称	说明
事件触发函数	div(x,y)	返回 x/y 的商且丢弃小数部分
	mod(x,y)	返回 x/y 的整数模，即 x-floor(x/y)*y
	rem(x,y)	返回 x/y 整除的余数
	ceil(x)	返回不小于 x 的最小整数
	floor(x)	返回不大于 x 的最大整数
	integer(x)	返回不大于 x 的最大整数，结果必为整型

3. 事件相关函数

Modelica 中还提供了支持函数形式的事件相关函数，如表 3-15 所示。

表 3-15　事件相关函数及说明

类型	函数名称	说明
事件相关函数	initial()	在初始化阶段结果为 true，否则为 false
	terminal()	在成功分析的结尾返回 true
	sample(start,interval)	在时间点 start+i*interval(i=0,1,2…)结果为 true 并触发事件，否则为 false
	pre(y)	结果为变量 y(t)在 t 时刻的左极限 y(tpre)
	edge(b)	等价于(b and not pre(b))，b 为布尔型
	change(v)	等价于(v<>pre(v))
	reinit(x.expr)	仅在 when 方程中使用，在事件发生时刻以 expr 初始化状态变量 x

4. 事件处理函数

在某些情况下，关系表达式值的变化不会产生非连续点，不会引起变量值的跳跃，这时需要对事件进行处理，以加快模型的求解，因为时间检测具有一定的时间开销。Modelica 中提供了两种事件处理函数。

第一种是事件抑制函数 noEvent(expr)。可以使用 noEvent 显式地抑制 expr 中的状态事件，使 expr 不激发事件，而是按照字面意义进行计算。模型 why 是一个使用事件抑制函数的示例，该模型规定在 5 秒时将变量 x1 的值变为 1，变量 x2 在使用同样条件方程的情况下使用了 noEvent(expr)函数，图 3-48 展示了两个变量的曲线变化区别。可以看出，变量 x2 在 4～5 秒的区间内值逐渐改变为 1，开始变化的时间取决于仿真设置中的步长值，这里步长值为 1。

```
model why
Real x1;
Real x2;
equation
x1 = if time >= 5 then 1 else 0;
x2 = noEvent(if time >= 5 then 1 else 0);
end why;
```

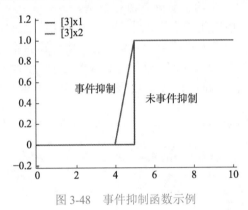

图 3-48   事件抑制函数示例

使用事件抑制函数可以有效节省求解时间，规避可能发生的程序错误，如负数开方等。

第二种是事件平滑函数 smooth(p,expr)。如果 p≥0，smooth(p,expr)返回 expr，表明 expr 是 p 次连续可微的，即 expr 对表达式中的所有实型变量都是连续的，且对所有的实型变量存在 p 阶偏导数。模型 SmoothAndEvents 是一个使用事件平滑函数的示例，该模型将变量 y 和 z 的定义中加入了事件平滑函数，将不连续函数变为连续函数，可以提高仿真求解效率。

```
model SmoothAndEvents
  Real x;
  Real y;
  Real z;
equation
  x = if time < 1 then 2 else time - 2;
  y = smooth(0, if time < 1 then 0 else time);
  z = smooth(1, noEvent(if x < 0 then 0 else sqrt(x) * x));
end SmoothAndEvents;
```

注意，系统不会为 smooth 表达式产生事件，但是 smooth 本身不能保证不产生事件，因此变量 z 在 smooth 中使用 noEvent 进一步抑制事件。

3.8 模型重用 ///////////////////////////////////

"重用"是面向对象语言的最大特点之一。Modelica 作为面向对象建模语言，提供继承（extends）、实例化（modification）和重声明（redeclaration）等机制，能够方便地支持模型重用。继承是对已有类型的重用，结合变型与重声明，实现对基类的定制与扩展。本节介绍如何利用这些机制来建立可重用的模型。

3.8.1 继承重用

面向对象的一个主要优势就是可以基于已有类来扩展类的属性和行为。原有的类称为父类或基类，通过父类或基类扩展创建的更专用的类称为子类或派生类。

在创建子类的过程中，父类的变量声明、方程定义和其他内容被复制到子类，也称继承。在继承一个类的同时可以对类中的某些元素进行变型。

以一个简单的 Modelica 类的扩展来举例（完整代码详见案例库）。下面两个组件模型的绝大部分代码是相同的，出现了大量的重复代码，给后期代码的修改和维护造成很大的不便。

继承重用可大大简化组件模型代码，避免不必要的冗余，使模型维护和修改时更加方便，更改后的代码（annotation(…)为简化代码，完整代码详见案例库）如下：

```
model Resistor1 "电阻-电学接口基类重用"
    import SI = Modelica.SIunits;
    extends PartialPort;      //电学接口基类继承（模型重用）
    parameter SI.Resistance R = 1 "电阻值";
equation
    R * i = v; //电阻定义方程（欧姆定律）
end Resistor1;
```

```
model Capacitor1 "电容-电学接口基类重用"
    import SI = Modelica.SIunits;
    parameter SI.Capacitance C = 1 "电容值";
    extends PartialPort; //电学接口基类继承（模型重用）
equation
    i = C * der(v); //电容值 C 定义方程
end Capacitor1;
```

继承重用通过将多个组件的共有属性提取为基类，如接口、图标、参数、变量等，可避免大量重复性建模工作，极大提高建模效率，它的一般结构为 "extends+基类路径(参数/变量变型)"。

注意，如果将 extends 继承语句放在 protected 关键字的作用区域中，那么继承后，该基类中的所有元素在派生类中也是 protected 访问权限。继承后如果有多个相同的声明，则只保留一个声明；继承后如果对同一个元素有多个不同的声明，则会报错。

不同类之间的继承存在限制。例如，model 类可以继承 record 类，但 model 类不能继承 package 类。详细的继承限制关系如表 3-16 所示。

表 3-16　继承限制关系

派生类	package	function	type	record	connector	block	model
package	√						
function		√					
type			√				
record				√			
connector			√	√	√		
block				√		√	
model				√		√	√

3.8.2　实例化重用

实例化重用主要应用在接口实例化、模型封装和系统仿真模型构建三种场景下，以下是这三种应用场景的代码示例。

1. 接口实例化

新开发的模型中需要接口，可直接通过实例化的方式进行引用。下面是模型 Inertia 的部分代码，加粗部分代码采用接口实例化的方法引用（annotation(…)为简化代码，完整代码详见案例库）：

```
model Inertia "具有惯性的一维旋转分量"
    Modelica.Mechanics.Rotational.Interfaces.Flange_a flange_a "Left flange of shaft"
        annotation (...);
    Modelica.Mechanics.Rotational.Interfaces.Flange_b flange_b "Right flange of shaft"
        annotation (...);
    parameter SI.Inertia J(min = 0, start = 1) "Moment of inertia";
    parameter StateSelect stateSelect = StateSelect.default
        "Priority to use phi and w as states"
        annotation (HideResult = true, Dialog(tab = "Advanced"));
    SI.Angle phi(stateSelect = stateSelect)
        "Absolute rotation angle of component"
annotation (Dialog(group = "Initialization", showStartAttribute = true));
……
```

2. 模型封装

以下是 PID 控制器的部分代码（annotation(…)为简化代码，完整代码详见案例库），PID 控制器由比例单元（P）、积分单元（I）和微分单元（D）组成。图 3-49 展示了该控制器的结构。

```
block PID "附加描述形式的 PID 控制器"
    import Modelica.Blocks.Types.InitPID;
    import Modelica.Blocks.Types.Init;
    extends Interfaces.SISO;
    parameter Real k(unit = "1") = 1 "Gain";
    parameter SIunits.Time Ti(min = Modelica.Constants.small, start = 0.5)
```

```
    "Time Constant of Integrator";
    ......
    Modelica.Blocks.Math.Gain P(k = 1) "Proportional part of PID controller"
        annotation (...)
    Modelica.Blocks.Continuous.Integrator I(k = unitTime / Ti, y_start = xi_start, ...)
        annotation (...)
    Modelica.Blocks.Continuous.Derivative D(k = Td / unitTime, ......)
        annotation (...)
......
end PID;
```

加粗部分代码表示图 **3-49** 中采用矩形框标注的组件，当修改模型参数时，文本中会自动生成实例化属性代码。

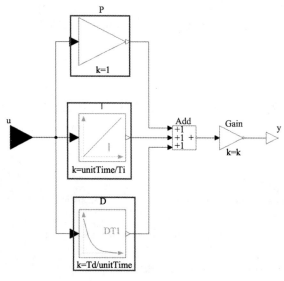

图 3-49　PID 控制器结构

3. 系统仿真模型构建

蔡氏电路是一种简单的非线性电子电路，它可以表现出标准的混沌理论行为，其结构如图 3-50 所示。

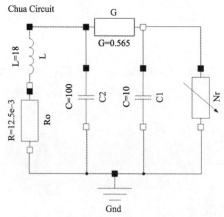

图 3-50　蔡氏电路结构

以下是蔡氏电路的部分代码（annotation(…)为简化代码，完整代码详见案例库）：

```
model ChuaCircuit "蔡氏电路, ns, V, A"
    extends Modelica.Icons.Example;
    Modelica.Electrical.Analog.Basic.Inductor L(L = 18, i(start = 0, fixed = true)) annotation (...)
    Modelica.Electrical.Analog.Basic.Resistor Ro(R = 12.5e-3) annotation (...)
    Modelica.Electrical.Analog.Basic.Conductor G(G = 0.565) annotation (...)
    Modelica.Electrical.Analog.Basic.Capacitor C1(C = 10, v(start = 4, fixed = true)) annotation (...)
    Modelica.Electrical.Analog.Basic.Capacitor C2(C = 100, v(start = 0, fixed = true)) annotation (...)
    Modelica.Electrical.Analog.Examples.Utilities.NonlinearResistor Nr(...)
    Modelica.Electrical.Analog.Basic.Ground Gnd annotation (...)
equation
......
end ChuaCircuit;
```

实例化重用的一般结构为父类模型路径+实例化名（参数、变量、特殊类变型）。父类模型路径为待实例化的类在模型库中的路径，可通过拖曳类的方式直接生成。实例化名需符合 Modelica 命名规则，并能形象描述实例化类的作用，之后按需对实例化后的类参数、变量初始值、变量、显示单位、特殊类（replaceable/redeclare 单独讲解）进行变型。

实例化重用的使用方式共有三种。第一种是对参数进行变型，即用一个类型构造不同的实例。假定某电路模型需要连接两个电阻值大小不同的电阻，不必由于电阻值的不同就建立两个电阻模型，而只需建立一个电阻模型，并将电阻值作为该模型的参数，然后用该模型声明两个不同的电阻组件，在声明电阻组件的同时对电阻值进行变型即可得到不同电阻值的电阻组件。

模型 CauerLowPassAnalog 的代码（annotation(…)为简化代码，完整代码详见案例库）为参数变型的示例，实例化 C1、C2、C3、C4、C5，通过变型设置电容值，这样就不必因为电容参数的不同而建立多个电容模型。

```
model CauerLowPassAnalog
extends Modelica.Icons.Example;
    Modelica.Electrical.Analog.Basic.Capacitor C1(C = c1, v(start = 0, fixed = true))
        annotation (…);
    Modelica.Electrical.Analog.Basic.Capacitor C2(C = c2)
        annotation (…);
    Modelica.Electrical.Analog.Basic.Capacitor C3(C = c3, v(start = 0, fixed = true))
        annotation (…);
    Modelica.Electrical.Analog.Basic.Capacitor C4(C = c4)
        annotation (…);
    Modelica.Electrical.Analog.Basic.Capacitor C5(C = c5, v(start = 0, fixed = true))
        annotation (…);
    …
end CauerLowPassAnalog;
```

目前遇到的所有示例中，被变型的组件属性都是参数。尽管 Modelica 规范中没有明确禁止对变量、常量等进行变型，但鉴于 Modelica 参数的设计意图，在此强烈建议仅对模型中的参数进行变型。

第二种是对数组的变型。Modelica 语言支持对所有数组元素的某个共同属性进行变型，也可以对整个数组进行变型。为防止参差数组的出现，不可以对单个数组元素进行变型。如果要对所有数组元素中的某个属性赋相同的值，可以采用"each"关键字。

```
model Array //原始数组
  parameter Real x[2];
  parameter Real y;
end Array;
```

```
model ArrayUse //数组变型 1
  Array A1[2](x = [1, 2; 1, 2], y = {2, 5});
end ArrayUse;
```

```
model ArrayUse //数组变型 2
  Array A1[2](each x = {1, 2}, y = {2, 5});
end ArrayUse;
```

上述代码是一个数组变型的示例，数组变型 1 与数组变型 2 等价。注意，使用"each"关键字是对所有数组元素中的某个属性赋相同的值，必须对整个数组进行变型，不可以对单个数组元素进行变型。

第三种是单一变型。针对下述代码构建的模型 M1：

```
model M1
  Real x[3];
end M1;
```

可以通过如下代码进行单一变型：

```
ModelicaGrammar.Reuse.M1 M2(x = ones(3));
```

注意，在一次变型中，不能对一个元素的同一个属性进行两次赋值修改。

3.8.3　重声明重用

除了继承与变型之外，Modelica 还提供了另外一种重用机制——重声明。相比继承机制的代码重用、变型机制的参数化功能，重声明机制能够有效地支持衍生设计，主要应用在架构模型设计和介质数据库两种场景下。

重声明重用在 Modelica 中通过 replaceable/redeclare 关键字实现。根据 Modelica 标准语法语义的规定，可以对所有的类、参数、变量进行重声明，但是在实际使用中以 model、package、function 这三种类的重声明为主，以实现通用化模型的开发。replaceable 关键字标识了哪些类型可以被替换，从而限定了重声明的范围，防止类型替换不当。redeclare 关键字用来表示替换类型或组件。

以 model 重声明为例，model 重声明主要应用在模型的几何结构、不同换热计算方法、不同流阻计算方法等场景中。下面是模型几何结构的代码示例：

```
model PartialGeometry //基类
  Modelica.SIunits.Area A "横截面积";
  Modelica.SIunits.Length l "周长";
```

```
end PartialGeometry;
```

```
model cycle "圆形"
    extends PartialGeometry;
    parameter Modelica.SIunits.Diameter d = 0.01;
equation
    A = Modelica.Constants.pi * d ^ 2 / 4;
    l = Modelica.Constants.pi * d;
end cycle;
```

```
model triangle "三角形"
    extends PartialGeometry;
    parameter Modelica.SIunits.Length a = 0.01;
equation
    A = 0.5 * a * a * sqrt(3) / 2;
    l = 3 * a;
end triangle;
```

```
model square "正方形"
    extends PartialGeometry;
    parameter Modelica.SIunits.Length a = 0.01;
equation
    A = a ^ 2;
    l = 4 * a;
end square;
```

```
model Test_Geometry
//重声明
replaceable model Geometry = cycle
        constrainedby PartialGeometry
            annotation (choicesAllMatching = true);
    Geometry geometry;
    Modelica.SIunits.Area A "横截面积";
    Modelica.SIunits.Length l "周长";
equation
    A = geometry.A;
    l = geometry.l;
end Test_Geometry;
```

重声明作为一种重要的重用机制，实质是将类型作为模型参数，在使用模型时对参数化的类型进行重声明，从而重用已有框架，支持衍生设计。

3.9　模型注解

3.9.1　为什么需要注解

注解是与 Modelica 模型相关的附加信息，可以理解为包含 Modelica 模型中一些元素相关信息的属性或者特性，这些附加信息被 Modelica 环境使用，例如支持图标或图形模型编辑。使用注解能够使用户更加理解模型信息，让模型的参数属性一目了然。

大多数注解对仿真执行没有影响，即如果注解被删除，仍然能得到相同的结果，但是也有例外。注解的一般形式为 annotation(annotation_elements)，其中 annotation_elements 是用逗号隔开的注解元素列表。

注解一般有以下使用场景：参数面板美化、图标绘制、二维动画绘制、帮助文档撰写等。

3.9.2　参数面板优化

当一个模型有很多参数的时候，为了让使用者能够迅速在参数面板中定位所需修改的参数，就需要根据功能的不同对模型中的参数进行分组和分类。在 Modelica 中，可以使用对应的注解语句对参数进行分类。以带圆环节流孔的滑阀芯模型代码为例，该模型定义了很多参数，未使用注解：

```
model AnnularOrificeSpool "带有圆环节流孔的滑阀芯"
import SI= Modelica.SIunits;
parameter SI.Length ds(displayUnit ="mn") = 0.01 "筒径"
parameter SILength dr(displayUnit="mm") = 0.005 "杆径"
parameter SI.Length len0(displayUnit="mm") = 0"初始压力腔长度"
parameter SI.Position underlap0(displayUnit ="mm")=0"零开口压力腔长"
parameterSI.Position xmin(displayUnit ="mm")=0"最小位移限制"
parameter SI.Position xmax(displayUnit ="mm")= e27"最大位移限制"
parameter SI.Volume vO(displayUnit ="ml")=0"死区容积"
parameter Boolean UseJetForce = false "若为 true，则考虑液动力，否则不考虑液动力"
parameter Real Cqmax = 0.7 "最大流量系数"
parameter Real lambda_crit = 100 "临界流量数"
end AnnularOrificeSpool;
```

它的组件参数面板如图 3-51 所示。

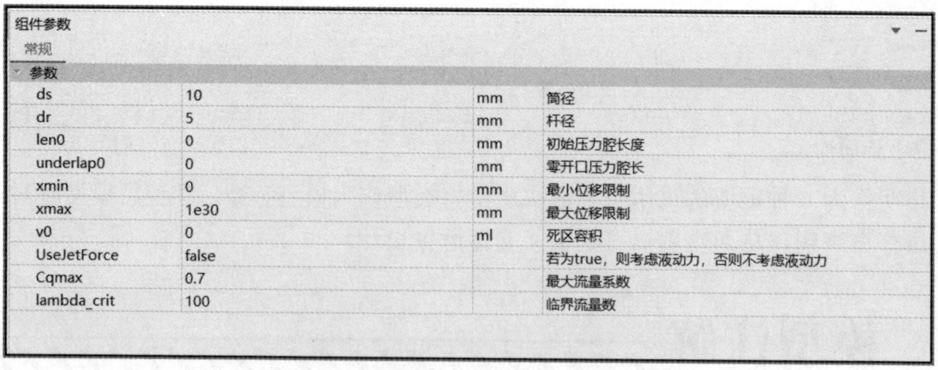

组件参数				▼　—
常规				
▾ 参数				
ds	10		mm	筒径
dr	5		mm	杆径
len0	0		mm	初始压力腔长度
underlap0	0		mm	零开口压力腔长
xmin	0		mm	最小位移限制
xmax	1e30		mm	最大位移限制
v0	0		ml	死区容积
UseJetForce	false			若为 true，则考虑液动力，否则不考虑液动力
Cqmax	0.7			最大流量系数
lambda_crit	100			临界流量数

图 3-51　未使用注解的组件参数面板

参数面板美化可使各类参数更加清楚明确。代码形式为：annotation (Dialog(tab ="参数页名",group ="参数组名"))，其中 tab=""表示将此参数放在具体参数页，group=""表示将此参数放在具体参数组。修改后的滑阀芯模型代码如下：

```
model AnnularOrificeSpool "带有圆环节流孔的滑阀芯"
import SI= Modelica.SIunits;
parameter SI.Length ds(displayUnit ="mn") = 0.01 "筒径"
annotation (Dialog(group ="结构参数"));
parameter SILength dr(displayUnit="mm") = 0.005 "杆径"
annotation (Dialog(group ="结构参数"));
parameter SI.Length len0(displayUnit="mm")= 0"初始压力腔长度"
annotation (Dialog(group ="结构参数"));
parameter SI.Position underlap0(displayUnit ="mm")=0"零开口压力腔长"
annotation (Dialog(group ="结构参数"));
parameterSI.Position xmin(displayUnit ="mm")=0"最小位移限制"
annotation (Dialog(group ="结构限制"));
parameter SI.Position xmax(displayUnit ="mm")= e27"最大位移限制"
annotation(Dialog(group ="结构限制"));
parameter SI.Volume vO(displayUnit ="ml")=0"死区容积"
annotation (Dialog(group ="高级"));
parameter Boolean UseJetForce = false "若为 true，则考虑液动力，否则不考虑液动力"
annotation (Dialog(tab = "高级", group = "流体参数"));
parameter Real Cqmax = 0.7 "最大流量系数"
annotation (Dialog(tab = "高级", group = "流体参数"));
parameter Real lambda_crit = 100 "临界流量数"
annotation (Dialog(tab = "高级", group = "流体参数"));
end AnnularOrificeSpool;
```

修改后的组件参数面板如图 3-52 所示，可以看出，每个参数都有对应的分类和注解。

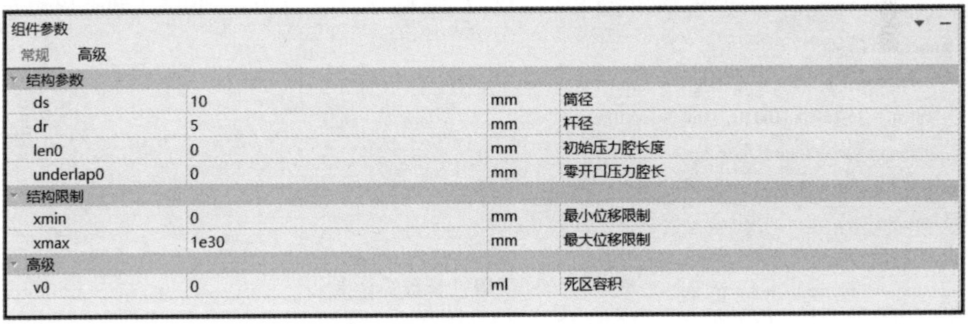

组件参数				▼ ―
常规　高级				
▼ 结构参数				
ds	10		mm	筒径
dr	5		mm	杆径
len0	0		mm	初始压力腔长度
underlap0	0		mm	零开口压力腔长
▼ 结构限制				
xmin	0		mm	最小位移限制
xmax	1e30		mm	最大位移限制
▼ 高级				
v0	0		ml	死区容积

图 3-52　修改后的组件参数面板

注解还可以给参数增加下拉赋值的选项，即给参数提供推荐参数值并可以通过下拉框直接选取推荐参数值，使用形式为：

```
annotation(choices (
   choice = 数值 1 "备注 1"，
   choice = 数值 2 "备注 2"，
    …，
   choice = 数值 n "备注 n"));
```

以模型 Choice 的代码为例，使用下拉赋值后的组件参数面板如图 3-53 所示。

```
model Choice
    parameter Real a = 1.5
        annotation (choices(
            choice = 1.1 "材料 1", choice = 1.2 "材料 2"));
    Real b;
equation
    b = a;
end Choice;
```

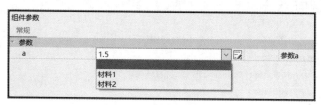

图 3-53　使用下拉赋值后的组件参数面板

3.9.3　图标绘制

在 Sysplorer 的图标视图和图形视图上均可进行图层设置和可视化绘图，其中基本可视化绘图包括线条、矩形、椭圆、多边形、文本和图片，这些图层设置和可视化绘图均会在文本视图中自动生成 Modelica 代码，形式为：annotation(Diagram(),Icon())，其中"Diagram()"代表图形视图图层设置和可视化绘图，Icon()代表图标视图图层设置和可视化绘图。以下代码为图层设置的代码示例，表 3-17 给出了属性参数的含义。

```
model Icon
    annotation (Icon(
        coordinateSystem(
        extent = {{-150.0, -100.0}, {150.0, 100.0}},
        preserveAspectRatio = false,
        grid = {2.0, 2.0})));
end Icon;
```

表 3-17　图层属性参数的含义

属性	参数	含义
coordinateSystem （图层属性）	extent={{},{}}	图层大小
	preserveAspectRatio=true/false	是否锁定纵横比
	grid={ , }	间距

下面以绘制矩形为例介绍。以下代码绘制一个轮廓为褐紫红色线条并以白色的填充的矩形。与此代码对应的矩形属性面板如图 3-54 所示。

```
model Icon
    annotation (Icon(coordinateSystem(
        extent = {{-100.0, -100.0}, {100.0, 100.0}},
        grid = {2.0, 2.0}),
```

```
graphics = {Rectangle(origin = {0.0, 0.0},
rotation = 45.0,
lineColor = {128, 0, 0},
fillColor = {255, 255, 255},
pattern = LinePattern.Dot,
fillPattern = FillPattern.Solid,
lineThickness = 2.0,
extent = {{-40.0, 40.0}, {40.0, -40.0}},
radius = 10.0)}));
end Icon;
```

图 3-54　矩形属性面板

在实例化模型时，需要在图形层显示组件名称或者关键参数，这时可以在设计模型图标时写入特殊文字，图 3-55 展示了一个使用示例。

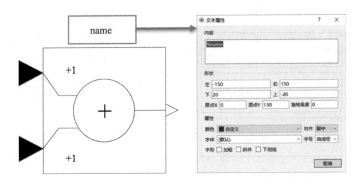

图 3-55　文字属性面板

特殊文字代码及其作用如表 3-18 所示。

表 3-18　特殊文字代码及其作用

文字代码	作用	文字代码	作用
%参数名	显示对应的参数值	%class	显示类名
%name	显示实例化组件名	%%	显示"%"

3.9.4 二维动画绘制

为了直观地查看仿真结果，Sysplorer 提供了 3 种结果查看方式：曲线窗口、2D 动画窗口、3D 动画窗口。其中，2D 动画即通过将图标中变量与仿真结果变量相关联，实现仿真结果变量驱动图标变化。

Modelica 中支持 3 种方式实现动态显示设计：

（1）DynamicSelect 动态函数。使用形式为：DynamicSelect(x,expr)，其中，x 为默认初始值，即图标默认状态；expr 为仿真过程中图标实时赋值。注意，x 和 expr 用文本显示时，必须为字符串。其代码示例如下：

```
model ProgressBar
  Real level = 10 * time;
  Real percent = 1.25 * level;
  annotation (Icon(coordinateSystem(
    extent = {{-100.0, -100.0}, {100.0, 100.0}}, grid = {2.0, 2.0}),
    graphics = {Rectangle(origin = {-100.0, -30.0},
    fillColor = {0, 255, 0},
    fillPattern = FillPattern.Solid,
    extent = DynamicSelect({{0, 0}, {0, 60}}, {{0, 0}, {level, 60}})),
    Rectangle(origin = {0.0, 0.0},
    fillColor = {255, 255, 255},
    extent = {{-100.0, 30.0}, {100.0, -30.0}}),
    Text(origin = {-41.0, 49.0},
    extent = {{-29.0, 7.0}, {29.0, -7.0}},
    textString = DynamicSelect("0", String(percent)),
    fontSize = 20,
    textStyle = {TextStyle.None},
    horizontalAlignment = TextAlignment.Right),
    Text(origin = {6.0, 49.0},
    extent = {{-6.0, 11.0}, {6.0, -11.0}},
    textString = "%%",
    fontSize = 20,
    textStyle = {TextStyle.None},
    horizontalAlignment = TextAlignment.Left)}));
end ProgressBar;
```

产生的动态效果如图 3-56 所示。

图 3-56 动态效果 1

（2）动态文本。使用形式为：%变量名。其代码示例如下：

```
model DynamicText
```

```
    Real x = time * 2;
    annotation (
        Diagram(coordinateSystem(
            extent = {{-150.0, -100.0}, {150.0, 100.0}},
            preserveAspectRatio = false,
            grid = {2.0, 2.0})),
        Icon(coordinateSystem(extent = {{-100.0, -100.0}, {100.0, 100.0}},
            preserveAspectRatio = false,
            grid = {2.0, 2.0}), graphics = {Text(origin = {0.0, 0.0},
            extent = {{-78.0, -51.0}, {78.0, 51.0}},
            textString = "%x",
            fontSize = 36,
            textStyle = {TextStyle.None}), Rectangle(origin = {0.0, 0.0},
            fillColor = {255, 255, 255},
            lineThickness = 2.0,
            extent = {{-83.0, 26.0}, {83.0, -26.0}})}));
end DynamicText;
```

产生的动态效果如图 3-57 所示。

图 3-57　动态效果 2

（3）动态属性语句。使用形式为：动态属性＝变量值。其代码示例如下：

```
model DynamicFillColor
    Real r = time * 200;
    Real g = 255 - r;
    Real b = 4 * r;
    annotation (
        Icon(
        graphics = {
        Rectangle(
        extent = {{-100, 100}, {100, -100}},
        color = {0, 0, 255},
        fillColor = {255, 255, 255},
        fillPattern = FillPattern.Solid,
        dynamicFillColorR = r,
        dynamicFillColorG = g,
        dynamicFillColorB = b)}));
end DynamicFillColor;
```

产生的动态效果如图 3-58 所示，具体支持的动态属性如表 3-19 所示。

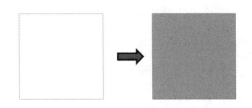

图 3-58　动态效果 3

表 3-19　动态属性

动态属性	作用	使用对象
dynamicFillColorR	填充颜色 R 分量的动态值，有效取值范围为 0~255	fillColor
dynamicFillColorG	填充颜色 G 分量的动态值，有效取值范围为 0~255	fillColor
dynamicFillColorB	填充颜色 B 分量的动态值，有效取值范围为 0~255	fillColor
dynamicFillPattern	填充方式的动态值，取值为枚举值	fillPattern
dynamicLineColorR	线条颜色 R 分量的动态值，有效取值范围为 0~255	lineColor
dynamicLineColorG	线条颜色 G 分量的动态值，有效取值范围为 0~255	lineColor
dynamiclineColorB	线条颜色 B 分量的动态值，有效取值范围为 0~255	lineColor
dynamiclinePattern	线条样式的动态值，取值为枚举值	linePattern
dynamicWidth	矩形、椭圆等图形宽度的动态值	extent
dynamicHeight	矩形、椭圆等图形高度的动态值	extent
dynamicRotation	旋转角度的动态值	rotation
dynamicStartAngle	扇形起始角度的动态值，仅用于椭圆	startAngle

3.9.5　帮助文档撰写

为了便于模型库的使用，开发者在开发模型库的同时需要撰写模型的帮助文档，"文档"按钮在工具栏中的位置如图 3-59 中方框所示。

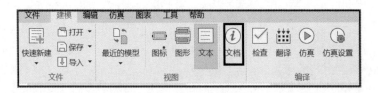

图 3-59　"文档"按钮

Sysplorer 中提供了编写帮助文档的可视化界面，即文档视图的编辑界面，如图 3-60 所示。

Sysplorer 会将写入的帮助文档自动翻译生成标准 HTML 代码并集成至模型代码中，形式为：

```
annotation(Documentation(info=" HLML 代码"))
```

图 3-60　编辑界面

3.9.6　其他注解

Modelica 中的注解除了以上功能，还具有以下用法。

（1）声明模型库所依赖的其他模型库，并在打开模型库时自动打开依赖的其他模型库，使用形式为：annotation(uses(模型库(version=版本))。

在模型库顶层 package 中添加 Modelica 标准库版本引用，如图 3-61 所示。

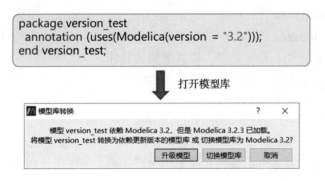

图 3-61　标准库版本引用

（2）为模型设置合适的仿真区间、输出步长和积分算法等，使用形式为：annotation(experiment(仿真设置))。仿真设置面板如图 3-62 所示。

（3）实例化时自动添加组件默认属性和名称，使用形式为：annotation(defaultComponentName="组件默认名"，defaultComponentPrefixes="组件默认属性")，详见 3.5 节。

图 3-62　仿真设置面板

（4）自动关联自定义函数的导函数，使用形式为：annotation(derivative(order=n)=导函数路径)

其中表示求导的阶数参数默认情况取 1，自动关联函数的导函数，详见 3.6.6 节。

本 章 小 结

本章主要介绍了 Modelica 模型开发基础知识，可以帮助读者了解 Modelica 模型开发的基础知识和方法，从而更加高效地进行建模和仿真。

3.1 节介绍了 Modelica 语法基础，Modelica 语言的一般结构、建模方式等。

3.2 节介绍了 Modelica 语言中的类与内置类型，首先介绍了类与特化类的含义，然后分别讲解了通用类、特化类、数据类型、数据前缀的具体含义。

3.3 节介绍了 Modelica 语言中的数组，包括数组的声明、构造方法，数组的连接方式，数组的索引和切片，以及数组的运算。

3.4 节介绍了模型的行为描述，分为方程和算法两个部分。

3.5 节介绍了 Modelica 语言中的连接与连接器，介绍了 Modelica 软件组件模型中连接器的概念和重要性，按照耦合关系分类介绍了因果连接器、非因果连接器、可扩展连接器和隐式连接器的应用场景与构建方法。

3.6 节介绍了 Modelica 语言中的函数。首先介绍了函数的概念，接着介绍了函数的定义规范和调用方法，最后介绍了内置函数、记录构造函数、函数注导注解声明以及外部函数调用方法。

3.7 节介绍了 Modelica 语言中的连续与离散建模。首先解释连续与离散的概念及区别，引出事件的概念，介绍了事件的触发语句、相关函数、处理函数以及事件抑制的方法。

3.8 节介绍了模型重用，包括继承重用、实例化重用、重声明重用三种方式。合理的模型重用能够有效地提升建模效率。

3.9 节介绍了 Modelica 中的模型注解。首先讲解了使用注解的必要性，接着介绍了参数面板优化、图标绘制、二维动画绘制、帮助文档撰写等注解方式。

习 题 3

（1）继承一个模型需要用到的关键字是（　　）。

    A. partial   B. extends   C. public   D. record

（2）下列类中，不能继承 record 的是（　　）。

    A. package   B. record   C. connector   D. model

（3）对数组变型的时候，用到的关键字是（　　）。

    A. Real   B. class   C. each   D. change

（4）（　　）关键字定义的元素禁止变型。

    A. public   B. type   C. final   D. partial

（5）下面是重声明的关键字的是（　　）。

    A. replaceable   B. pre   C. change   D. edge

（6）用于替换类型或组件的关键字是（　　）。

    A. change   B. record   C. cross   D. redeclare

（7）表明组件可被替换的关键字是（　　）。

    A. replaceable   B. pre   C. change   D. edge

（8）继承保护的关键字是（　　）。

    A. partial   B. public   C. protected   D. change

（9）V 型继承属于（　　）继承。

（10）可以继承 package 的类是（　　）。

（11）重声明的两个关键字分别是（　　）和（　　）。

（12）外层变型可以覆盖（　　）变型。

（13）在声明一个对象的同时修改类的属性属于（　　）。

第 4 章
系统建模仿真方法

本章深入探讨系统建模仿真方法，引入了系统建模仿真流程，阐释了其核心步骤和意义。本章选择四旋翼无人机作为建模对象，因为其机体结构简单，动力学模型较为典型，非常适合作为仿真与建模的学习案例，整体系统建模仿真案例可以帮助读者理解和验证整个系统的行为及性能指标。对系统进行抽象建模、设置关键性能指标并进行仿真实验，可以在系统实际开发前预测系统的整体运行情况，找到可能的系统瓶颈及问题。首先，本章对四旋翼无人机的建模对象进行描述，包括机体、电机、旋翼、飞控板等，并提出建模需考虑的关键因素。其次，本章采用 Sysplorer 对四旋翼无人机进行系统建模，建立各个子模型并进行集成，明确实现系统建模的具体步骤和集成方法。再次，本章详述系统调试的重要性，解释如何有效地进行系统调试以提升系统性能。最后，本章对模型的运行结果进行详细分析，从各个角度评估模型的性能。本章旨在提供全面的系统建模仿真方法，帮助读者深入理解并掌握这一关键技术。

通过本章学习，读者可以了解（或掌握）：
- ❖ 系统建模仿真的一般流程，可分为需求阶段、建模阶段、仿真阶段、后处理阶段。
- ❖ 四旋翼无人机的组成、结构、工作原理等。
- ❖ 四旋翼无人机系统模型的建立，以及案例实践和结果分析。

4.1 系统建模仿真流程简介 ///////////////

　　系统建模仿真技术最初起源于工程和科研领域，目的是通过建立数学模型来模拟系统的运行，从而对系统进行预测和优化。随着计算机技术的进步，仿真软件不断发展，各行各业开始广泛采用系统建模仿真技术。在系统建模方面，研究人员提出了各种不同的建模方法，如系统动力学模型建模方法、经典的输入-输出模型建模方法等。这些方法尝试从不同角度抓住系统的关键特征。随着研究的深入，建模技术也越来越复杂和精细。在仿真方面，离散事件仿真、连续仿真、实时仿真等不同仿真方法陆续被提出并得到应用，仿真软件也在可视化和交互性上得到了提高。同时，仿真技术与其他技术的结合也产生了新的方向，如仿真技术与优化算法和虚拟现实技术结合等。系统建模仿真的一般流程如图 4-1 所示。

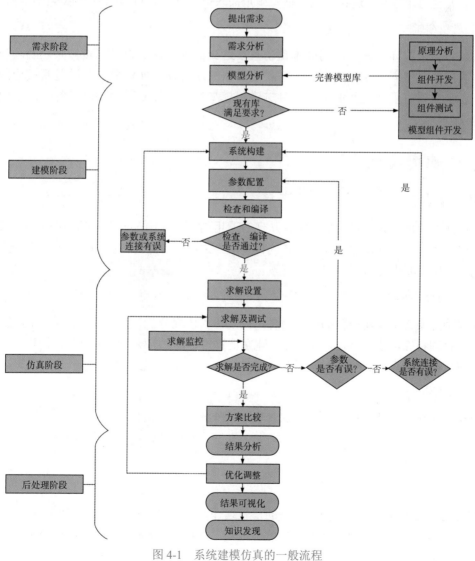

图 4-1　系统建模仿真的一般流程

4.1.1 需求阶段

1）提出需求

根据研究对象和目的提出进行建模仿真的具体需求。要明确研究对象的关键特征、研究范围和仿真目的，提出对仿真效果的要求，要考虑仿真精度的要求、仿真结果应用的场景等多方面因素。同时，要预估所需的资源投入，包括研发时间、人力和计算资源等。明确项目的可行性后，要编写详细可行的需求文档。

2）需求分析

对提出的需求进行全面细致的分析，要明确仿真对象的物理特性、几何结构、边界条件等信息，对对象内的变量及其范围关系进行研究，找到影响结果的自变量和因变量。同时，要明确仿真的具体边界范围，进行适当假设和简化，减少不必要的复杂计算；明确仿真要准确表达的关键物理特性；进行风险评估，确定需求可行性，并对需求进行必要的修改。

3）模型分析

根据对需求的详细分析，明确本次仿真要达到的效果，考虑计算资源限制及项目时间限制，确定需要建立的模型类型和细节程度。研究现有模型库资源，判断是直接应用现有模型，还是需要自主开发新的模型组件。进行模型规划设计，评估项目可行性，给出模型开发建议。

4.1.2 建模阶段

1）模型选择

根据前期的需求分析和模型分析，从现有通用的模型库中选择合适的模型组件，使其能表达要研究对象的关键物理特性。选择的模型组件之间要有良好的接口兼容性。如果现有库无法满足，则需要进行新模型组件的开发。

2）模型组件开发

如果确定要自主开发全新的模型组件，则要深入研究分析对象的工作原理，确定需要准确表达的物理特性，选择合适的数学方法建立计算模型，完成模型算法的设计、编码和调试。开发完成后要进行充分的验证，确保其可靠性。

3）系统构建和参数配置

使用图形化的系统建模方式，根据各模型组件间的物理拓扑关系，对它们进行连接，定义组件间变量的传递方式，配置各组件所需的参数，完成整体仿真系统的构建。可以进行分步进行模块化构建。

4）检查和编译

对已构建的仿真系统进行全面严格的检查编译，确保组件连接正确，组件间变量传递无误，各组件的参数配置合理，避免参数单位错误。在编译过程中，找到问题要及时修正，直到编译完全通过。

4.1.3 仿真阶段

1）求解设置

根据仿真对象的特点和精度需求，选择合适的数值求解算法，妥善配置求解控制参数，如步长大小、迭代次数等。对于大规模复杂仿真，需评估并配置求解的并行计算方案，合理利用计算资源。

2）求解及调试

启动求解过程，需观察求解是否稳定进行，如果遇到明显错误，如报错或出现不合理结果，则要检查参数配置、模型连接等，然后进行调试，直到求解过程稳定可靠。

3）求解监控

对求解过程进行实时监控，观察关键变量的变化情况，必要时进行内部求解状态的剖析，判断求解过程是否正确，发现问题要及时调整。

4）方案比较

根据仿真需求，采用不同的求解方案和参数进行仿真，然后比较结果，进行方案的优劣分析，选择最优方案。

4.1.4 后处理阶段

1）结果分析

深入细致地分析求解结果，全面检查结果是否符合物理规律和预期，进行误差分析，判断结果是否达到仿真设定的精度要求，如果有误差过大的情况，则需要重新考虑模型和参数。

2）优化调整

根据结果反馈，对仿真模型和参数进行必要的调整优化，使模型能够更准确地表达目标物理特性。重复仿真验证过程，逐步提高结果精度。

3）结果可视化

采用绘图、动画等方式对结果进行可视化处理，以便更直观地表达结果，帮助人们理解结果并发现问题。

4）知识发现

从大量结果中归纳总结，提取重要模式和规律，获得对物理过程的深刻认知和对仿真的新发现。

4.2 四旋翼无人机简介

四旋翼无人机是一个典型的多输入、多输出、非线性、强耦合的欠驱动系统，能够垂直起降、自由悬停，具有机动性好、结构简单、操作容易等特点，在军事、民用领域以及科学研究方面都有着广泛的应用。近些年，随着微型处理设备的不断发展，四旋翼无人机扩展出更多新的应用市场，有着非常广阔的应用前景。四旋翼无人机多输入、多输出，各通道强耦合、非线性的特点还综合体现了多个领域的技术应用，如计算机视觉、嵌入式设备、无线通信和飞行控制等。此外，四旋翼无人机有较好的视觉展示效果，是一个理想的技术验证平台。正是由于上述特点，四旋翼无人机吸引了众多科研工作者，他们对其开展相应的科学研究，在此平台上测试新的构型和算法，进行技术的验证。同时，四旋翼无人机系统涉及机械、电气、控制、通信、传感等多个领域，很好地体现了多学科融合的特点，因此也是数字孪生技术的理想研究平台。

4.2.1　四旋翼无人机的飞行原理与建模依据

四旋翼无人机主要由机体、电机、飞控板、旋翼、电池和遥控器等部分组成，如图 4-2 所示。根据结构的不同，四旋翼无人机可分为十字形和 X 形两种，如图4-3 所示。四旋翼无人机的动力来自对称分布在旋翼臂上的四个直流无刷电机与旋翼。四个旋翼旋转时提供平行于旋翼安装轴线的竖直向上的升力。

图 4-2　四旋翼无人机示意图

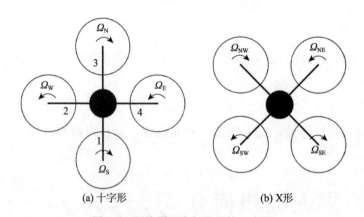

(a) 十字形　　　　　　　　　　　　(b) X形

图 4-3　四旋翼无人机的结构示意图

十字形四旋翼无人机和 X 形四旋翼无人机的飞行原理类似，只是控制方式不同，下面以十字形四旋翼无人机为例进行讲解。在图 4-3(a)中，飞行时，以电机 1 为机头、电机 3 为机尾，电机 2 和电机 4 分别位于机身的左、右侧。当四旋翼无人机平衡飞行时，电机 1 和电机 3 逆时针旋转的同时，电机 2 和电机 4 顺时针旋转，以抵消电机在高速旋转时产生的陀螺效应和空气动力扭矩效应，以避免使四旋翼无人机发生自旋。四旋翼无人机在飞行空间中能进行 6 个自由度的运动，分别为沿 3 个坐标轴的平移和绕 3 个坐标轴的旋转。对于每个自由度的控制是通过调节四旋翼无人机上电机的转速实现的。下面分别介绍四旋翼无人机的各种运动姿态。

1）垂直运动

如图 4-4 所示，假定电机 1 和电机 3 逆时针旋转，电机 2 和电机 4 顺时针旋转来平衡其对机身的扭矩效应。如果同时增大 4 个电机的转速（图中各个电机中心引出的向上箭头表示加速，若箭头向下则表示减速），每个电机带动旋翼产生更大的升力，当合力大于整机所受的重力时，四旋翼无人机便离地垂直上升；反之，同时减小 4 个电机的转速，四旋翼无人机则在重力的作用下垂直下降，当旋翼产生的升力等于无人机机体所受的重力且无外界干扰时，四旋翼无人机便可保持悬停状态。

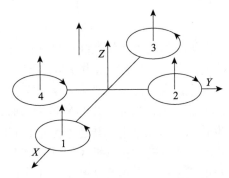

图 4-4　四旋翼无人机的垂直运动示意图

2）俯仰运动

如图 4-5 所示，四旋翼无人机电机 1 的转速增大，电机 3 的转速减小，电机 2、电机 4 的转速保持不变（图中各个电机中心引出的向上箭头表示加速，向下箭头表示减速，没有箭头表示速度不变）。由于旋翼 1 的升力增大，旋翼 3 的升力减小，产生的不平衡力矩使机身绕 Y 轴旋转（方向如图 4-5 所示）。同理，当电机 1 的转速减小，电机 3 的转速增大时，机身便绕 Y 轴反方向旋转。这样便实现了四旋翼无人机的俯仰运动。

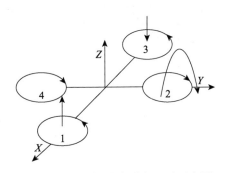

图 4-5　四旋翼无人机俯仰运动示意图

四旋翼无人机滚转运动的原理与俯仰运动的原理相同。在图 4-6 中，改变电机 2 和电机 4 的转速，保持电机 1 和电机 3 的转速不变，则可实现机身绕 X 轴旋转（正向和反向）的左右滚转运动。

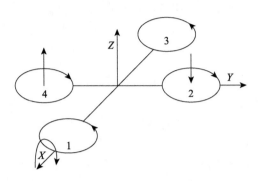

图 4-6　四旋翼无人机的滚转运动示意图

4）偏航运动

如图 4-7 所示，四旋翼无人机的偏航运动就是绕自身垂直轴 Z 轴旋转，可以借助旋翼产生的反扭矩来实现。旋翼转动过程中，由于空气阻力作用，会形成与转动方向相反的反扭矩。为了克服反扭矩的影响，可使 4 个旋翼中的两个正转、两个反转，且对角线上的电机转动方向相同。反扭矩的大小与旋翼转速有关，当 4 个电机转速相同时，4 个旋翼产生的反扭矩相互平衡，四旋翼无人机不发生转动；当 4 个电机转速不完全相同时，不平衡的反扭矩会引起四旋翼无人机转动。在图 4-7 中，当电机 1 和电机 3 的转速增大、电机 2 和电机 4 的转速减小时，旋翼 1 和旋翼 3 对机身的反扭矩大于旋翼 2 和旋翼 4 对机身的反扭矩，机身便在不平衡反扭矩的作用下绕 Z 轴转动，实现四旋翼无人机的偏航运动，机身的转向与电机 1、电机 3 的转向相反。与之相对的是，当电机 1 和电机 3 转速减小，电机 2 和电机 4 转速增大时，机身在反扭矩的作用下绕 Z 轴转动，转动方向与电机 2 和电机 4 的方向相反。

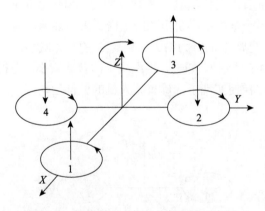

图 4-7　四旋翼无人机的偏航运动示意图

5）前后运动

如图 4-8 所示，增大电机 3 的转速，使尾部拉力增大；相应减小电机 1 的转速，使头部拉力减小；同时保持其他两个电机转速不变，反扭矩仍然保持平衡。按图 4-4 的理论，四旋翼无人机首先发生一定程度的倾斜，从而使旋翼拉力产生水平分量，实现四旋翼无人机的前飞运动（向后飞行与向前飞行正好相反）。当然，在图 4-5 和图 4-6 中，四旋翼无人机在进行俯仰、翻滚运动的同时也会产生沿 X、Y 轴的水平运动。

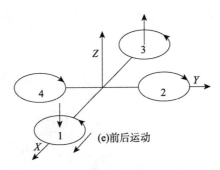

图 4-8　四旋翼无人机前后运动

6）侧向运动

如图 4-9 所示，由于自身结构对称，因此四旋翼无人机的侧向运动与其左右运动原理完全一致，只是对电机 2 和电机 4 与电机 1 和电机 3 的控制作用进行了调换。

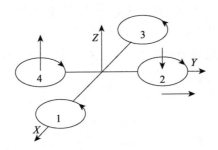

图 4-9　四旋翼无人机侧向运动示意图

4.2.2　四旋翼无人机动力学模型的建立

四旋翼无人机是一个非线性、欠驱动、强耦合的复杂系统，实际的工作飞行环境较为复杂。为了降低四旋翼无人机动力学模型建立的难度，我们对四旋翼无人机做如下假设：

（1）四旋翼无人机为均匀对称的刚体，飞行时，不发生弹性形变；

（2）四旋翼无人机的中心与质心重合；

（3）四旋翼无人机飞行时姿态角变化较小。

1. 坐标系的建立与转换

在工作飞行的过程中，四旋翼无人机机身不发生形变，近似等同于一个刚体。旋翼与无刷直流电机所提供的升力、角速度等信息在自身机体坐标系中的表示较为简单。位置信息、姿态信息可以在地球坐标系中较为容易地表达出来，因此在推导建立动力学模型之前需要推导出这两个坐标系之间的转换关系。

机体坐标系与地球坐标系如图 4-10 所示。地球坐标系 $O_eX_eY_eZ_e$ 固定于地面之上，其原点与四旋翼无人机起飞的起点重合，X 轴、Y 轴分别平行于四旋翼无人机起飞前旋翼 1、旋翼 4 所在旋翼臂，Z 轴竖直向上垂直于地面，符合右手笛卡儿坐标系准则，与四旋翼无人机运动无关。机体坐标系 $O_bX_bY_bZ_b$ 固连于四旋翼无人机之上，原点 O_b 与四旋翼无人机质心重合，X 轴、Y 轴固连于四旋翼无人机旋翼 1、旋翼 4 所在旋翼臂，然后用右手笛卡儿坐标系准则确定 Z 轴位置与方向。

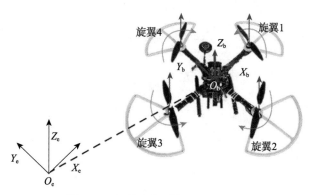

图 4-10   机体坐标系与地球坐标系

四旋翼无人机起飞后，机体与地面产生夹角，根据机体坐标系与固连在地面的地球坐标系之间的角度偏差就能确定此时的姿态信息。姿态信息包含三个欧拉角：俯仰角 θ、滚转角 φ 与偏航角 ψ。机体坐标系向地球坐标系转换的过程可分解为坐标系依次绕 Z 轴、绕 Y 轴与绕 X 轴转动，然后使两个坐标系重合。

绕 Z 轴转动，两个坐标系产生的角度为偏航角，所对应的旋转矩阵为：

$$\boldsymbol{R}_Z(\psi) = \begin{bmatrix} \cos\psi & -\sin\psi & 0 \\ \sin\psi & \cos\psi & 0 \\ 0 & 0 & 1 \end{bmatrix} \tag{4-1}$$

绕 Y 轴转动，两个坐标系产生的角度为俯仰角，所对应的旋转矩阵为：

$$\boldsymbol{R}_Y(\theta) = \begin{bmatrix} \cos\theta & 0 & \sin\theta \\ 0 & 1 & 0 \\ -\sin\theta & 0 & \cos\theta \end{bmatrix} \tag{4-2}$$

绕 X 轴转动，两个坐标系产生的角度为滚转角，所对应的旋转矩阵为：

$$\boldsymbol{R}_X(\varphi) = \begin{bmatrix} 1 & 0 & 0 \\ 0 & \cos\varphi & -\sin\varphi \\ 0 & \sin\varphi & \cos\varphi \end{bmatrix} \tag{4-3}$$

依次绕 Z 轴、绕 Y 轴与绕 X 轴转动，机体坐标系与地球坐标系的转换公式可表示为：

$$\begin{aligned} \boldsymbol{R}_e^b &= \boldsymbol{R}_Z(\psi)\boldsymbol{R}_Y(\theta)\boldsymbol{R}_X(\varphi) \\ &= \begin{bmatrix} \cos\psi\cos\theta & -\sin\psi\cos\varphi+\cos\psi\sin\theta\sin\varphi & \sin\psi\sin\varphi+\cos\psi\sin\theta\cos\varphi \\ \sin\psi\cos\theta & \cos\psi\cos\varphi+\sin\psi\sin\theta\sin\varphi & -\cos\psi\sin\varphi+\sin\psi\sin\theta\cos\varphi \\ -\sin\theta & \cos\theta\sin\varphi & \cos\theta\cos\varphi \end{bmatrix} \end{aligned} \tag{4-4}$$

2. 四旋翼无人机动力学建模

四旋翼无人机在空间中的运动满足牛顿-欧拉方程：

$$\begin{bmatrix} m\boldsymbol{I}_{3\times3} & \boldsymbol{O}_{3\times3} \\ \boldsymbol{O}_{3\times3} & \boldsymbol{J}_{3\times3} \end{bmatrix} \begin{bmatrix} \dot{\boldsymbol{V}}^e \\ \dot{\boldsymbol{\omega}}^b \end{bmatrix} + \begin{bmatrix} 0 \\ \boldsymbol{\omega}^b \times \boldsymbol{J}_{3\times3}\boldsymbol{\omega}^b \end{bmatrix} = \begin{bmatrix} \boldsymbol{F}^e \\ \boldsymbol{\tau}^b \end{bmatrix} \tag{4-5}$$

式（4-5）中，m 为四旋翼无人机机体质量；$\boldsymbol{J}_{3\times3}$ 为转动惯量矩阵；$\dot{\boldsymbol{V}}^e$ 为无人机在地球坐标系下的线速度，包含 X、Y、Z 三个方向；$\boldsymbol{F}^e$ 为所受到的合外力。$\boldsymbol{\omega}^b$、$\dot{\boldsymbol{\omega}}^b$ 分别为机体坐标系下的姿态角与角速度；$\boldsymbol{\tau}^b$ 为合外力矩。

通过将牛顿-欧拉方程分解，可以得到线运动方程与角运动方程，其中地球坐标系下的线运动方程表示为：

$$m\dot{\boldsymbol{V}}^e = \begin{bmatrix} 0 \\ 0 \\ -mg \end{bmatrix} + \boldsymbol{R}_e^b \begin{bmatrix} 0 \\ 0 \\ F_1 + F_2 + F_3 + F_4 \end{bmatrix} \tag{4-6}$$

式中，F_1、F_2、F_3、F_4 分别为四个旋翼所提供的升力，将公式（4-4）代入可得：

$$m\ddot{x} = (\sin\theta\cos\varphi\cos\psi + \sin\varphi\sin\psi)\sum_{i=1}^{4} F_i$$

$$m\ddot{y} = (\sin\theta\cos\varphi\sin\psi - \sin\varphi\cos\psi)\sum_{i=1}^{4} F_i \tag{4-7}$$

$$m\ddot{z} = \cos\varphi\cos\theta\sum_{i=1}^{4} F_i - mg$$

式中，$\ddot{x}$、$\ddot{y}$、$\ddot{z}$ 分别为四旋翼无人机沿 X 轴、Y 轴、Z 轴的线加速度，g 为重力加速度。机体坐标系下，角运动方程表示为：

$$\boldsymbol{J}_{3\times3} \begin{bmatrix} \dot{p}^b \\ \dot{q}^b \\ \dot{r}^b \end{bmatrix} = \begin{bmatrix} \tau_X^b \\ \tau_Y^b \\ \tau_Z^b \end{bmatrix} - \begin{bmatrix} p^b \\ q^b \\ r^b \end{bmatrix} \times \boldsymbol{J}_{3\times3} \begin{bmatrix} p^b \\ q^b \\ r^b \end{bmatrix} \tag{4-8}$$

式中，$\dot{p}^b$、$\dot{q}^b$、$\dot{r}^b$ 分别为四旋翼无人机的角加速度分量，τ_X^b、τ_Y^b、τ_Z^b 分别为各轴上力矩的分量。各轴上的力矩由四个旋翼产生，即：

$$\begin{bmatrix} \tau_X^b \\ \tau_Y^b \\ \tau_Z^b \end{bmatrix} = \begin{bmatrix} l(F_4 - F_2) \\ l(F_3 - F_1) \\ \tau_{b1} + \tau_{b3} - \tau_{b2} - \tau_{b4} \end{bmatrix} = \begin{bmatrix} l(F_4 - F_2) \\ l(F_3 - F_1) \\ k(F_1 + F_3 - F_2 - F_4) \end{bmatrix} \tag{4-9}$$

式中，l 为旋翼臂长度，k 为反扭矩系数。在四旋翼无人机飞行过程中，姿态信息由惯性单元测量，得到机体坐标系下的三个姿态角速度。为了得到地球坐标系下的姿态角信息，需要建立机体坐标系下姿态角信息与地球坐标系下姿态角信息的转换关系：

$$
\begin{cases}
\dot{\varphi} = p^{\mathrm{b}} + (r^{\mathrm{b}}\cos\varphi + q^{\mathrm{b}}\sin\varphi)\tan\theta \\[2mm]
\dot{\theta} = q^{\mathrm{b}}\cos\varphi - r^{\mathrm{b}}\sin\varphi \\[2mm]
\dot{\psi} = \dfrac{1}{\cos\theta}(r^{\mathrm{b}}\cos\varphi + q^{\mathrm{b}}\sin\varphi)
\end{cases}
\tag{4-10}
$$

由飞行原理可知，四旋翼无人机在空间中主要完成起降、滚转、俯仰、偏航等运动，需要 4 个控制量。定义 U_1 为控制起降运动的控制量，其主要由 4 个旋翼提供的总升力构成；定义 U_2 为控制滚转运动的控制量，其由旋翼 4 与旋翼 2 产生的合力矩构成；定义 U_3 为控制俯仰运动的控制量；定义 U_4 为控制偏航运动的控制量，其主要包含由旋翼产生的与旋向相反的总扭矩。

$$
\begin{cases}
U_1 = F_1 + F_2 + F_3 + F_4 \\[2mm]
U_2 = l(F_4 - F_2) \\[2mm]
U_3 = l(F_3 - F_1) \\[2mm]
U_4 = k(F_1 + F_3 - F_2 - F_4)
\end{cases}
\tag{4-11}
$$

结合公式（4-7）、公式（4-9）、公式（4-10）、公式（4-11），可以得到四旋翼无人机动力学模型为：

$$
\begin{cases}
\ddot{x} = (\sin\theta\cos\varphi\cos\psi + \sin\varphi\sin\psi)\dfrac{U_1}{m} \\[3mm]
\ddot{y} = (\sin\theta\cos\varphi\sin\psi - \sin\varphi\cos\psi)\dfrac{U_1}{m} \\[3mm]
\ddot{z} = \cos\varphi\cos\theta\dfrac{U_1}{m} - g \\[3mm]
\ddot{\varphi} = \dfrac{J_Y - J_Z}{J_X}q^{\mathrm{b}}r^{\mathrm{b}} + \dfrac{U_2}{J_X} \\[3mm]
\ddot{\theta} = \dfrac{J_Z - J_X}{J_Y}p^{\mathrm{b}}r^{\mathrm{b}} + \dfrac{U_3}{J_Y} \\[3mm]
\ddot{\psi} = \dfrac{J_X - J_Y}{J_Z}p^{\mathrm{b}}q^{\mathrm{b}} + \dfrac{U_4}{J_Z}
\end{cases}
\tag{4-12}
$$

上面通过对飞行的分析，推导建立了四旋翼无人机动力学模型。但是，此模型并未考虑四旋翼无人机在实际工作环境中受到的内外扰动。在实际工作环境中，四旋翼无人机不可避免地会受自身或者环境影响，因此需要对它所受的扰动进行理论分析，建立相应的数学模型，并将其引入四旋翼无人机动力学方程当中，使得理论模型更贴近实际模型，以便控制算法的设计与仿真，提高控制算法的精度。

4.3　系统建模与集成

本节以四旋翼无人机模型建模仿真为例，详细介绍在 Sysplorer 中搭建完整仿真模型的过程。通过对四旋翼无人机系统进行数学建模，验证控制策略的控制效果，进而为后续硬件选型、物理系统搭建、参数调试等提供必要的参考。建模主要采用拖曳 Modelica 模型库组件和调整参数的方法实现。

4.3.1 四旋翼无人机模型简介

四旋翼无人机系统的控制原理可简述如下。首先，规划系统根据任务要求生成四旋翼无人机的期望轨迹，作为位置控制器的输入。其次，位置控制器基于四旋翼无人机的当前位置和期望轨迹，计算出四旋翼无人机需要的期望姿态角，将期望姿态角发送给姿态控制器作为输入。再次，姿态控制器根据姿态传感器测量的实际姿态角和期望姿态角，计算出四个电机的转速控制量。最后，这些控制量经过驱动系统后，改变四个电机的转速，从而调整四旋翼无人机的姿态角，使其达到期望轨迹。在整个控制循环中，状态估计模块基于各种传感器估计四旋翼无人机的实时状态，反馈给控制器。通过这种自上而下的控制结构，四旋翼无人机可以实现轨迹跟踪和自主飞行。系统原理图如图 4-11 所示。

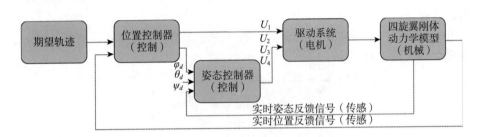

图 4-11　系统原理图

四旋翼无人机模型组成如图 4-12 所示，主要包括机械、电气、传感、控制四个部分。

机械部分包括机体、着陆支撑、旋翼以及用于固定飞控和附属功能配件（如航拍摄像头等）的固定卡座。

电气部分主要包括电池和电机（四旋翼无人机上主要使用的电机是直流无刷电机），以及用于电机控制的电流环、速度环、位置环、角度环。

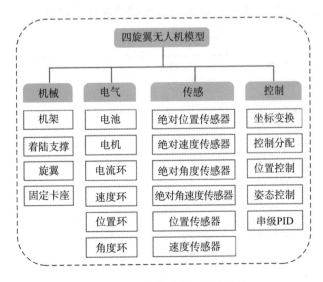

图 4-12　四旋翼无人机模型组成

传感部分主要包括 Sysplorer 标准模型库中的一些传感器组件，涉及绝对位置传感器、绝对速度传感器、绝对角度传感器和绝对角速度传感器等。

控制部分包含用于将机体的位置和姿态从机体坐标系转换到惯性坐标系的坐标变换、内环的姿态控制和外环的位置控制等。控制策略均采用 PID（比例-积分-微分）。

4.3.2　模型设计与构建

为了在仿真环境中建立四旋翼无人机的仿真模型，我们按照前文所述将整个四旋翼无人机系统分解为 4 个子系统，在搭建每个子系统的模型后，需要定义每个子系统之间的接口，研究子系统之间的相互影响和信息交互。之后，根据子系统之间的关系，集成这些子系统，形成一个四旋翼无人机的整体仿真模型。这种分步骤的建模方式，可以使复杂系统的仿真模型更清晰、易管理。

启动 Sysplorer，单击顶部快捷工具栏中的"快速新建"下拉按钮，选择 package 选项，创建仿真模型，如图 4-13 所示。

图 4-13　创建仿真模型

在打开的"新建模型"对话框中对所创建模型的名称、描述、模型文件存储位置进行修改，如图 4-14 所示。

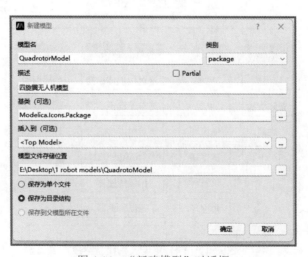

图 4-14　"新建模型"对话框

为继承 Modelica 标准库中的 package 图标，基类选择 Modelica.Icons.Package，如图 4-15 所示。

图 4-15　选择基类

右键单击刚才创建的 QuadrotorModel 模型，选择"在 QuadrotorModel 中新建模型"选项，在其目录结构下创建子系统模型，如图 4-16 所示。

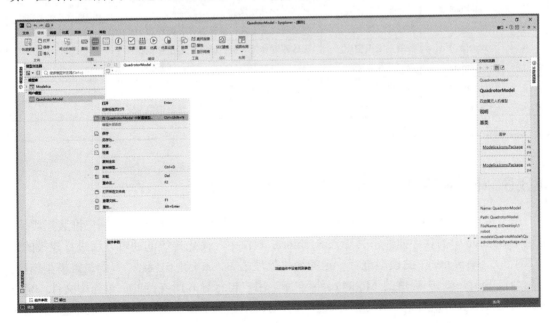

图 4-16　创建子系统模型

对子系统相关设置进行修改，基类继承 Modelica.Icons.ExamplesPackage。

同理，根据四旋翼无人机系统分析创建剩余子模型库，如图 4-17 所示，其中包括示例模型库（Examples）、路径模型库（PathPlanning）、机械多体模型库（Mechanics）、控制系统模型库（Blocks）、电气系统模型库（Electricals）、地面模型库（GroundModel）、传感器系统模型库（Sensors）以及辅助模型库（Utilities）。根据各子系统特征绘制相应图标。模型库组件清单如表 4-1 所示。

图 4-17　创建所有子模型库

表 4-1　模型库组件清单

序号	名称	描述	说明
1	Examples	示例模型库	存放不同飞行轨迹的四旋翼无人机系统模型
2	PathPlanning	路径模型库	存放路径规划模型
3	Mechanics	机械多体库	存放四旋翼无人机机械本体各组件模型
4	Blocks	控制系统模型库	存放四旋翼无人机控制系统各组件模型
5	Electricals	电气系统模型库	存放四旋翼无人机驱动电机中电机本体、驱动电路和控制器模型
6	GroundModel	地面模型库	存放地面接触模型
7	Sensors	传感器系统模型库	存放位置、速度、角度等传感器模型
8	Utilities	辅助模型库	存放辅助函数和图标

4.3.3　机械多体部分

用户可通过两种方式在 Sysplorer 中进行建模。一是使用 Solidworks 绘制三维装配实体，通过 Sysplorer 中的软件插件将其导入 Sysplorer 软件中，简化传统的通过方程进行建模的形式。对导入 Sysplorer 中的模型进行一定的简化处理之后，加上地面模型，得到最终模型结构。二是通过 Sysplorer 中提供的 Modelica 标准库，用户自行导入所支持的三维模型文件，建立最终模型。本节将使用第二种方法，逐步引导用户创建属于自己的模型，所用到的四旋翼无人机模型及地面模型如图 4-18 所示。

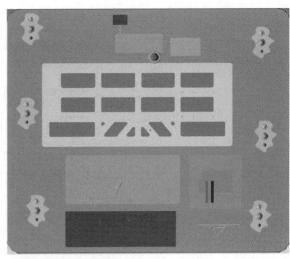

图 4-18　四旋翼无人机模型及地面模型

四旋翼无人机由机体、旋翼、旋翼臂等部分构成，其中机体与旋翼臂固连，旋翼与旋翼臂之间通过转动副连接。同时，还应考虑作用在旋翼上的升力。下面逐步介绍如何在 Sysplorer 中搭建机械多体部分模型。

1. 机体模型

右键单击 Mechanics 模型库，选择"在 Mechanics 中新建模型"选项，建立四旋翼无人机机体模型，如图 4-19 所示。

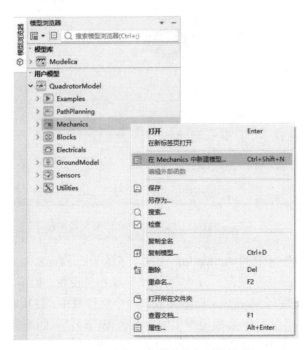

图 4-19　建立四旋翼无人机机体模型

对四旋翼无人机机体模型的相关设置进行修改，如图 4-20 所示。

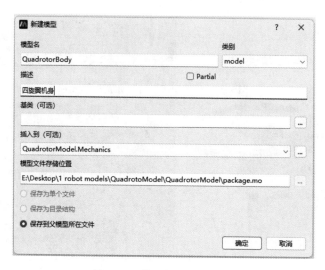

图 4-20 修改机体相关设置

在 Modelica 标准库中找到 BodyShape 模型，按住鼠标左键将其拖入 QuadrotorBody 模型中，根据建立的三维模型配置标准模型的形状、质量及惯性，如图 4-21 所示。

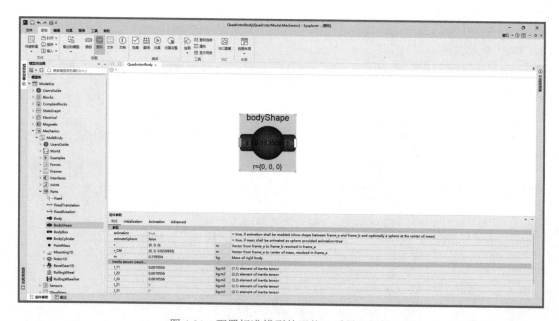

图 4-21 配置标准模型的形状、质量及惯性

继续在"组件参数"区域的 Animation 选项卡下的 shapeType 部分导入所绘制的三维文件（路径须符合 Modelica 语法规范），并修改模型形状相关设置，如图 4-22 所示。为了方便，示例将所使用的三维模型与 Modelica 模型存放在一个文件夹中，使用相对路径进行导入，对应语法为"Modelica://模型库名称/模型库里面的路径/模型名"。四旋翼无人机机体相对路径为" QuadrotorModel\Resources\Visualization\QuadBody.hsf"，对应的 shapeType 路径为"Modelica:// QuadrotorModel/Resources/Visualization/QuadBody.hsf"，用户可根据实际情况对模型文件路径进行修改。

组件参数				
常规 Initialization **Animation** Advanced				
if animation = true				
shapeType	...Resources/Visualization/QuadBody.hsf*		Type of shape	
r_shape	{0, 0, 0}	m	Vector from frame_a to shape origin, resolved in frame_a	
lengthDirection	{-1, 0, 0}	1	Vector in length direction of shape, resolved in frame_a	
widthDirection	{0, 1, 0}	1	Vector in width direction of shape, resolved in frame_a	
length	1	m	Length of shape	
width	1	m	Width of shape	
height	1	m	Height of shape	
extra	1		Additional parameter depending on shapeType (see docu of Visualizers.Advanced.Shape)	
color	{255, 255, 255}		Color of shape	
specularCoefficient	1		Reflection of ambient light (= 0: light is completely absorbed)	
if animation = true ...				
sphereDiameter	2 * width	m	Diameter of sphere	
sphereColor	color		Color of sphere of mass	

图 4-22　导入三维模型

在后续仿真中需要测量机体的状态信息，因此修改 enforceStates 参数为 true，如图 4-23 所示。

组件参数		
常规 Initialization Animation **Advanced**		
参数		
enforceStates	true	= true, if absolute variables of body object shall be used as states (StateSelect.always)
useQuaternions	true	= true, if quaternions shall be used as potential states otherwise use 3 angles as potential states
sequence_angleSta...	{1, 2, 3}	Sequence of rotations to rotate world frame into frame_a around the 3 angles used as potential states

图 4-23　修改组件参数

最后，定义机体的输入/输出接口，使用 Modelica 标准库中的 Frame 模型可完成机体部分的搭建，如图 4-24 所示。

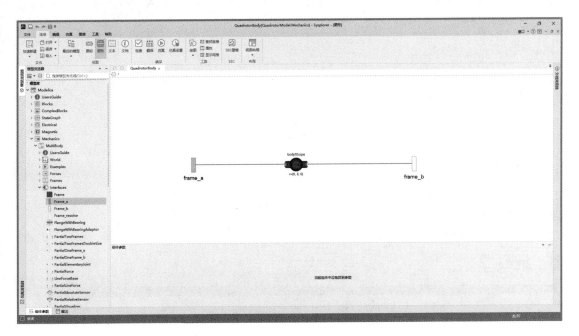

图 4-24　完成机体部分的搭建

2. 旋翼模型

与建立机体模型一样，在 Mechanics 中建立旋翼模型，如图 4-25 所示。

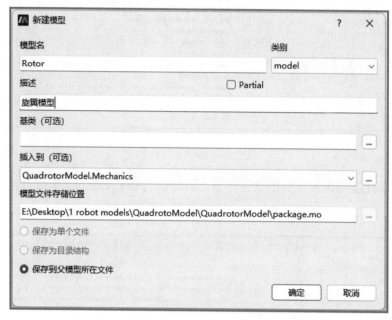

图 4-25　建立旋翼模型

拖入 BodyShape 标准模型，双击组件名称，将其修改为 propeilersl，并配置其参数，如图 4-26 所示。

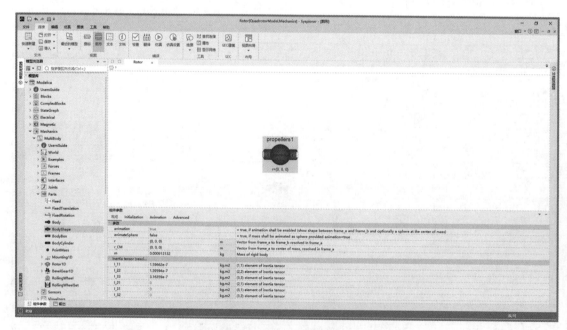

图 4-26　拖入旋翼模型

配置旋翼三维模型，如图 4-27 所示。

组件参数			
常规　　Initialization　　Animation　　Advanced			
▽ if animation = true			
shapeType	...ources/Visualization/QuadPropeller.hsf*		Type of shape
r_shape	{0, 0, 0}	m	Vector from frame_a to shape origin, resolved in frame_a
lengthDirection	{0.923728, 0.383049, 0}	1	Vector in length direction of shape, resolved in frame_a
widthDirection	{-0.383049, 0.923728, 0}	1	Vector in width direction of shape, resolved in frame_a
length	1	m	Length of shape
width	1	m	Width of shape
height	1	m	Height of shape
extra	1		Additional parameter depending on shapeType (see docu of Visualizers.Advanced.Shape)
color	(255, 255, 255)		Color of shape
specularCoefficient	1		Reflection of ambient light (= 0: light is completely absorbed)
▽ if animation = true ...			
sphereDiameter	2 * width	m	Diameter of sphere
sphereColor	color		Color of sphere of mass

图 4-27　配置旋翼三维模型

　　添加转动副标准模型与旋翼进行连接。转动副受外部输入控制，勾选转动副组件参数中的 useAxisFlange 复选框，自动生成一个一维转动接口，转动方向与转动副一致，用于给转动副提供外置驱动，如图 4-28 所示。

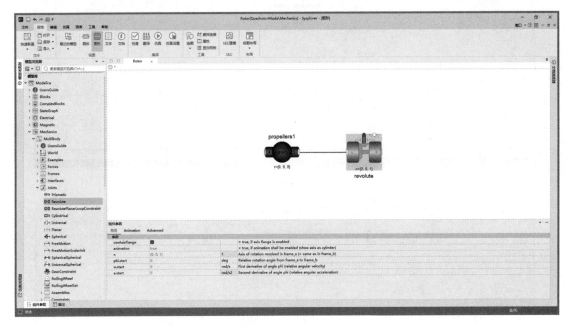

图 4-28　添加转动副

　　最后，定义旋翼的输入/输出接口，使用 Modelica 标准库中的 Frame 模型可完成旋翼部分的搭建，如图 4-29 所示。

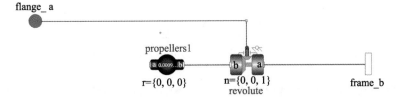

图 4-29　完成旋翼部分的搭建

3. 旋翼臂模型

旋翼臂模型可使用 Modelica 标准库模型进行构建。拖入 FixedTranslation 标准模型，修改旋翼臂的法向量为{0.04243, -0.04243, 0.05460}，将 animation 修改为 false，如图 4-30 所示。双击组件名称，将其修改为 Dronefixed1。同理，构建其他三个旋翼臂模型。四旋翼无人机间 4 个旋翼臂模型形状大小相同，但法向量不同，根据旋翼臂所处的象限，修改法向量中 x 轴分量和 y 轴分量的正负即可。最后，添加输入/输出接口，完成旋翼臂部分的搭建，如图 4-31 所示。

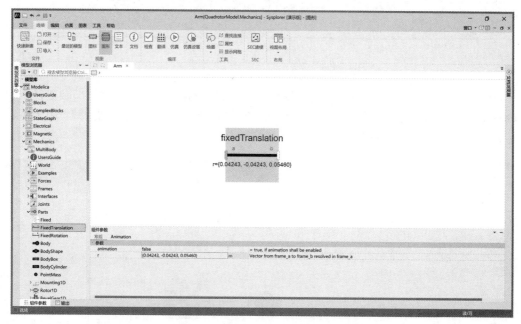

图 4-30　拖入旋翼臂模型

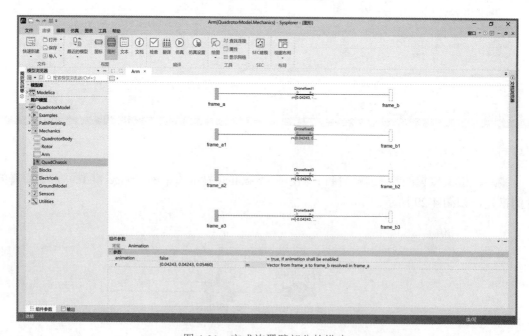

图 4-31　完成旋翼臂部分的搭建

4. 点面接触模型

四旋翼无人机起飞前需要停靠在地面上，如果不在四旋翼无人机与地面之间添加约束，四旋翼无人机模型与地面模型之间会出现"穿模"现象。可以使用 Modelica 标准库中的 joints 库组合出一个特殊的关节类型以约束四旋翼无人机模型和地面模型之间的相互作用。也可通过接触碰撞的内在机理在 Sysplorer 中建立接触模型。下面介绍点面接触模型的构建。

在构建点面接触模型之前，需要理解接触动力学实现的机理。通常，刚体之间发生接触碰撞，必然满足以下三个条件：

（1）刚体之间不产生明显穿透；

（2）刚体之间能够传递法向压力和切向摩擦力；

（3）刚体之间不传递法向拉力。

当刚体之间发生接触时，其接触力采用弹簧阻尼模型进行计算，该值与刚体间的穿透深度（产生支撑力）和穿透速度（产生阻尼力）有关，如图 4-32 所示。

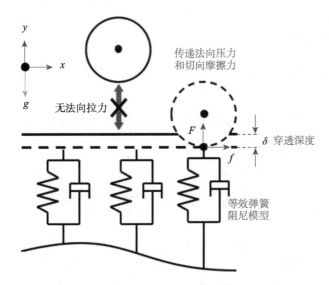

图 4-32　二维点面接触等效示意图

以小球与平面碰撞为例介绍点面接触模型的本质，如图 4-33 所示。

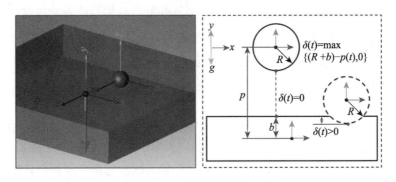

图 4-33　点面接触模型的本质

由图 4-33 可知，当球与平面的距离小于 0 时，也就是两个刚体发生穿透时，即判定为发生接触。这里，我们用穿透深度 $\delta(t)$ 来表征两刚体之间的穿透程度：

$$\delta(t) = \max\{(R+b) - p(t), 0\} \tag{4-13}$$

当 $\delta(t) > 0$ 时，判定为发生接触，其值越大，穿透现象越明显，产生的相互作用力也就越大。当刚体发生接触时，我们采用弹簧阻尼模型对刚体之间接触产生的法向压力进行等效，其值与穿透深度 $\delta(t)$ 和法向相对速度 $V_v(t)$ 有关。具体表达式如下。

接触弹力：

$$F = \begin{cases} \max\{K\delta^n(t) + C(\delta(t))V_v(t), 0\}, & \delta(t) > 0 \\ 0, & \delta(t) \leqslant 0 \end{cases} \tag{4-14}$$

接触阻尼：

$$C(\delta) = \text{Step}(\delta, 0, 0, \delta_{\max}, C_{\max}) \tag{4-15}$$

式中：

n——非线性指数；

$\delta_{\max}$——穿透深度阈值；

K——接触刚度；

C_m——接触阻尼阈值。

刚体间接触产生的摩擦力 f 可以根据库仑定律结合三次阶跃函数计算，其值与接触弹力 F 和切向相对速度 $V_t(t)$ 有关。具体表达式如下。

摩擦力：

$$f = -F \cdot \text{Step}(V_t(t), V_s, -1, V_s, 1) \cdot \text{Step}(\text{abs}(V_t(t)), V_s, C_{st}, V_{tr}, C_{dy}) \tag{4-16}$$

式中：

V_s——最大静摩擦对应的相对滑移速度；

C_{st}——静摩擦系数；

V_{tr}——动摩擦对应的相对滑移速度；

C_{dy}——动摩擦系数。

根据上述公式可以看出，相互作用力的值只与刚体间的速度 $V(t)$ 和穿透深度 $\delta(t)$ 有关。其中，速度 $V(t)$ 可以借助 Modelica 多体库很方便地获取，只需要计算穿透深度 $\delta(t)$ 即可。所以，接触算法的本质其实就是求穿透深度 $\delta(t)$ 的过程。下面介绍在 Sysplorer 中创建点面接触模型的过程，其中涉及的三次阶跃函数 Step() 及摩擦力计算函数 Friction() 将在后面介绍。

右键单击 GroudModel 模型，选择"在 GroundModel 中新建模型"选项，创建点面接触模型，如图 4-34 所示。

速度使用 Modelica 多体库中的 RelativeVelocity 传感器进行测量，如图 4-35 所示。

同理，从 Modelica 多体库中拖入测量相对位置的传感器 RelativePosition、求解合外力的标准库 WorldForce 以及输入/输出接口。合外力在输入端坐标系中求解，即在合外力组件参数中的 resolveInFrame 下拉菜单处选择"Resolve in Frame_resolve"选项，涉及并将其与输入端 frame_a 相连，如图 4-36 所示。

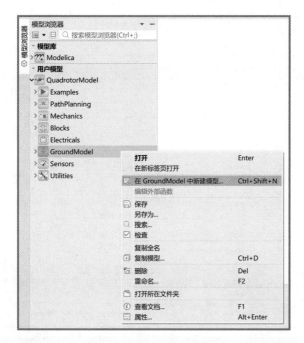

图 4-34　创建点面接触模型

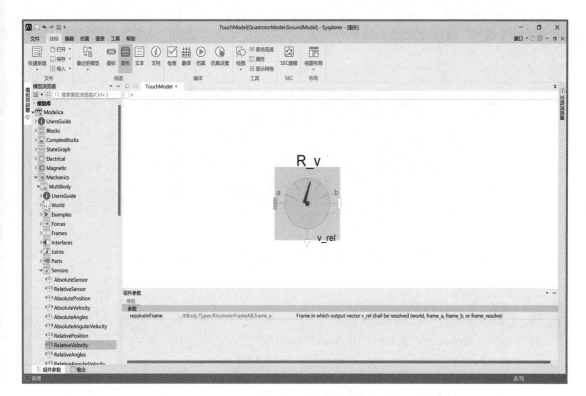

图 4-35　拖入测量速度的传感器

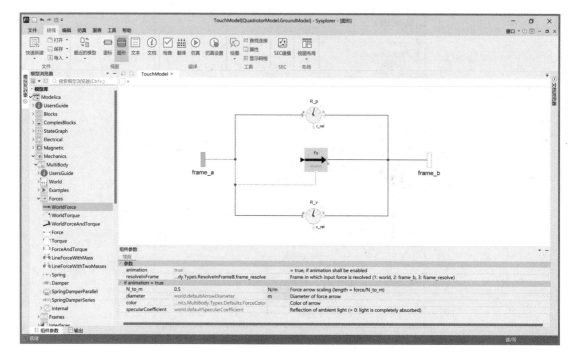

图 4-36 点面接触模型

连接完成后，还应定义我们需要的变量。在菜单中单击"建模"选项卡中的"文本"按钮，如图 4-37 所示。

图 4-37 单击"文本"按钮

在 model 层级下输入以下代码来定义需要的变量：

```
//接触参数设定
    import SI = Modelica.SIunits;
    parameter Real n(unit = "1") = 1.5 "非线性指数"
        annotation (Dialog(group = "接触参数设置", enable = ForceType == 2));
    parameter SI.Distance delta(displayUnit = "mm") = 0.0001 "穿透深度阈值"
        annotation (Dialog(group = "接触参数设置", enable = ForceType == 2));
    parameter SI.TranslationalDampingConstant C = 10000 "接触阻尼"
        annotation (Dialog(group = "接触参数设置", enable = ForceType == 2));
    parameter SI.TranslationalSpringConstant K = 1e5 "接触刚度"
        annotation (Dialog(group = "接触参数设置", enable = ForceType == 2));
```

```
parameter SI.Radius R1 = 0.001 "接触半径"
    annotation (Dialog(group = "接触参数设置", enable = ForceType == 2));
//摩擦力参数设定
parameter SI.Velocity V_s = 0 "最大静摩擦对应的相对滑移速度"
    annotation (Dialog(group = "摩擦力参数", enable = ForceType == 2));
parameter SI.CoefficentOfFriction Cst = 0 "静摩擦系数"
    annotation (Dialog(group = "摩擦力参数", enable = ForceType == 2));
parameter SI.Velocity Vtr = 0 "动摩擦对应的相对滑移速度"
    annotation (Dialog(group = "摩擦力参数", enable = ForceType == 2));
parameter SI.CoefficentOfFriction Cdy = 0 "动摩擦系数"
    annotation (Dialog(group = "摩擦力参数", enable = ForceType == 2));
//状态变量定义
SI.Position P[3] "两物体质心相对位置矢量";
SI.Force F[3] "接触弹力矢量值";
SI.Force f[3] "接触摩擦力矢量值";
SI.Force F_C "接触阻尼系数";
SI.Velocity V[3] "接触点速度矢量";
SI.Distance x "穿透深度";
```

在 equation 层级下输入方程:

```
//接触判定条件方程
  x = max((R1 - P[3]), 0);
  F_C = QuadrotorModel.Utilities.Functions.Step(x, 0, 0, delta, C);
  //接触弹力方程
  F[1] = 0;
  F[2] = 0;
  F[3] = if x > 0 then max((K * x ^ n - F_C * V[3]), 0) else 0;
  //接触摩擦力方程
  f[1] = if abs(V[1]) > 0 then
      QuadrotorModel.Utilities.Functions.Friction(F[3], V[1], V_s, Cst, Vtr, Cdy) else 0;
  f[2] = if abs(V[2]) > 0 then
      QuadrotorModel.Utilities.Functions.Friction(F[3], V[3], V_s, Cst, Vtr, Cdy) else 0;
  f[3] = 0 * V[3];
  //参数传递方程
  V = R_v.v_rel;
  P = R_p.r_rel;
  F - f = Fs.force;
```

其中, QuadrotorModel.Utilities.Functions.Step() 函数和 QuadrotorModel.Utilities.Functions.Friction() 函数为用户自定义函数, 下面介绍如何定义并调用这两个函数。

自定义函数存放在 Utilities 模型库中。首先在 Utilities 模型库中新建一个 Functions 函数库以存放函数, 具体配置如图 4-38 所示。

然后, 在 Functions 函数库中新建三次阶跃函数 Step(), 具体配置如图 4-39 所示。

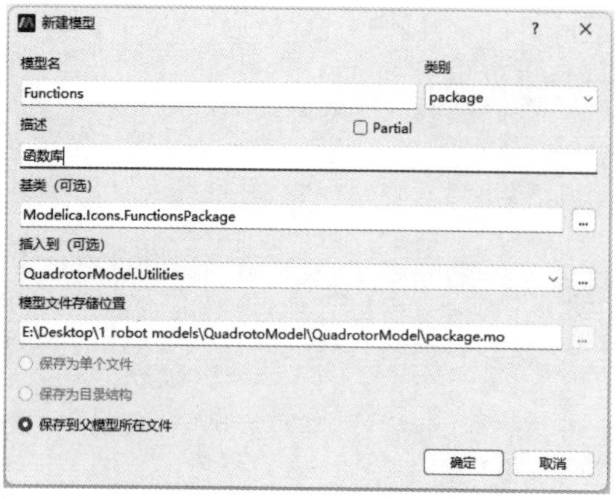

图 4-38 新建函数库

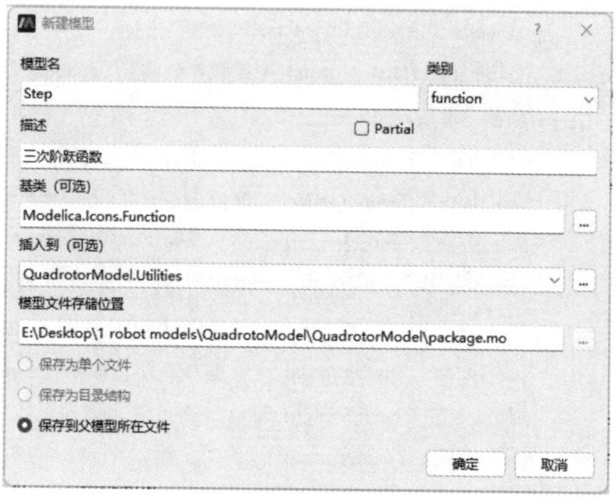

图 4-39 新建三次阶跃函数

在 Step()函数文件的文本格式中，定义需要的输入/输出接口及变量关系，具体代码如下：

```
function Step "三次阶跃函数"
extends Modelica.Icons.Function;
input Real x "自变量，可以是时间或时间的任一函数";
input Real x_0 "自变量的 Step 函数开始值，可以是常数、函数表达式或设计变量";
input Real h_0 "Step 函数的初始值，可以是常数、函数表达式或设计变量";
input Real x_1 "自变量的 Step 函数结束值，可以是常数、函数表达式或设计变量";
input Real h_1 "Step 函数的最终值，可以是常数、函数表达式或设计变量";
output Real y "函数输出值";
algorithm
y := if x <= x_0 then h_0 else
    if x > x_0 and x < x_1 then
        h_0 + ((h_1 - h_0) * ((x - x_0) / (x_1 - x_0)) ^ 2) * (3 - 2 * ((x - x_0) / (x_1 - x_0))) else
            h_1;
end Step;
```

接着，新建摩擦力计算函数 Friction()，具体配置如图 4-40 所示。

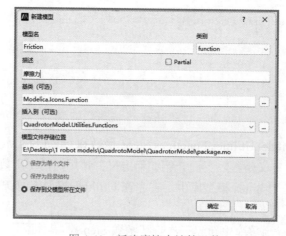

图 4-40 新建摩擦力计算函数

具体代码如下：

```
function Friction "摩擦力"
    extends Modelica.Icons.Function;
    import SI = Modelica.SIunits;
    //输入参数
    input SI.Force N "法向载荷";
    input SI.Velocity V "相对滑移速度";
    input SI.Velocity V_s "最大静摩擦对应的相对滑移速度";
    input SI.CoefficientOfFriction Cst "静摩擦系数";
    input SI.Velocity Vtr "动摩擦对应的相对滑移速度";
    input SI.CoefficientOfFriction Cdy "动摩擦系数";
    output SI.Force F_f "摩擦力";
    //中间变量
algorithm
    F_f := N * QuadrotorModel.Utilities.Functions.Step(V, -V_s, -1, V_s, 1) * QuadrotorModel.Utilities.Functions.Step(abs(V), V_s,
Cst, Vtr, Cdy);
    end Friction;
```

5. 四旋翼本体及地面模型

前面我们已经完成了四旋翼无人机各个部分及接触模型的定义，接下来将其组装起来，并导入地面模型和创建空气动力模型，完成完整的建模。

首先，在 Mechanics 库中创建四旋翼总体模型，具体配置如图 4-41 所示。

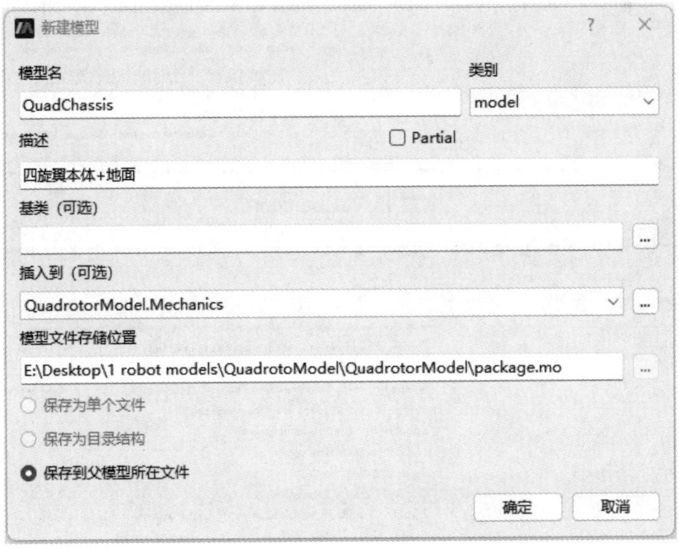

图 4-41 创建四旋翼总体模型

拖入世界坐标系 World 及地形标准库 FixedShape2，对它们通过限制旋转组件 FixedRotation 进行连接，如图 4-42 所示。

设置 FixedRotation 组件的初始位置为{0, 0, –0.05}，让地面初始位置低于原点，如图 4-43 所示。设置 World 组件的重力大小及方向，如图 4-44 所示。

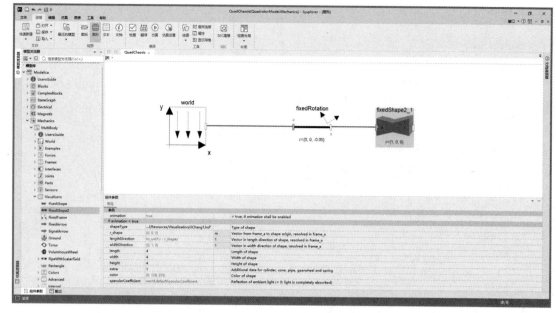

图 4-42　拖入组件并进行连接

组件参数

常规	Animation			
参数				
animation	false			= true, if animation shall be enabled
r	{0, 0, -0.05}		m	Vector from frame_a to frame_b resolved in frame_a
rotationType	...iBody.Types.RotationTypes.RotationAxis			Type of rotation description
if rotationType = R...				
n	{1, 0, 0}		1	Axis of rotation in frame_a (= same as in frame_b)
angle	0		deg	Angle to rotate frame_a around axis n into frame_b
if rotationType = T...				
n_x	{1, 0, 0}		1	Vector along x-axis of frame_b resolved in frame_a
n_y	{0, 1, 0}		1	Vector along y-axis of frame_b resolved in frame_a
if rotationType = Pl...				
sequence	{1, 2, 3}			Sequence of rotations
angles	{0, 0, 0}		deg	Rotation angles around the axes defined in 'sequence'

图 4-43　设置 FixedRotation 组件的参数

组件参数

常规	Animation	Defaults		
参数				
gravityAcceleration	...normalizeWithAssert(n), mue = mue)			Function to compute the gravity acceleration, resolved in world frame
enableAnimation	true			= true, if animation of all components is enabled
animateWorld	false			= true, if world coordinate system shall be visualized
animateGravity	false			= true, if gravity field shall be visualized (acceleration vector or field center)
animateGround	false			= true, if ground plane shall be visualized
label1	"x"			Label of horizontal axis in icon
label2	"y"			Label of vertical axis in icon
gravityType	GravityTypes.UniformGravity			Type of gravity field
g	9.81		m/s2	Constant gravity acceleration
n	{0, 0, -1}		1	Direction of gravity resolved in world frame (gravity = g*n/length(n))
mue	3.986004418e14		m3/s2	Gravity field constant (default = field constant of earth)
driveTrainMechanic...	true			= true, if 3-dim. mechanical effects of Parts.Mounting1D/Rotor1D/BevelGear1D shall be taken into account

图 4-44　设置 World 组件的参数

　　按照前面介绍的内容搭建四旋翼本体，最终搭建完成的四旋翼无人机多体模型结构如图 4-45 所示。输入接口为 flange 接口，空气动力使用简化模型，定义升力与旋翼转速的平方成正比，作用方向沿旋翼中心与 z 轴方向平行。下面详细介绍空气动力部分的建模过程。

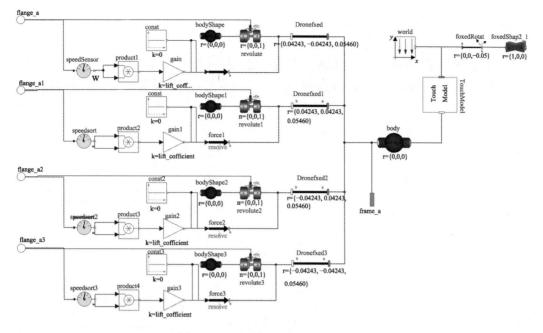

图 4-45　四旋翼无人机多体模型结构

使用 Modelica 标准库中的转速传感器（Modelica.Mechanics.Rotational.Sensors.SpeedSensor）获得旋翼的转速信号，进行平方运算（Modelica.Blocks.Math.Product）并乘上增益系数（Modelica.Blocks.Math.Gain）得到模拟信号，再通过求解力模型（Modelica.Mechanics.MultiBody.Forces.WorldForce）将模拟信号转换为力作用到旋翼臂上。由于升力方向沿 z 轴方向，在连接增益和求解力模型时，选择 z 轴变量进行连接，如图 4-46 所示，并将剩余两个维度与常量（Modelica.Blocks.Sources.Constant）进行连接，将常量设置为 0。为了统一定义升力系数，将空气动力中的增益参数 k 定义为 lift_cofficient，并在文本模式下定义全局变量 lift_cofficient，默认升力系数为 0.002，键入代码：

```
parameter Real lift_cofficient = 0.002 "旋翼的升力系数，这里简化处理";
```

至此，我们便已经建立了完整的四旋翼无人机与地面模型。

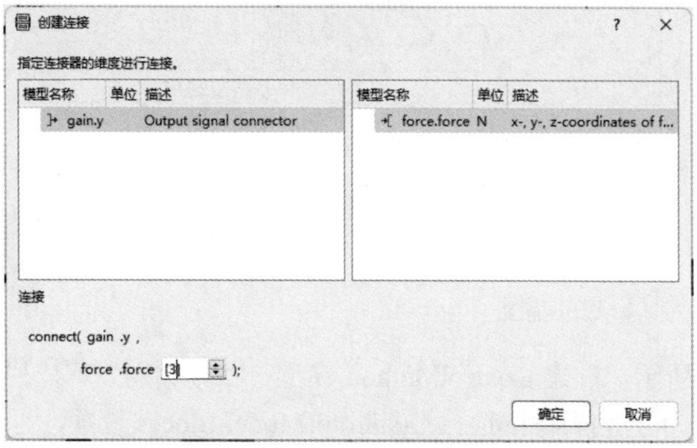

图 4-46　连接增益与求解力模型

4.3.4　PID 控制器建模

PID 控制器以 PID 控制算法为核心，其基本构成单元是 PID 控制模块。PID 控制算法的基本原理是：对期望值与实际输出值的反馈值之间的偏差 e 分别进行比例、积分与微分运算并求和，将结果输出，用于控制指定的执行机构与对象，如图 4-47 所示。

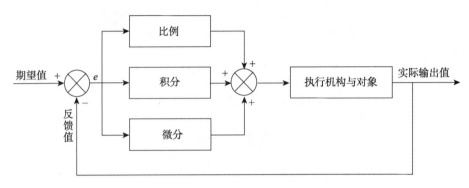

图 4-47　PID 控制算法的基本原理

因此，首先要根据上述原理建立 PID 控制模块的模型，然后根据具体模型控制策略组建 PID 控制器模型。

针对四旋翼无人机的控制而言，外部参考指令有 4 个，分别是偏航角及对应的位置控制量——x、y、z 三个位置指令信号；输出状态量共 12 个，分别对应三个坐标轴上的位置和速度，以及分别绕三个轴转动对应的角速度信号。针对四旋翼无人机的控制可分为内环控制和外环控制，内环对应的是姿态环，控制的是四旋翼无人机的滚转、俯仰以及偏航三个方向的转动；外环对应的是四旋翼无人机的位置环，控制的是四旋翼无人机三个方向的移动。四旋翼无人机的控制框图如图 4-48 所示。

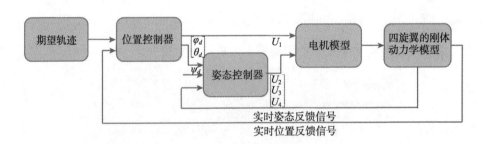

图 4-48　四旋翼无人机的控制框图

1. 创建 PID 控制模块的模型

（1）如图 4-49 所示，创建 ControlMethod 模型，在"类别"下拉列表框中选择 package 选项，在"插入到"下拉列表框中选择 QuadrotorModel.Blocks 选项。

图 4-49　创建 ControlMethod 模型

（2）如图 4-50 所示，创建 PID 模型，在"类别"下拉列表框中选择 model 选项，在"插入到"下拉列表框中选择 QuadrotorModel.Blocks.ControlMethod 选项。

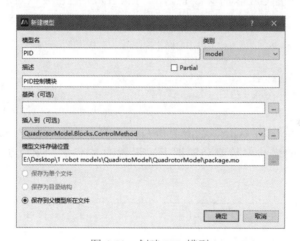

图 4-50　创建 PID 模型

（3）如图 4-51 所示，分别双击模型浏览器中的 ControlMethod 模型和 PID 模型，并进入图标视图，修改 ControlMethod 模型和 PID 模型的图标，使之具有辨识度。

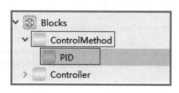

图 4-51　双击 ControlMethod 模型和 PID 模型

（4）双击模型浏览器中的 PID 模型，并进入图形视图，向打开的空白页面中拖曳 RealInput、RealOutput、Integrator、Derivative 和 Add3 组件各一个，其中 RealInput、RealOutput 分别作为偏差输入和计算结果输出的接口。此外，还需要添加 4 个 Gain 组件，它们均可以在 Modelica.Blocks 模型及其子模型中被找到，之后将它们按照图 4-52 进行命名、连接。

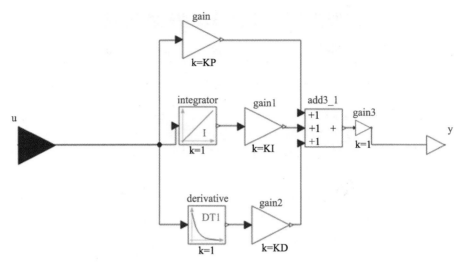

图 4-52　PID 模型所需组件及连接方式

（5）参数设置。设置 Gain3 的参数 k 为 1，Integrator 的参数 k 为 1，Derivative 的参数 k 为 1，进入文本视图，添加 3 个参数 KP、KI、KD，默认值设为 1，代码及添加位置如图 4-53 所示，内容为：

```
parameter Real KP = 1;
parameter Real KI = 1;
parameter Real KD = 1;
```

返回图形视图，分别将 Gain、Gain1 和 Gain2 的参数 k 设置为 KP、KI 和 KD，这样 Gain、Gain1、Gain2 的增益参数就会根据上述设置的 KP、KI、KD 进行自动同步，其余参数维持不变。

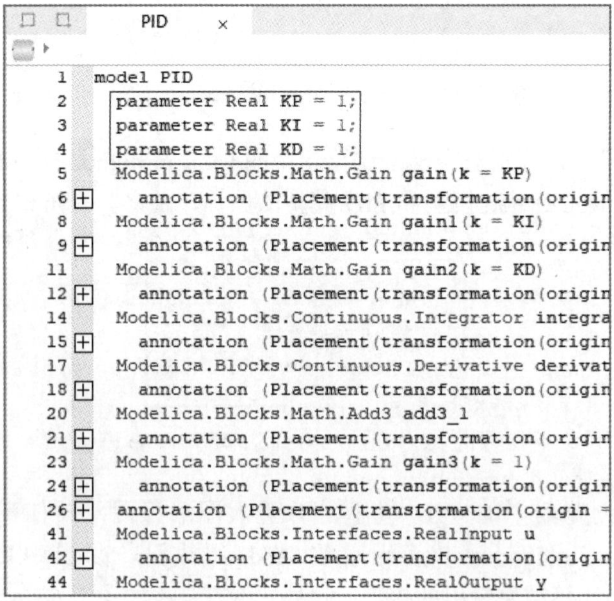

```
    PID    ×
 1  model PID
 2      parameter Real KP = 1;
 3      parameter Real KI = 1;
 4      parameter Real KD = 1;
 5      Modelica.Blocks.Math.Gain gain(k = KP)
 6        annotation (Placement(transformation(origin
 8      Modelica.Blocks.Math.Gain gain1(k = KI)
 9        annotation (Placement(transformation(origin
11      Modelica.Blocks.Math.Gain gain2(k = KD)
12        annotation (Placement(transformation(origin
14      Modelica.Blocks.Continuous.Integrator integra
15        annotation (Placement(transformation(origin
17      Modelica.Blocks.Continuous.Derivative derivat
18        annotation (Placement(transformation(origin
20      Modelica.Blocks.Math.Add3 add3_1
21        annotation (Placement(transformation(origin
23      Modelica.Blocks.Math.Gain gain3(k = 1)
24        annotation (Placement(transformation(origin
26      annotation (Placement(transformation(origin =
41      Modelica.Blocks.Interfaces.RealInput u
42        annotation (Placement(transformation(origin
44      Modelica.Blocks.Interfaces.RealOutput y
```

图 4-53　代码及添加位置

2. 创建 PID 控制器 Controller 的模型

本案例中需要控制四旋翼无人机的位置与姿态，考虑前述章节介绍的四旋翼无人机的动力学模型以及相应的运动控制策略，采用如下建模方式构建控制其 4 个旋翼转速的 PID 控制器。

（1）如图 4-54 所示，创建名为 Controller 的模型，在"类别"下拉列表框中选择 package 选项，在"插入到"下拉列表框中选择 QuadrotorModel.Blocks 选项。

（2）如图 4-55 所示，创建名为 Controller 的模型，在"类别"下拉列表框中选择 model 选项，在"插入到"下拉列表框中选择 QuadrotorModel.Blocks.Controller 选项。

（3）在模型浏览器中双击上述两个新建的模型并进入相应的图标视图，修改模型图标，使之具有辨识度。

| 图 4-54　创建 Controller 模型 | 图 4-55　创建 Controller 模型 |

（4）在模型浏览器中双击打开 Controller 模型（注意，是 model，不是 package），并进入图形视图，向其中拖曳 3 个 RealInput 组件，右键单击组件图形并在菜单中打开组件属性，将这 3 个 RealInput 组件分别命名为"position_command[3]""position[3]""angle[3]"，使它们均成为维数为 3 的数组的输入接口，分别作为期望位置指令、实时位置与实时姿态的输入接口。之所以没有姿态指令输入接口，是因为本案例中除偏航角始终控制为 0 以外，其余姿态角指令是由位置控制的输出决定的。之后，还需要插入 6 个 Feedback 组件、14 个 Gain 组件、1 个 Constant 组件、5 个 Limiter 组件、4 个 Add3 组件、4 个 Add 组件以及 4 个 RealOutput 组件，其中 RealOutput 组件作为计算得到的旋翼速度指令的输出接口。以上组件均可以在 Modelica.Blocks 模型范围内找到。

（5）继续插入 6 个前面创建的 PID 模型。

（6）正确连线之后，整体的效果如图 4-56 所示，根据各部分在整个 PID 控制算法中实现的功能，Controller 模型可分为"位置控制""姿态控制""控制分配"三个部分，并分别添加矩形框加以标识。下面分别介绍"位置控制""姿态控制""控制分配"三个部分的接线方式与相关配置。

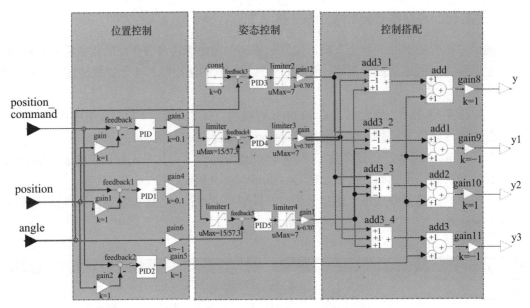

图 4-56 Controller 模型建模整体效果

（7）位置控制部分的建模细节如图 4-57 所示，具体连线方式为，position_command 组件的第[1]至第[3]维度分别与 Feedback、Feedback1、Feedback2 组件的 u1 接口相连。

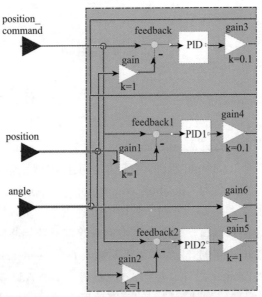

图 4-57 位置控制部分的建模细节

连接多维度接口时会弹出类似于图 4-58 所示的对话框要求确认连接方式，这里以 position_command 组件的第[1]维度与 Feedback 组件的 u1 接口的连接为例，连接时按图 4-58 所示进行设置并确认即可。同样地，position 组件的第[1]至第[3]维度分别与 Gain、Gain1、Gain2 组件的 u 接口相连，Gain、Gain1、Gain2 组件的 y 接口分别与 Feedback、Feedback1、Feedback2 组件的 u2 接口相连，angle[1]与 Gain6 的 u 接口相连。之后，如图 4-56 所示，完成位置控制部分的其余连线。

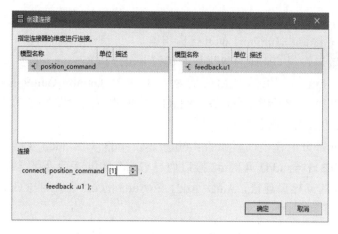

图 4-58　多维度接口连接设置

（8）设置参数。将 Gain、Gain1、Gain2、Gain3、Gain4、Gain5、Gain6 的参数 k 依次设置为 1、1、1、0.1、0.1、1 和–1。对于 PID、PID1 和 PID2 的参数，按照{KP,KI,KD}的形式依次设置为{1.5,0,1}、{1.5,0,1}和{8，6，4}，这里需要注意的是，前面我们已经通过添加 Modelica 代码的方式为 PID 模型添加了 KP、KI、KD 这 3 个参数，因此在后续使用 PID 模型的组件时，单击 PID 组件的图形即可在组件参数面板中查看并设置这 3 个参数。

（9）姿态控制部分的建模细节如图 4-59 所示，其中除边界处的连线以外连线方式都比较清楚，这里不再赘述。与 Feedback3 的 u2 接口相连的是 angle[3]，与 Feedback4 的 u2 接口相

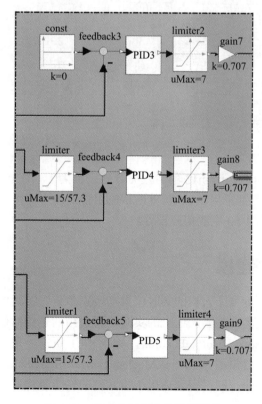

图 4-59　姿态控制部分的建模细节

连的是 angle[2]，与 Feedback5 的 u2 接口相连的是 Gain6 和 Gain3 的 y 接口与 Limiter 的 u 接口相连，Gain4 的 y 接口与 Limiter1 的 u 接口相连。

（10）设置参数。设置 Const 的参数 k 为 0，Limiter 和 Limiter1 的参数 uMax 为 15/57.3，Limiter2、limiter3、limiter4 的参数 uMax 均为 7，Gain7、Gain8、Gain9 的参数 k 均为 0.707。对于 PID3、PID4 和 PID5 的参数，按照{KP,KI,KD}的形式依次设置为{5,0,0}、{14.142,0,1.414}和{14.142,0,1.414}。其余参数保持默认值。

（11）控制分配部分的建模细节如图 4-60 所示，add3_1 至 add3_4 的 u1 接口均与 Gain7 的 y 接口连接，add3_1 至 add3_4 的 u2 接口均与 Gain8 的 y 接口连接，add3_1 至 add3_4 的 u3 接口均与 Gain9 的 y 接口连接，Add、Add1 至 Add3 的 u2 接口均与 Gain5 的 y 接口连接。其余连线参考示意图完成。

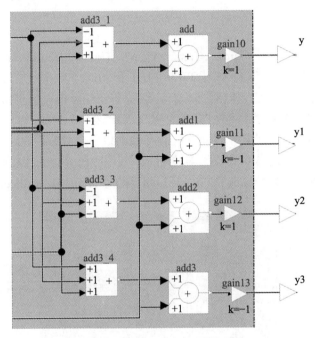

图 4-60　控制分配部分的建模细节

（12）设置参数。Gain10 至 Gain13 的参数 k 分别设置为 1、–1、1、–1。此外请注意，add3_1 至 add3_4 组件的参数并不都采用默认值，单击相应组件的图形即可在组件参数面板中查看并修改相应参数，请参照图 4-60 完成相应设置。

4.3.5　传感模块建模

传感模块负责采集四旋翼无人机的实时位置与姿态数据，将其传递给 PID 控制模块，从而进行 PID 控制。其中，采集四旋翼无人机的实时位置采用的是绝对位置传感器模型 Modelica.Mechanics.MultiBody.Sensors.AbsolutePosition，如图 4-61 所示，采集四旋翼无人机的实时姿态采用的是绝对角度传感器模型 Modelica.Mechanics.MultiBody.Sensors.AbsoluteAngles，如图 4-62 所示。将它们进行组合，即可得到适用于本案例的传感模块。下面详细介绍传感模块的建模步骤。

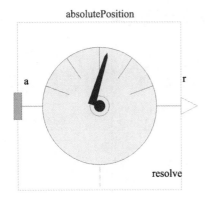

absolutePosition

a   r

resolve

图 4-61　绝对位置传感器模型

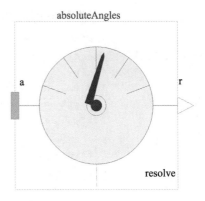

absoluteAngles

a   r

resolve

图 4-62　绝对角度传感器模型

（1）创建名为 Sensors 的模型，在"类别"下拉列表框中选择 model 选项，并在"插入到"下拉列表框中选择 QuadrotorModel.Sensors 选项，如图 4-63 所示。

图 4-63　创建 Sensors 模型

（2）在模型浏览器中双击上述新建的模型并进入图标视图，修改其模型图标，使之具有辨识度。

（3）在模型浏览器中双击打开 Sensors 模型（注意，是 model，不是 package），并进入图形视图，向其中拖曳 1 个 Frame_a 组件，代表被测量的刚体的机械接口。本案例中这一接口需要连接四旋翼无人机机身，Frame_a 模型在 Modelica.Mechanics.MultiBody.Interfaces 层次下。此外还要添加 1 个 AbsolutePosition 组件和 1 个 AbsoluteAngle 组件，之后添加 2 个 RealOutput 组件，它们在 Modelica.Blocks.Interfaces 层次下，右键单击组件图标并在菜单中打开组件属性，将这两个 RealOutput 组件分别命名为 AngleMea[3]和 PosMea[3]，使它们成为维数为 3 的输出接口。以 PosMea[3]为例，按图 4-64 所示进行命名。AngleMea[3]的 3 个维度分别代表横滚角、俯仰角以及偏航角，PosMea[3]的 3 个维度分别代表机身中心位置在世界坐标系中的 x、y、z 坐标。

（4）按图 4-65 所示进行连线，并完成模型的搭建。其中，连接维数为 3 的接口 AngleMea[3] 和 PosMea[3]时会弹出类似于图 4-66 所示的对话框，以连接 AngleMea[3]接口为例，按图 4-66 所示进行设置并单击"确定"按钮即可。

图 4-64　修改 RealOutput 组件名称

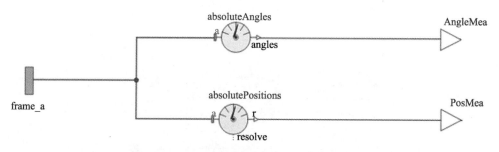

图 4-65　传感模块模型所需组件及连线方式

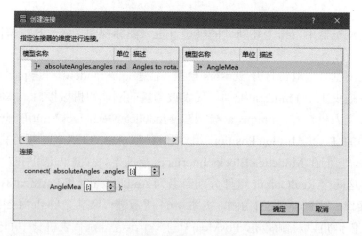

图 4-66　多维度接口连接设置

（5）设置参数。如图 4-67 所示，设置 AbsolutePosition 组件的参数 resolveInFrame 的值为 Modelica.Mechanics.MultiBody.Types.ResolveInFrameA.world。

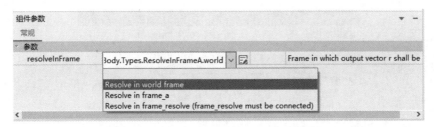

图 4-67 设置 absolutePosition 组件的参数

4.3.6 轨迹规划模块建模

轨迹规划模块负责在用户给出指定路径轨迹 traj(t) 后，计算每一时刻四旋翼无人机中心的期望位置，从而提供 PID 控制器所需的四旋翼无人机位置指令，继而控制四旋翼无人机中心沿指定轨迹飞行。

本案例中创建的轨迹规划模块的输出是一个阿基米德螺旋线轨迹，如图 4-68 所示。

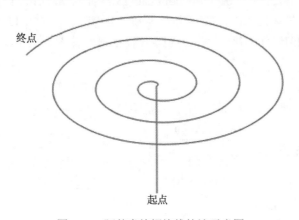

图 4-68 阿基米德螺旋线轨迹示意图

轨迹规划模块建模理论上应该满足比较多的需求，应该可以按照用户的需求实现各种各样的轨迹曲线，并且能够在指定时间输出轨迹曲线上的指定位置，此外还应该具有良好的可移植性。本案例的建模方案就可以满足这一要求，即在用户给出指定曲线的以时间 t 为参数的方程的情况下，实现指定的路径轨迹曲线。

1. 创建轨迹规划模块的图形模型

（1）创建名为 ParameterPath 的模型，在"类别"下拉列表框中选择 model 选项，并在"插入到"下拉列表框中选择 QuadrotorModel.PathPlanning 选项，如图 4-69 所示。

（2）在模型浏览器中双击上述新建的模型并进入图标视图，修改相应的模型图标，使之具有辨识度。

（3）在模型浏览器中双击 ParameterPath 模型，并进入图形视图，向其中拖曳 2 个 RealExpression 组件、2 个 FixedDelay 组件、1 个 Ramp 组件及 1 个 RealOutput 组件，将 RealOutput 组件命名为 position_command[3]，使之成为维数为 3 的输出接口。

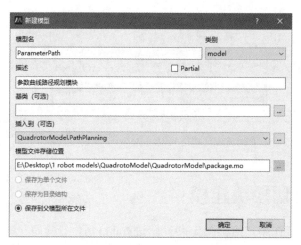

图 4-69　创建 ParameterPath 模型

（4）按图 4-70 所示进行连线，其中需要注意，将 FixedDelay 的 y 接口、FixedDelay1 的 y 接口和 Ramp 的 y 接口分别与 position_command[3]组件的第[1]至第[3]维相连，连接多维度接口时会弹出类似于图 4-71 所示的对话框要求确认连接方式，这里以 FixedDelay 的 y 接口与 position_command[3]组件的第[1]维的连接为例，连接时按图 4-71 所示进行设置并单击"确定"按钮即可。

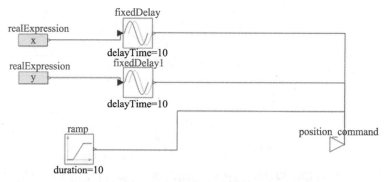

图 4-70　ParameterPath 模型所需组件及连线方式

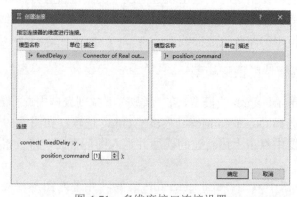

图 4-71　多维度接口连接设置

（5）设置参数。将 FixedDelay 和 FixedDelay1 组件的参数 delayTime 均设置为 10（单位为 s），将 Ramp 组件的参数 height 设置为 10（无单位）、参数 duration 设置为 10（单位为 s）。

2. 修改轨迹规划模块的文本模型

在完成上述图形建模之后，在模型浏览器中双击 ParameterPath 模型，并进入文本视图，可以看到，在进行图形建模之后，文本视图中已经自动添加了一些 Modelica 代码，我们要添加、修改一些代码，使得指定轨迹曲线的信息可以输入模型之中。

添加、修改完成后的代码如下：

```
model ParameterPath
    Modelica.Blocks.Interfaces.RealOutput position_command[3] annotation (Placement(transformation(origin = {110.9951040391677,
1.139534883720934}, extent = {{-10.0, -10.0}, {10.0, 10.0}})));
    Real x "x 方向输出";
    Real y "y 方向输出";
    parameter Real R_velo = 0.1 "螺旋线半径增长率";
    parameter Real theta_velo = 0.2 "螺旋线角速度";
    Modelica.Blocks.Sources.Ramp ramp(height = 10, duration = 10)
        ……
……
        fileName = "Modelica://QuadrotorModel/../螺旋线.png")}));
equation
    x = R_velo * time * cos(theta_velo * time);
    y = R_velo * time * sin(theta_velo * time);
    connect(realExpression.y, fixedDelay.u)
        ……
……
end ParameterPath;
```

4.3.7 四旋翼无人机系统集成

最终搭建完成的仿真模型如图 4-72 所示。

各个模块分别为：

Multibody 模块为机械多体模型（QuadrotorBody），其输入接口为 Flange 接口，获取转动角度和转矩的信号，后面经过转速传感器获得对应的转速信号。由于采用简化的旋翼模型，升力数值与输入转速信号成正比，转速信号接入转动副接口。升力方向为沿旋翼中心垂直向上。

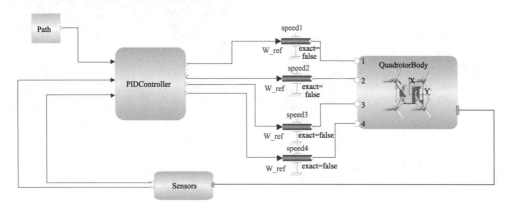

图 4-72　最终搭建完成的仿真模型

传感器模块（Sensors）主要用于测量四旋翼无人机的角度信息和位置信息，由于无人机的姿态角变化不剧烈，姿态角信号可以简化为，因此可以使用绝对位置传感器和绝对角度传感器。

PIDController 模块为无人机系统的控制器部分。输入参考信号和传感器信息通过串级PID 控制器进行控制，通过控制分配模块后输出对应四个电机的转速指令信号。

轨迹生成模块（Path）主要用于为四旋翼无人机提供指令信号，包括偏航角和 x、y、z 坐标的位置信息。

4.4　系统调试

4.3 节的建模中给出的参数是经过测试得到的结果，实际仿真过程中会有较好的效果（参考 4.5 节），但对于从头开始开发的用户来说，很多参数的选取并不是一蹴而就的，系统调试在此时就显得尤为重要了，在这一过程中，参数调整、结构调整与仿真观察往往要交替进行。下面举几个例子来说明进行系统调试与使用恰当参数的重要性。

4.4.1　PID 参数

对建模时给定的参数进行修改，仅将 QuadrotorModel.Blocks.Controller.Controller 中的 PID 的参数修改为{KP=10,KI=10,KD=10}，仿真结果如图 4-73 所示，曲线有波动，不是较好的、符合预期的阿基米德螺旋线。

4.4.2　接触模型刚度系数

本案例中考虑了四旋翼无人机与地面接触的模型，这是一个和刚度、阻尼相关的模型，现在不给旋翼施加任何作用，只考虑初始情况下无人机与地面的接触，并调节刚度系数和阻尼系数为一个较小的值，分别为 0.1N/m 和 0N.s/m，仿真结果如图 4-74 所示，可以看到四旋翼无人机直接穿过平台模型掉了下去。

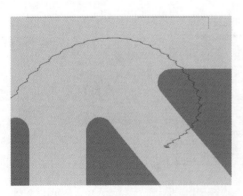

图 4-73　修改 PID 参数后的仿真结果

图 4-74　修改接触模型参数后的仿真结果

4.4.3　系统建模仿真注意事项

在使用系统建模仿真方法进行系统建模和仿真的过程中，有以下几个方面需要注意：

（1）模型简化和抽象。根据系统的复杂性和仿真目标，进行适当的模型简化和抽象。将系统分解为更小的子系统或组件，以简化建模和仿真过程，并提高仿真效率。然而，要注意简化过程中不要丢失关键的物理特性和行为。

（2）参数敏感性和不确定性。考虑模型参数的敏感性和不确定性，进行参数敏感性分析，了解参数变化对系统行为的影响；评估参数的不确定性，了解参数变化对仿真结果的影响。

（3）实验数据验证。使用实验数据来验证和校准模型。比较仿真结果与实验数据，确保模型能够准确地反映实际系统的行为。如果可能，可进行模型与实际系统的实时对比和实时验证。

（4）时间和计算资源管理。根据仿真需求和可用的计算资源，合理管理仿真的时间和计算资源。对于长时间仿真或计算资源有限的情况，可以考虑使用并行计算、分布式仿真或缩短仿真时间等技术手段。

（5）结果解释和验证。对仿真结果进行全面的解释和验证，分析仿真结果的物理意义，确保结果与预期一致，并与实际系统的行为进行对比。通过与实验数据、其他建模工具或现场测试结果的比较，验证仿真结果的准确性和可靠性。

（6）模型复用和可扩展性。设计模块化、可复用和可扩展的模型结构。将系统建模为模块化的组件和子系统，以便于模型复用和扩展。这样可以提高建模效率，并使模型在不同系统或不同应用中具有更广泛的适用性。

具体来说，在使用多领域物理统一建模语言 Modelica 和 MWORKS 进行系统建模和仿真时，这些注意事项表现为：

（1）明确系统的范围和目标，定义系统的边界和组件关系，确保建模和仿真的过程能够专注于解决关键问题，包括确定系统的功能、子系统、交互方式以及与外部环境的接口。

（2）熟悉 Modelica 语言的基本语法和概念以及 MWORKS 平台的特点和功能。理解 Modelica 的模型层次结构、方程描述和组件连接方式，从而正确地进行建模和仿真操作。

（3）在选择模型库方面，根据系统特性和需求，选择适合的模型库来描述系统的物理特性，提高模型的可复用性和准确性，加快建模过程。Modelica 提供了多个领域的模型库，如机械、电气、热力学等。

（4）在设置模型参数和初始条件时，必须考虑实际系统的参数和条件。准确地收集和设置模型所需的参数，包括物理属性、环境条件和初始状态。要对参数的准确性进行验证，并进行敏感性分析，以了解参数变化对系统行为的影响。

（5）选择合适的数值求解器并进行仿真设置，以获得准确的仿真结果。例如，根据系统的动态特性和仿真要求选择合适的数值求解器类型、步长、精度等参数。较小的时间步长可用于快速变化的系统，而较大的时间步长可用于变化较慢的系统。

（6）在进行仿真之前，必须对模型进行验证，将模型的行为与已知的解析解、实验数据或其他验证方法进行比较。

（7）在仿真结果分析阶段，使用 MWORKS 提供的可视化工具和数据分析功能来对仿真结果进行分析和解释。绘制曲线图，计算关键指标，分析系统的稳定性和性能等，以获得对系统行为的深入理解。通过敏感性分析和参数优化，调整参数值、改进模型结构或优化算法，以优化系统的性能和响应。

4.5　结果分析

在搭建模型、进行系统调试之后，就可以进行最终的系统仿真了。仿真结果包括各个变量随时间变化的图像，从中可以得知每一仿真步长结束时相应变量的数值。对于机械系统来说，仿真结果不仅包含各个运动变量、力学变量的仿真图像等结果，还包含机械系统在整个仿真周期内的运动动画。

本案例中，在调试各 PID 模块的控制参数至合适值（参考 4.3 节）后，输入阿基米德螺旋线轨迹进行仿真，最终的仿真设置如图 4-75 所示。

图 4-75　仿真设置

本节将从仿真动画、轨迹跟踪效果两个方面来查看仿真结果。

4.5.1　仿真动画

单击图 4-76 中的"动画"按钮可以添加动画背景，单击"播放"按钮可以查看动画。

图 4-76　动画设置

动画效果如图 4-77 所示，单击四旋翼无人机模型可以看到阿基米德螺旋线轨迹。

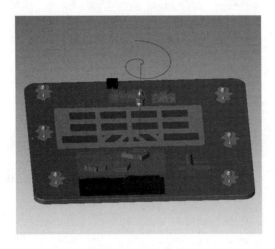

图 4-77　动画效果

4.5.2　轨迹跟踪效果

图 4-78 中的两条曲线为四旋翼无人机实时位置的 x 坐标与期望位置的 x 坐标的变化曲线，图 4-79 和图 4-80 则分别对应 y 坐标和 z 坐标曲线。图 4-81 为运动过程中姿态角（横滚角、俯仰角和偏角）的变化曲线，可以看到，模型有较好的跟踪效果。

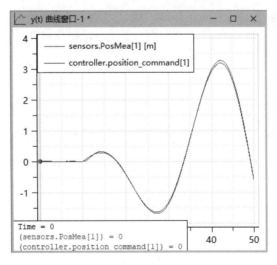

扫码查看彩图

图 4-78　x 坐标曲线

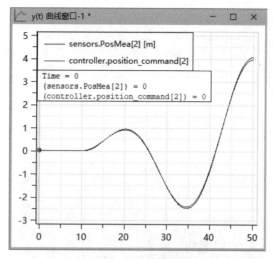

扫码查看彩图

图 4-79　y 坐标曲线

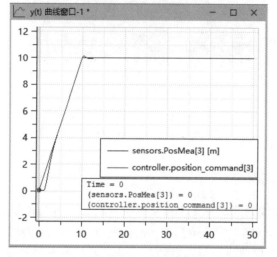

扫码查看彩图

图 4-80　z 坐标曲线

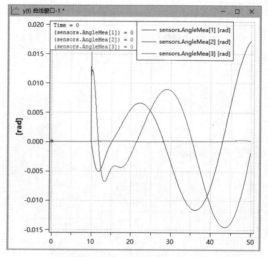

扫码查看彩图

图 4-81　姿态角的变化曲线

4.5.3 更多曲线结果

用户也可自定义其他轨迹和 PID 参数，实现更多轨迹运动结果，下面给出几个参考轨迹。

1. 阶梯爬升轨迹

四旋翼无人机先垂直起飞，在高度达到 10m 时悬停，而后继续垂直爬升，到达指定高度后在 Oxy 平面内飞行，阶梯爬升轨迹动画效果如图 4-82 所示。

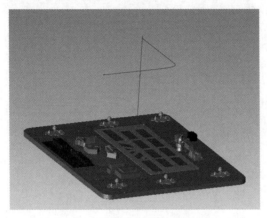

图 4-82　阶梯爬升轨迹动画效果

相对应的四旋翼无人机的运动轨迹曲线如图 4-83 所示。

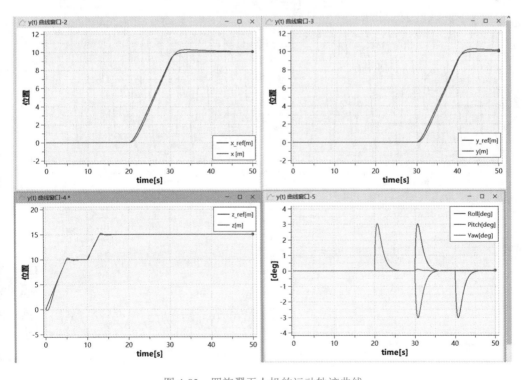

图 4-83　四旋翼无人机的运动轨迹曲线

扫码查看彩图

2. 螺旋上升轨迹

设定四旋翼无人机的运动轨迹为螺旋上升轨迹，其动画效果如图 4-84 所示。四旋翼无人机以地面中心为初始位置，逐渐爬升，最终在固定高度盘旋绕圈。

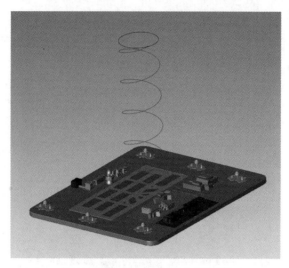

图 4-84　螺旋上升轨迹动画效果

相应的四旋翼无人机的实际坐标位置与参考信号的对比曲线如图 4-85 所示。

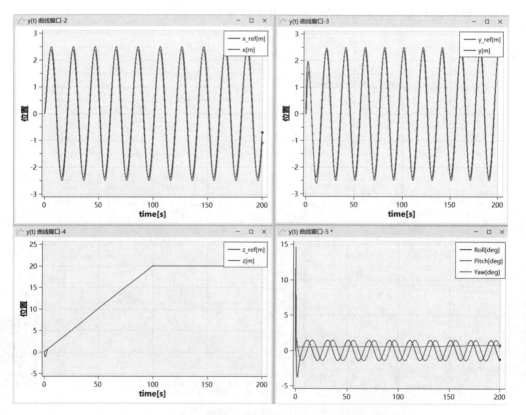

图 4-85　四旋翼无人机的实际坐标位置与参考信号的对比曲线

3. 横 8 字形轨迹

设定四旋翼无人机的运动轨迹为横 8 字形轨迹，其动画效果如图 4-86 所示。

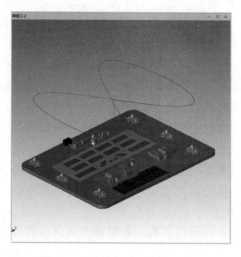

图 4-86 横 8 字形轨迹动画效果

三个坐标位置参考信号与四旋翼无人机实际响应信号的对比曲线如图 4-87 所示。

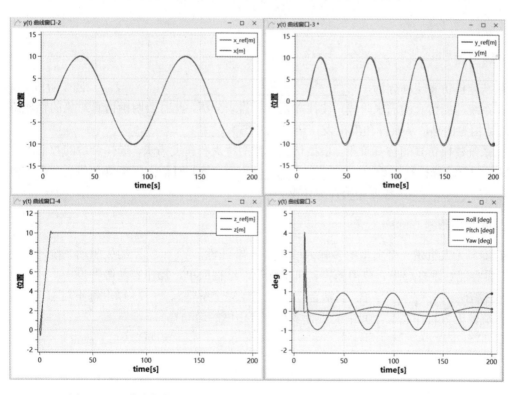

扫码查看彩图

图 4-87 三个坐标位置参考信号与四旋翼无人机实际响应信号的对比曲线

本 章 小 结

本章首先简要介绍了系统建模仿真的一般流程,该流程可分为需求阶段、建模阶段、仿真阶段、后处理阶段。然后,针对四旋翼无人机这一研究对象进行了简要介绍,包括四旋翼无人机的组成、结构、工作原理等。这为后续建立四旋翼无人机的系统模型奠定了基础。

4.3 节是本章的核心部分,详细介绍了四旋翼无人机系统模型的建立过程。首先,构建了系统总体框架,包含无人机本体、控制、感知和轨迹规划模块。然后,利用多体动力学方法对四旋翼无人机机械部分进行建模,建立串级 PID 控制器模型。接着,运用 Modelica 标准库构建传感模型,并通过轨迹规划算法生成轨迹模块。最后,采用模块化方式,连接各子系统的输入/输出,集成构建完整的四旋翼无人机系统仿真模型。本节重点在于介绍不同模块的建模思路和方法,并使这些模块有机衔接,形成一个可仿真的系统模型,为后续仿真验证打下基础。

系统建模仿真是一项复杂的系统工程,需要遵循一定的流程,分析研究对象,选择合适的建模方法,并在仿真实验中迭代优化模型。本章对四旋翼无人机系统的建模仿真进行了较为完整的实践。

习 题 4

一、填空题

1. 系统建模仿真流程分为＿＿＿＿＿、＿＿＿＿＿、＿＿＿＿＿、＿＿＿＿＿四个阶段。

2. 在系统建模仿真的需求阶段,往往需要进行需求分析,此时要明确仿真对象的物理特性、几何结构等信息,从实际角度出发,还必须考虑＿＿＿＿＿。

3. 在系统建模仿真的仿真阶段,根据仿真对象的特点和精度需求,选择合适的数值求解算法,妥善配置求解控制参数,如＿＿＿＿＿、＿＿＿＿＿等。对于大规模复杂仿真,需评估并配置求解的＿＿＿＿＿,合理利用计算资源。

二、单项选择题

1. 四旋翼无人机是一个典型的多输入/多输出、非线性、＿＿＿＿＿的欠驱动系统,四旋翼无人机具有能够垂直起降、自由悬停,机动性好,结构简单,操作容易等特点。
A. 强耦合 　　　　B. 弱耦合 　　　C. 完全解耦 　　D. 以上都不对
2. 四旋翼无人机在飞行空间中能进行多少个自由度的运动?
A. 3 　　　　　　B. 4 　　　　　C. 5 　　　　D. 6

三、简答题

1. 请简述四旋翼无人机系统的控制原理。
2. 请简述如何在建模阶段进行系统检查。

第 5 章
组件模型开发方法

本章将在上一章整体系统建模的基础上，对系统进行组件化和逐步细化，以帮助我们用户管理复杂系统。我们可将整个系统分解为多个组件或子系统，并对每个组件进行更详细的建模。随后，将这些组件模型集成在一起，进行整体仿真。这种方法可以分阶段地管理复杂系统的开发过程。

本章以永磁直流电机为例，通过对逐个组件进行分析和建模，并进行集成，实现了系统的分解与重构。组件封装隐藏了内部实现的细节，从而提高了模块界面的稳定性。经过优化和测试的组件模型，最终成为可靠且可重用的资产。因此，组件式建模是复杂系统向"大系统"演化的必由之路。

通过充分利用组件化和模块化的优势，开发者能够构建出高内聚、松耦合的系统架构。只有掌握了这种"积木"式组装组件的系统工程能力，才能更好地处理和设计复杂系统。期望读者在掌握组件模型开发方法的同时，能理解其背后蕴含的系统思维。

通过本章学习，读者可以了解或掌握以下内容：
❖ 组件模型的开发流程，包括理论分析、原型开发、优化处理、模型测试、模型发布等关键步骤。
❖ 永磁直流电机的结构、工作原理、特性方程等知识。
❖ 从零开始进行永磁直流电机组件模型开发。

5.1 组件模型开发流程简介

组件的生成依赖 Modelica 代码的实现，因此，使用 Modelica 语言进行组件开发和系统仿真时，编写组件代码是最为关键的步骤，组件模型开发步骤如图 5-1 所示。

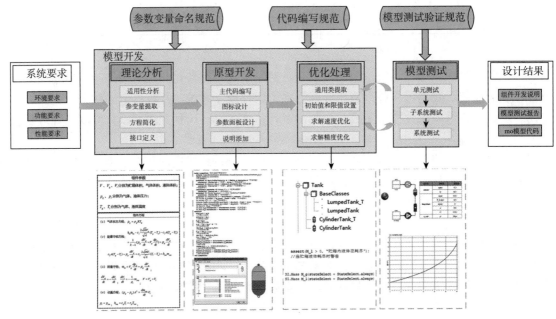

图 5-1　组件模型开发步骤

5.1.1 理论分析

组件模型是物理系统的基本要素。每个组件都具备参数、变量、行为和接口。组件参数表示物理元件相对固定的特性，如管道部件的管径和管长、机械部件的质量和惯性等。组件变量用于描述元件的物理属性，如管道部件的压力流量、机械部件的位置与受力等。组件行为是指元件的物理结构或约束关系，如质量守恒定律、牛顿运动定律等。组件行为通常采用方程描述，这些方程包括代数方程、常微分方程或偏微分方程，其中，代数方程通常表示代数约束；常微分方程通常描述随时间变化的动态过程；而偏微分方程则用于描述与时间和空间相关或以场形式存在的动态过程。

组件建模所需要的参数、变量和方程基本上来源于相关组件的数学原理。建模过程中，可以查阅相关资料以理解其数学原理，并利用数学方程（可以是已有的经过验证的数学方程，或自我推导并简化的数学方程）来描述物理元件的行为。

1. 适用性分析

适用性分析需要全面考虑理论模型与实际问题的对应关系。首先，研究问题的物理机理，判断理论模型中的假设条件在工程问题中是否成立。其次，根据工程数值的量纲和单位要求，确定理论模型表达形式的适用性。再次，预估理论模型对工程问题的描述精度，以判断其是否满足需求。在可能的情况下，还需要分析多种可选理论模型的优缺点，从而选择最合适的模型。全面的适用性分析有助于避免应用不恰当的理论模型。

2. 参数和变量提取

参数和变量提取需要深入理解理论模型的本质，识别出模型中的核心自变量和因变量。自变量是驱动模型输出变化的输入，因变量是需要预测的输出。同时，应关注模型中的关键参数，这些参数反映了系统的特性。在提取过程中，要明确变量的物理意义、量纲和单位等信息，这些信息对模型接口的实现至关重要。参数和变量应尽可能独立，以避免重叠或遗漏影响输出的关键变量。

3. 方程简化

方程简化应在保证模型主要特征不变的前提下进行。可以忽略对结果影响较小的次要项、因子或中间过程，合并类似项目以减少运算量，并在可能的情况下进行线性化处理等。简化后的方程应简洁，便于编程实现，同时确保简化过程不破坏方程的物理意义。可能需要迭代多次，才能找到既简洁又准确的最优方程形式。

4. 接口定义

接口定义应充分考虑用户的需求，确保输入/输出格式和内容完整匹配。接口应遵循标准规范，以便与外部系统集成。输入/输出变量的数量应精简合理，避免不必要的冗余。良好的接口定义应独立于内部实现的变动。此外，应提供完整的接口使用文档，以便正确集成。

5.1.2　原型开发

Sysplorer 支持层次化模型库的开发。用户可以通过在希望创建模型的 package 上右击，选择"编辑→新建嵌套类"来生成所需的模型，并为其添加相应的类注释。

创建的所有类别（包括 package、model 和 function）都应添加相应的注释。通常，类注释的格式如下所示，使用 """ 来进行注释，例如，

```
package Hydraulics "液压组件模型库"
model OrificeM "主管节流孔模型"
......
end OrificeM;
function FlowArea "通流面积函数"
......
end FlowArea;
end LiquidRocketEngine;
```

在构建模型时，确保模型的健壮性是至关重要的，这样模型才能有效应对极端情况和误用情况。以下是提高模型健壮性的两种常见方法：

（1）设定参数界限（确保模型在设置和求解过程中参数的准确性，如气液容积的非负性、绝对压力的非负性、管道长度的非负性等）：可以通过设定最小/最大值、使用 assert 语句或者采取其他限制措施（如限位函数、限位组件、If 条件限位语句等）对模型参数实施界

限控制；

（2）使用 final 关键字或其他类似机制来限制模型参数的修改或变型，以保持模型的稳定性。

1. 主代码编写

1）量纲定义

在 Modelica 标准库中，特别是 Modelica.SIunits 包中，全面地涵盖了国际单位制（SI）中定义的单位。因此，在开发自定义模型库时，开发者通常不需要重新定义单位。然而，有些单位可能在工程实践中频繁使用，或者更符合中国用户的习惯，而这些单位在标准库中可能尚未定义。在这种情况下，就需要对单位进行自定义显示设置。

Sysplorer 支持单位显示（displayUnit）的设置，使得模型库开发者能够根据具体需求为量纲创建不同的显示单位，同时确保这些单位设置与国际单位制相符合。单位显示设置主要涉及以下两方面：一是参数框中单位的显示，二是后处理界面中曲线数据单位的显示。

新增的量纲定义通常存放在模型库的特定子库中，这些子库通常命名为 Types 或 SI，以区别于标准库的 SIunits。

```
type AbsolutePressure = Pressure (min = 0, displayUnit = "MPa");
```

2）参数和变量定义

在深入研究完整的建模理论之后，应在创建的模型类中完成参数和变量的定义。这包括对工质相关属性的定义，建议将工质的定义与一般参数和变量区分开来。为确保代码的可读性，每个参数和变量都应附有解释其意义的注释。注释应当简洁精炼，通常采用 """ 进行注释，例如：

```
//参数
parameter Modelica.SIunits.Diameter dm(displayUnit = "mm") = 0.01 "主管道直径";
parameter Real km = 0.1 "主管道摩擦系数";
//变量
Modelica.SIunits.Pressure dp(displayUnit = "bar") "压差";
Modelica.SIunits.VolumeFlowRate q(displayUnit = "l/min") "体积流量";
Modelica.SIunits.Density rho = 850 "密度";
Modelica.SIunits.KinematicViscosity nu = 6e-5 "粘度";
Modelica.SIunits.Area Am "主管道流通面积";
Real Cq "流量系数";
```

3）编写方程和算法

在定义完整的参数和变量之后，可以在模型类中开辟一个方程区域，进行方程和算法的编写。根据理论推导得到的方程，通常可以直接利用已定义的参数和变量在方程区域进行编码。在此过程中，需特别注意处理方程中的导数转换等特殊情形（即 $\mathrm{der}(x)=\mathrm{d}x/\mathrm{d}t$），并尽量对方程进行简化，以降低后续求解的复杂性。算法通常在函数中频繁使用，其编写方式与方程类似，但需确保在专门的算法区域内进行。

在模型代码的方程区域，每个方程或方程的特定部分都应配有清晰的注释，以说明其作用和意义。通常采用 "//" 来注释，例如：

```
equation
    //压差方程
    dp = port_A.p - port_B.p;
    //管道流通面积
    Am = FlowArea(dm);
    //管道流量计算
    Cq = 1 / (sqrt(km / 2));
    q = Cq * Am * sqrt(2 * abs(dp) / rho) * sign(dp);
        //接口方程
    q = port_A.q;
    port_A.q + port_B.q = 0;
```

同理，在模型代码的算法区域，对每个算法或算法的某部分都应进行详细的注释，一般采用"""进行注释，例如：

```
function FlowArea "流通面积"
input Real x;
output Real y;
algorithm
y=(1 / 4) *Modelica.Constants.pi*x^2;
end FlowArea;
```

2. 图标设计

图标设计对于模型库来说至关重要，它直接影响到整个库的风格和视觉吸引力。市面上有许多图标设计工具，如 Microsoft Office Visio。然而，使用这些外部工具制作的图标或从网上下载的图片，在导入 Sysplorer 时可能会出现清晰度损失的问题。因此，如果不需要过于复杂的图标设计，推荐使用 Sysplorer 内置的绘图工具来创建图标，以确保兼容性和图像质量。

通常情况下，组件图标的默认显示尺寸是固定的。标准的图标尺寸为 100*100 像素。在处理图标时，应保持"组件缩放系数"不变（如图 5-2 所示），这样可以避免在拖动组件时图标出现边缘破损或失真的情况。

图 5-2　保持"组件缩放系数"不变

3. 参数面板设计

定义完参数后，接下来是配置参数框的显示方式。如图 5-3 所示，不同类别的参数通常会通过 tab 标签或 group 分组来进行展示，这一设置是通过使用注解（annotation）语句实现的，具体代码如下：

```
parameter Modelica.SIunits.Diameter dm(displayUnit = "mm") = 0.01 "主管道直径"
annotation (Dialog(tab = "常规", group = "结构参数"));
parameter Real km = 0.1 "主管道摩擦系数"
annotation (Dialog(tab = "常规", group = "特性参数"));
```

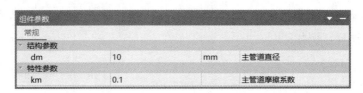

图 5-3　配置参数框的显示方式

4. 说明添加

在构建模型库时，除需要在模型库中添加 UsersGuide，以说明库和组件之外，还应编写与模型库相关的用户文档。用户文档应包括以下内容。

1）组件开发说明

组件开发说明应详细讲述模型组件的信息，通常在模型组件开发之前就应该开始编写，并在开发过程中持续修订和完善。文档格式不固定，但主要应包含以下内容：

a. 功能描述

- 简介：主管道节流孔组件用于模拟流体在三通模型中通过主路的压损特性，实现主管道压降功能。
- 原理图：应附上原理图。
- 实际功能：假设摩擦系数在流体通过时保持恒定，用户可以通过参数面板设置主管道的直径和摩擦系数，以计算流通面积和流量系数，进而计算体积流量。

b. 基本假设

- 不考虑油液温度变化，假设油液温度保持恒定；
- 假设油液不可压缩，即其体积不会随压力的变化而变化。

c. 模型原理

通过主管道节流孔的体积流量计算如下。

主管道流通面积：

$$A_m = \frac{\pi \cdot d_m^2}{4}$$

流量系数：

$$C_q = \frac{1}{\sqrt{0.5 \cdot k_m}}$$

体积流量：

$$q = C_q \cdot A \cdot \sqrt{\frac{2 \cdot |d\eta|}{\rho}}$$

其中，ρ 为油液密度。

d. 参考资料

[1] I.E. Idelchik, Handbook of Hydraulic Resistance, 3rd edition, Begell House.

e. 主要参数和变量

• 参数表如表 5-1 所示。

表 5-1　参数表

tab 参数	group 参数	变量名称	默认值	单位	参数描述
常规	结构参数	dm	10	mm	主管道直径
	特性参数	km	0.1	/	主管道摩擦系数

• 变量表如表 5-2 所示。

表 5-2　变量表

变量类型	变量名称	单位	类型	描述
结果变量	q	l/min	Real	体积流量
	Am	m²	Real	主管道流通面积
	Cq	/	Real	流量系数
中间变量（隐藏处理）	dp	bar	Real	压差

f. 接口信息

接口信息如表 5-3 所示。

表 5-3　接口信息

接口	变量	范围/单位	数据维度	数据类型	描述
port_A	p	bar	[1]	Real	接口压力
	q	l/min	[1]	Real	接口流量
port_B	p	bar	[1]	Real	接口压力
	q	l/min	[1]	Real	接口流量

g. 其他说明

• 模型存在的问题：本模型未考虑流体在节流过程中的温度变化，可能不适用于高温差条件下的流体流动分析；模型假设流体不可压缩，因此在高压差条件下可能存在一定的计算误差。

• 使用注意事项：在使用主管道节流孔模型时，请确保输入的直径和摩擦系数等参数符合实际情况，以获得准确的计算结果；由于模型假设摩擦系数恒定，若实际应用中摩擦系数可能发生变化，则需对模型进行相应的调整。

• 体积流量转换：体积流量计算得到的值是基于 0 压力状态下的，因此在实际应用中需要将其转换为实际压力下的体积流量。相应的容性件（如储罐、管道等）会接收 0 压力下的体积流量，并通过内部的压力-体积关系将其转换为容性件当前压力下的体积流量。

模型测试文档是在模型测试过程中创建并完成的，主要描述组件的测试内容（组件功能）、测试方式（单元测试、子系统测试、系统测试）、测试结果及结果分析。通过这些测试，有效地保证模型组件的正确性和可靠性。

5.1.3 优化处理

1. 通用类提取与模型重用

在算法优化处理流程中，组件化设计对于提升代码的可重用性至关重要。通过将处理流程抽象化，形成可重用的组件，并应用面向对象的设计原则，如抽象、封装、继承等，可以显著简化算法优化的过程，并降低开发成本。在本书第 3.9 节中，已经详细介绍了如何利用继承、变型和重声明等面向对象机制来实现模型的重用。本节将进一步强调这一核心思想，以加深对前面章节内容的理解。

1）抽象与继承

定义抽象类型并进行继承，是促进模型重用的一种有效手段。例如，许多电子元件的共性是，它们都具有两个接口。基于这一共性，定义一个抽象的元器件类型 OnePort，它包含两个接口 p 与 n，以及一个变量 v，用于表示组件两端的电势差。

采用继承机制建立的模型更加简洁，子类重用基类的数据和算法，可以避免代码的重复编写。如果要修改共性，只需修改基类 OnePort。Modelica 标准库中广泛采用了继承机制。当需要对一系列具有共性的物理组件进行建模时，利用抽象与继承机制，能够简化许多操作，构建出可重用的模型。

2）重声明

除了抽象与继承，Modelica 语言还提供了另外一种重用机制——重声明，这是一种支持衍生设计的重用方法。

重声明语句通过 redeclare 关键字标识，用于替换模型中的局部类或组件声明。这种机制既适用于组件，也适用于类型，使得类型可以作为模型的参数，从而增强了抽象模型的灵活性。通过重声明，用户可以根据需要替换模型中的特定元素，而无须改变模型的整体结构，示例如下。

```
model HeatExchanger
replaceable parameter GeometryRecord geometry;
replaceable input Real u[2];
end HeatExchanger;

HeatExchanger heatExchanger(
redeclare parameter GeoHorizontal geometry;
redeclare input Modelica.SIunits.Angle u[2];
```

3）inner/outer

在 Modelica 语言中，inner 和 outer 是两个高级特性，它们提供了一种引用外层变量或外层类型的机制。通过在元素前加上 inner 前缀，可以定义一个供外部引用的内部元素；而在元素前使用 outer 前缀，则表示该元素引用与之匹配的外部 inner 元素。值得注意的是，每个 outer 元素至少需要有一个相对应的 inner 元素声明。inner 和 outer 的功能类似于一个全局的接口或变量，它们能够在嵌套的实例层次中被访问和使用。

2. 优化求解速度

1）优先使用 equation 语句

在无特殊需求的情况下，建议优先使用 equation 语句。原因是，algorithm 模块中的变量可能会被多次赋值，这会阻碍工具进行符号分析，从而降低仿真效率。例如，这可能导致工具无法有效计算雅可比矩阵。

2）减少不必要的事件触发

事件的发生会中断积分过程，这会显著影响仿真速度。因此，避免不必要的事件触发可以显著提升仿真效率。例如，可以使用以下方式来避免事件触发：

```
der(x)= noEvent(if y<0 then 0 else y^2);
```

3）选择合适的积分算法

每个积分算法都有其特定的适用场景，因此应根据模型的特点选择合适的积分算法。例如，如果模型是刚性的，应选择适合求解刚性问题的积分算法。

4）设定适当的误差容忍度

仿真中，误差容忍度越小，仿真时间越长，结果越精确；反之，误差容忍度越大，仿真速度越快，但结果的可靠性越低。可以设置不同的误差容忍度进行仿真，比较仿真结果，从而确定合适的误差容忍度。

5）为自定义函数提供雅可比矩阵

对于包含隐式方程组的模型，分析器会通过符号推导来获取雅可比矩阵的求解函数，以避免数值求解。由于分析器无法推导用户自定义的函数，因此，如果用户能够为这些函数提供雅可比矩阵，将有助于提高仿真效率。例如：

```
model JacobianExample
Real x,y;
function f
input Real x;
output Real y;
annotation (derivative=f_Jac);
algorithm
y := sin(x)+cos(x)+x;
end f;
function f_Jac
input Real x;
input Real dx;
output Real dy;
```

```
algorithm
dy := dx * (cos(x)-sin(x)+1);
end f_Jac;
equation
der(y) = 2.0;
y = f(x);
end JacobianExample;
```

6）考虑变量消除

分析器在仿真前会进行符号处理，自动消除别名变量。因此，用户手动消除别名变量通常不会对仿真速度产生积极影响，反而可能导致代码的可读性降低。除非有明确的性能测试表明手动消除别名变量能够提升仿真速度，否则不建议这样做。例如：

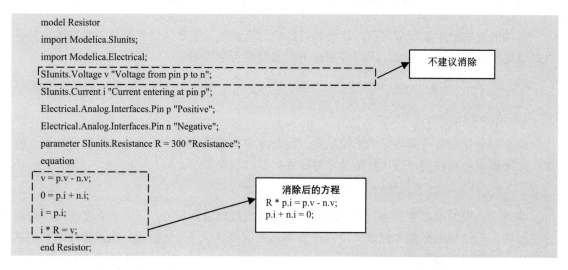

3. 初始值和限值设置

在 Modelica 语言中，描述动态模型的核心在于阐述模型状态随时间演进的过程。当进行仿真时，必须对模型状态进行初始化。从数学的观点看，这意味着为常微分方程和微分代数方程设定初始条件。

1）设置初始条件

在变量定义过程中，可以直接为其指定初始值。

```
model Sample1
parameter Real x0=1.2;
Real x(start=x0,fixed=true);
equation
der(x)=2*x-1;
end Sample1;
```

在 Modelica 语言中，模型的初始化过程是通过为变量设置初始值来实现的。其中，属性 start 用于指定变量的初始值，属性 fixed 用于设定初始值的性质。当属性 fixed 为 true 时，表示变量的初始值是固定的，必须在仿真开始时精确地等于属性 start 所指定的值。相反，当属性 fixed 为 false 或者省略时，这表明变量的初始值是可选的，不一定需要在仿真开始时等于属性 start 所指定的值。这种可选初始值扮演着双重角色：其一，在求解初始值问题时，若系统缺乏足够的约束，它们可以作为补充条件来辅助求解；其二，在处理非连续系统时，它们可以作为变量迭代的起始点。

定义初始方程或初始算法，是在仿真开始之前设定模型状态的必要步骤。

```
model Sample2
Real x;
initial equation
der(x)=0;
equation
der(x)=2*x-1;
end Sample2;
```

在 Modelica 模型中，initial equation 部分用于定义初始方程。这些方程构成了初始时刻模型的约束条件，它们描述了变量及其导数之间的数值关系，并通常用于为变量导数设定初始值。此外，还可以通过定义初始算法（initial algorithm）来指定初始约束条件。

2）确定初始条件数量

对于状态空间形式的常微分方程（ODE）系统，形式为 $dx/dt = f(x, t)$，其初始值问题包含 $2*\dim(x)$ 个未知数，即 $x(t0)$ 和 $dx/dt(t0)$。然而，模型中方程的数量只有 $\dim(x)$ 个，因此还需要提供 $\dim(x)$ 个初始条件。

对于微分代数方程（DAE）系统，确定初始条件的数量要比 ODE 更为复杂。例如，对于方程 $0=g(dx/dt,x,y,t)$，其中 $x(t)$ 是状态变量，$y(t)$ 是代数变量。该方程组共有 $\dim(g)=\dim(x)+\dim(y)$ 个方程。其初始值问题涉及 $2\dim(x)+\dim(y)$ 个变量，因此需要 $2\dim(x)+\dim(y)$ 个方程来求解。这表明用户可以指定 $\dim(x)$ 个初始条件。但是，由于 DAE 系统可能是高指标的，可能包含隐式的初始条件，因此用户提供的初始条件通常应少于 $\dim(x)$ 个。

在处理大型且高指标的模型时，确定所需初始条件的数量是一项复杂任务。如果用户指定的初始条件太多，Sysplorer 将会报错。用户可以根据错误提示移除多余的初始条件。

为避免提供过多的初始条件，一个有效策略是将具有 start 属性的变量的 fixed 属性设置为 false。这样，Sysplorer 将根据需要自动选择备选初始条件，并求解相容的初始值。如果初始条件不足，Sysplorer 将自动选用状态变量的 start 值来补充初始条件。

4. 优化求解精度

1）优化算法和步长控制

为了提高仿真效率和稳定性，可以选择更稳定和精确的数值算法，例如，使用二阶隐式方法来替代可能导致不稳定的显式方法。结合自适应步长控制技术，可以根据仿真过程中的误差情况动态调整积分步长，从而避免由于步长设置不当导致的仿真发散或计算量过大。

2）增加空间离散化精度

增加空间离散化的精度可以通过加密计算网格、使用高阶差分格式或采用像元减少方法来实现。然而，增加空间离散化精度会相应地增加计算量，因此我们需要在网格密度和计算效率之间找到平衡。此外，可以根据计算结果的误差分布来非均匀地加密网格，以优化资源分配。

3）引入数值稳定技术

采用数值稳定技术，如上游差分格式，可以有效抑制数值计算中的误差累计和扩散。采用预处理分解法等技术可以改善矩阵系统的条件数，提高解的数值稳定性。然而，这些技术可能会增加计算复杂性和计算时间。

4）误差分析和评估

进行误差分析时，需要识别主要的截断误差和离散误差来源，并统计各部分的误差大小及累计情况；需要针对主要的误差项进行有针对性的处理，并评估误差对最终仿真结果的影响程度。

5）结果验证和调参

在仿真完成后，需要对结果进行验证，确保其准确性和可靠性。这可能涉及与实验数据或其他仿真结果的对比。同时，需要根据误差分析和结果验证的反馈，对模型参数进行调整，以优化仿真性能和结果的精确度。

5.1.4　模型测试

在进行模型测试前，需要先完成模型封装。模型封装是模型分解的互补过程，它在模型层次化结构中扮演着关键角色。在层次化模型中，底层模型详尽地描述了模型的活动和功能细节，而较高层次的模型则隐藏了这些细节，依赖于底层模型来实现其功能。模型封装主要分为两种形式：连接封装和重用封装。

连接封装的目的是将模型内部的不同组件及其接口关系抽象化并隐藏起来，为外部提供简洁统一的接口，以便于模型的连接和访问。这个过程可以通过定义接口类、增加中间层等方式来实现，从而降低模型内部的复杂度，提升模型的灵活性和重用性。

具体实施时，可以隔离模型内部组件之间的依赖关系，减少组件间的强耦合；可以抽象出标准化的模型接口，使得外部访问不依赖于内部的具体实现；还可以采用设计模式如外观模式、适配器模式等进行封装。良好的连接封装确保了模型内部的变化不会影响到外部的使用。

重用封装是指将模型中的可重用功能提取出来，并对其进行分类、封装和管理，从而构建起一个完整的模型组件库。在开发新模型时，可以直接利用这个库中的组件进行组合和重用，无须从头开始构建。重用封装不仅最大化地利用了经过验证的可靠模型，还便于完成统一的版本控制、文档维护等工作。

重用封装通过发挥规模效应，能够显著提升模型开发的效率和品质。为了有效地实施重用封装，需要深入分析功能域，识别出可重用的模型，抽象其接口，并进行模块化设计和实现。

模型测试是确保模型库开发质量的关键步骤。在完成模型组件的编码之后，必须进行完整的测试，以验证模型的正确性及求解稳定性。

Modelica 模型组件的测试主要分为以下三种：

（1）单元测试。单元测试的目的是验证模型的基本可求解性。这通常涉及使用信号源等简单组件向模型输入特定的信号，以检验模型编码的正确性。在变量数和方程数相等的情况下，基于理论方程构建的模型通常能够通过单元测试。即使模型中某些变量在求解过程中出现数值跳变，单元测试通常也能顺利完成。

（2）子系统测试。子系统测试比单元测试更复杂，它不仅测试单个组件的正确性，而且在单元测试的基础上，检验由多个组件组成的子系统的求解稳定性。如果发现子系统求解不稳定，需要对相关组件进行修改，以解决不稳定问题。

（3）系统测试。系统测试涉及更多的组件，是一个全面的测试。系统可能包含多个领域，是子系统的集合。在子系统中能够正常求解的模型，在多领域系统中可能无法求解。因此，系统测试中组件的求解稳定性是评价模型优劣的重要标准。

在进行 Modelica 模型组件测试时，应注意以下事项：

（1）在对被测模型进行测试之前，必须确保测试中使用的其他组件是正确的；

（2）应考虑尽可能多的、不同的输入条件，确保模型在所有允许的输入条件下都能正确运行；

（3）对被测模型的参数进行全面的修改，以防止由于参数设置极端而导致求解失败；

（4）选择合适的积分算法和求解精度。不同的积分算法有其适用范围，应根据模型的特点选择合适的算法和求解精度。例如，对于刚性模型，应选择适合求解刚性问题的积分算法，并适当减小求解误差，以获得更准确的结果。

5.1.5 模型发布

Modelica 模型的开发过程耗费了大量的资源，融合了丰富的专业知识和经验，可能还包含了开发者不希望公开的核心数据。Sysplorer 提供了对 Modelica 模型库的有效加密保护功能，在确保用户能正常使用的同时，隐藏了关键的模型细节。

1. 模型发布流程

为了在模型使用过程中保护其敏感信息，Sysplorer 新增了模型发布功能。这一功能可以对模型进行加密，并将其发布为.mef 文件。它支持多种粒度、多种层次的模型保护级别，能够对模型的使用、代码浏览、代码复制等操作进行精细控制。用户可通过选择菜单栏中的"文件→发布模型"选项来打开"模型发布"窗口（如图 5-4 所示）。

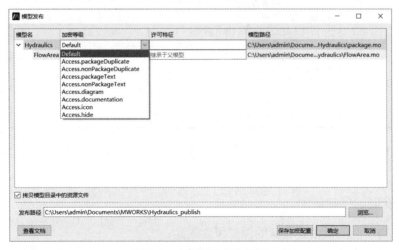

图 5-4 "模型发布"窗口

2. 模型的保护级别

根据开发者对加密模型信息隐藏的需求，Sysplorer 提供了八个不同的模型保护级别（见表 5-4），从上至下，加密等级逐渐增强。开发者可以根据需要为模型指定适当的保护级别。

表 5-4　模型保护级别

保护级别	功能限制	备注
Access.packageDuplicate	• 对于任意类型的模型（含 package 类型），可以复制，也可以另存 • 除以上功能限制外，其他功能不做限制	不区分 package
Access.nonPackageDuplicate	• 对于非 package 类型的模型，可以复制，也可以另存 • 对于 package 类型的模型，不能复制，且不能另存 • 对于非 package 类型的模型，可以查看模型的所有内容，包括模型文本视图内容 • 对于 package 类型的模型，可以查看模型的所有内容，除了模型文本视图内容 • 除以上功能限制外，其他功能不做限制	区分 package
Access.packageText	• 对于任意类型的模型（含 package 类型），可以查看模型的文本视图内容 • 可以查看模型的组件视图、图标视图、Documentation 内容 • 不能复制模型，且不能另存模型 • 除以上功能限制外，其他功能不做限制	不区分 package
Access.nonPackageText	• 对于非 package 类型的模型，可以查看模型的文本视图内容 • 对于 package 类型的模型，不能查看模型的文本视图内容 • 可以查看模型的组件视图、图标视图、Documentation 内容 • 不能复制模型，且不能另存模型 • 不能保存为独立模型 • 除以上功能限制外，其他功能不做限制	区分 package
Access.diagram	• 支持 Access.documentation 级别所支持的所有功能 • 可以查看模型的组件视图、图标视图、Documentation 内容 • 不能查看模型的文本视图内容 • 不能复制模型，且不能另存模型 • 可以引用该模型，也可以实例化为组件	
Access.documentation	• 支持 Access.icon 级别所支持的所有功能 • 可以查看模型 Documentation 内容 • 其他功能限制与 Access.icon 级别一致	
Access.icon	• 可在模型浏览器上显示 • 模型可以打开 • 可以查看模型的图标视图内容 • 不能查看模型的文本视图、组件视图、Documentation 内容 • 不能复制模型，且不能另存模型 • 可以引用该模型，也可以实例化为组件	
Access.hide	• 在模型浏览器上不显示 • 不能打开模型 • 不能引用该模型，且不能实例化为组件	仅在模型库内部使用

以上保护级别旨在对模型的功能进行授权和限制，但仅针对模型本身的功能，不包括嵌套模型。

3. 嵌套模型的保护级别

嵌套模型的功能限制由其自身的保护级别确定。

例如，在模型库 ExampleLib 中插入一个模型 TextModel，将模型 TextModel 的保护级别

设置为 Access.packageText，并在其中插入一个嵌套模型 InfoModel，将其保护级别设置为
Access.documentation：

```
model TextModel
  annotation (Protection(access = Access.packageText));
  model InfoModel "nested model"
    annotation (Protection(access = Access.documentation));
  end InfoModel;
end TextModel;
```

加密后的模型库将允许查看父级模型 TextModel 的文本视图内容，而对于嵌套模型
InfoModel，则只能查看 Documentation 和图标视图的内容，无法访问文本视图和组件视图。
同时，在查看父级模型 TextModel 的文本视图时，看不到嵌套模型 InfoModel 的 Modelica 文
本视图。

发布模型时，系统会自动调整父模型与子模型的加密配置，以确保父模型的加密等
级不高于子模型。

值得注意的是，对于设置为 Access.hide 保护级别的模型，其嵌套模型的保护级别设置将
无效。即无论其嵌套模型设置何种保护级别，其最终的保护级别均为 Access.hide。

4. 复制模型目录中的资源文件

对于结构化模型，勾选此选项可将用户选择的资源文件一并复制到发布目录中。对于非
结构化模型，此功能将不可用。

5. 保存加密配置

加密配置可以保存到原模型中，配置信息将被写入模型的注解。若选择 None 作为保护
级别，则不会将加密配置保存到原模型。

在文本视图中，用户可以查看模型的保护级别。修改模型注解中的保护级别，也可以设
置模型的保护级别。

```
annotation( Protection( access = Access.xxxx ));
```

5.2 永磁直流电机简介

5.2.1 永磁直流电机的分类

永磁直流电机主要分为两大类：BLDC（无刷直流电机，方波驱动）和 PMSM（永磁同
步电机，正弦波驱动）。在理想状态下，无刷直流电机在转子匀速旋转时，各相的反电动势
应呈现 120°间隔的矩形波。然而，在实际生产中，由于制造工艺的限制，其反电动势的宽度
往往难以精确达到 120°。此外，由于齿槽效应和换向过程中的过渡电感等因素的影响，无刷
直流电机电流的变化也难以呈现出理想的矩形波。这些偏差导致传统由方波控制的无刷直流
电机在低速运行时性能不佳，存在转矩波动的问题。因此，在那些对噪声和低速运行平稳性
有较高要求的应用场景中，由正弦波控制的无刷直流电机成为一种更好的选择。

5.2.2 永磁直流电机的结构

在永磁直流电机的转子中，永磁体的固定方式主要分为嵌入式和表贴式两种，具体结构如图 5-5 所示。尽管在这两种方式下，永磁直流电机的运作原理是相同的，但它们使得永磁直流电机在交直轴电感的取值上存在差异。所谓交直轴电感，指的是以下两个概念。

直轴电感（L_d）：当定子产生的磁场对极连线与转子永磁体的对极连线重合时，对应的绕组电感；

交轴电感（L_q）：当定子磁场的磁极间连线与转子永磁体的对极连线重合时，对应的绕组电感。

根据电机的工作原理，对于表贴式永磁直流电机，其 d 轴（直轴）和 q 轴（交轴）的电感都近似等于定子每相的自感。

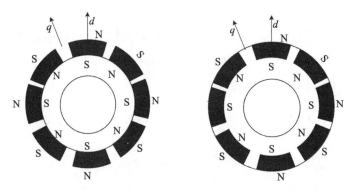

图 5-5　两种电机结构比较

表贴式永磁直流电机的交直轴电感差异较小，这使得它非常适用于高功率密度的应用场景。相比之下，嵌入式永磁电机的转子在安装永磁体时具有更高的机械强度，因此能够承受更高的转速。以下是嵌入式永磁直流电机的基本结构组成：

转子：转子上嵌入永磁体，这些永磁体在转子转动时能够产生稳定的磁场。常用的永磁体材料包括铁钕硼磁铁、钕铁硼磁铁等；

定子：定子通常由电磁铁构成，其绕组在通电后能够产生磁场。当绕组通电时，定子与转子之间的磁场相互作用，产生转矩，从而驱动转子旋转；

电刷与整流子：这部分组件的作用是将交流电转换为直流电，为电机的绕组提供电力。

5.2.3 永磁直流电机的工作原理

如图 5-6 所示，在永磁直流电机模型中，红色区域代表永磁体的北极（N 极），而蓝色区域代表永磁体的南极（S 极）。位于这两个磁极间的线圈 abcd 是转子的电枢绕组。两个黄色半圆构成有刷电机的换向器，电刷 A 和电刷 B 分别位于两个黄色半圆的中心位置。

当给电机接通直流电源时，电流通过电刷 A 和电刷 B 流入线圈 abcd。在直流电源的作用下，线圈中的电流产生磁场，与永磁体的磁场相互作用，产生力矩，使得线圈在磁场中受力并开始旋转，从而驱动转子转动。

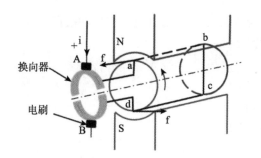

图 5-6　永磁直流电机模型

永磁直流电机的旋转基于定子绕组中按特定规律变化的电流，这些电流在空间中产生一个旋转的电生磁场。转子上的永磁体在这个电生磁场的作用下，也在空间中进行旋转。为了产生有效的电磁转矩，定子绕组中必须产生旋转的磁动势。以三相电机为例，当定子电流按照空间位置互差 120°，且时间相位依次相错 120° 的正弦波形变化时，定子中的磁动势将按照以下模式变化：

$$F_s = \frac{3}{2}\frac{T_{ph}I_m}{P}\cos(\theta - \omega t) \tag{5-1}$$

其中，T_{ph} 为绕组有效匝数，I_m 为三相电流幅值，P 为转子磁极对数，θ 为转子空间角位置，ω 为相电流频率。由上式可以看出，当转子与定子电流角速度相同时，定子磁动势和转子磁场的相对速度为零，这是产生电磁力矩的根本条件。图 5-7 为三相电机旋转磁场的示意图，其中电流向量的相序定义为 abc，并按照顺时针方向旋转：

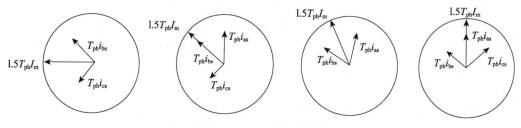

图 5-7　三相电机旋转磁场

从图中可以看出，如果将定子电流向量旋转 90°，则三相电流的磁动势跟随旋转相同的角度。因此称这个磁场称为旋转磁场。

5.2.4　永磁直流电机的特性方程

永磁直流电机电路原理图如图 5-8 所示。

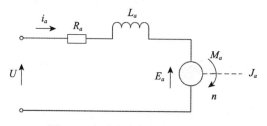

图 5-8　永磁直流电机电路原理图

在电机接通直流电源的情况下，电枢电流 i_a 产生的磁场与永磁体产生的磁场相互作用所产生的电磁转矩的表达式为：

$$M_a = C_t \cdot i_a \qquad (5\text{-}2)$$

式中：

 M_a——电磁转矩（Nm）

 C_t——力矩常数（Nm/A）

 i_a——电枢电流（A）

给永磁直流电机通入直流电流后，由于电枢在旋转的过程中，电枢线圈会切割磁场，因此会产生反电动势。由于电枢线圈中的导体数不会改变，因此反电动势是恒定的，其表达式为：

$$E_a = C_a \cdot n \qquad (5\text{-}3)$$

式中：

 E_a——感应电动势（V）

 C_a——感应电动势系数（V·min/r）

 n——永磁直流电机的转速（r/min）

感应电动势系数 C_a 与力矩常数 C_t 之间的关系为：

$$C_t = C_a \cdot \frac{30}{\pi} \qquad (5\text{-}4)$$

由基尔霍夫定律可得：

$$U = i_a \cdot R_a + L_a \cdot \frac{di_a}{dt} + E_a \qquad (5\text{-}5)$$

式中：

 U——输入电压（V）

 R_a——电枢绕组的电阻（Ω）

 L_a——电枢绕组的电感（H）

再由牛顿第二定律可知，当电机空载时，输出转矩的表达式为：

$$M_a = J_a \cdot \frac{dw_a'}{dt} + f_a \cdot u_a + T_0 \qquad (5\text{-}6)$$

式中：

 J_a——永磁直流电机的轴转动惯量（kg·m^2）

 f_a——黏性摩擦系数（Nm·s/rad）

 T_0——电机空载时的转矩（Nm）

5.2.5 永磁直流电机主要参数与性能之间的关系

1. 转子转动惯量

转动惯量代表转动物体保持原转动状态的能力，在有负载的情况下，永磁直流电机的转矩表达式为：

$$M_a = T_L + J_a \cdot \frac{dw_a}{dt} + f_a \cdot w_a + T_0 \qquad (5\text{-}7)$$

式中：

T_L——电机所带的负载（Nm）

w_a——电机轴的角速度（rad/s）

由式（5-7）可以看出，转子的转动惯量 J_a 对电磁转矩有较大影响。

2. 力矩常数

由式（5-2）可知，当电机的电枢电流不变时，力矩常数的大小将直接影响电磁转矩的大小。将式（5-2）和式（5-3）代入式（5-5），可得永磁直流电机的机械特性方程如下：

$$n = \frac{U}{C_a} - \frac{R_a}{C_a \cdot C_t} \cdot T \qquad (5\text{-}8)$$

式中：

T——电机轴的输出转矩（N·m）

因此，由式（5-8）可知，永磁直流电机的力矩常数 C_t 能够较大程度影响机械特性。

3. 感应电动势系数

式（5-3）可展开为：

$$E_a = C_a \cdot n = \frac{1}{60} \frac{p}{a} N \Phi n \qquad (5\text{-}9)$$

式中：

Φ——每极的气隙磁通（Wb）

p——永磁体的磁极对数，常数

a——并联支路对数，常数

N——电枢线圈总导体数，常数

电机在理想空载转速 n_0 的状态下运行时，$R_a = 0$，式（5-9）可写成：

$$C_a = \frac{E_a}{rl} = \frac{L'}{n_0} = \frac{1}{60} \frac{p}{a} N \Phi \qquad (5\text{-}10)$$

由式（5-10）可知，当确定额定电压 U 和空载转速 n_0 后，就能得到对应的感应电动势系数 C_a，从而确定电机的各个结构参数。

5.2.6　方程简化

为提高计算效率，对上述原始理论模型进行简化，简化后的永磁直流电机方程如下：

$$v_e = \mathrm{d}\varphi / \mathrm{d}t \qquad (5\text{-}11)$$

$$\varphi = I_e L_e \qquad (5\text{-}12)$$

$$E = \omega \varphi \qquad (5\text{-}13)$$

$$T_e = K \varphi I_e \qquad (5\text{-}14)$$

式中：

v_e ——励磁电压（V）

φ ——励磁磁通（Wb）

L_e ——励磁电感（H）

I_e——励磁电流（A）

E——感应电压（V）

ω——角速度（rad/s）

T_e——电磁转矩（Nm）

K——折算系数，常数

5.3 原型开发

直流电机模型由电枢、气隙（电枢和永磁体间的部分）、永磁体（用恒流源模型）、机械输出端四部分构成。电枢和永磁体在气隙中进行能量传递，所以对气隙的物理行为描述是直流电机建模的关键。因此，应先建立气隙模型（AirGapDC），再添加电枢、永磁体、机械输出端模型，最终构建成电机模型（DCPM）。本节将以气隙模型为例进行原型开发。

5.3.1 定义接口

气隙模型包含电枢端的电学接口、一维机械旋转接口、永磁体端的电学接口。

引用标准库里面的接口，接口路径如下：

```
Modelica.Electrical.Analog.Interfaces.PositivePin
Modelica.Electrical.Analog.Interfaces.NegativePin
Modelica.Mechanics.Rotational.Interfaces.Flange_a
Modelica.Mechanics.Rotational.Interfaces.Flange_b
```

电枢端和永磁体端的电学接口代码如下：

```
partial model Eletric_Interface "气隙模型通用接口"
    import SI = Modelica.SIunits;
    SI.Voltage vei "励磁绕组压降";
    SI.Current ie "励磁电流";
    SI.Voltage vai "电枢电压";
    SI.Current ia "电枢电流";
    Modelica.Electrical.Analog.Interfaces.PositivePin pin_ap
        "电枢绕组正极"
        annotation (Placement(transformation(extent = {{-90, 70}, {-70, 90}})));
    Modelica.Electrical.Analog.Interfaces.PositivePin pin_ep
        "励磁绕组正极"
        annotation (Placement(transformation(extent = {{70, 72}, {90, 92}})));
    Modelica.Electrical.Analog.Interfaces.NegativePin pin_an
        "电枢绕组负极"
        annotation (Placement(transformation(extent = {{-90, -90}, {-70, -70}})));
    Modelica.Electrical.Analog.Interfaces.NegativePin pin_en
        "励磁绕组负极"
        annotation (Placement(transformation(extent = {{70, -90}, {90, -70}})));
equation
    // 电枢电极
```

```
    vai = pin_ap.v - pin_an.v;
    ia = +pin_ap.i;
    ia = -pin_an.i;
    //励磁电极
    vei = pin_ep.v - pin_en.v;
    ie = +pin_ep.i;
    ie = -pin_en.i;
end Eletric_Interface;
```

一维机械旋转接口代码如下：

```
partial model PartialBasicMachine "电机的通用机械模型"
    import SI = Modelica.SIunits;
    parameter SI.Inertia J_Rotor "转子主动惯量";
    parameter Boolean useSupport = false "是否使用固定支撑"
        annotation (Evaluate = true);
    parameter SI.Inertia J_Stator = J_Rotor "定子转动惯量"
        annotation (Dialog(enable = useSupport));
    SI.Angle phi_mechanical = flange_a.phi "电机机械角度";
    SI.AngularVelocity w_mechanical = der(phi_mechanical) "电机机械转速";
    SI.Conversions.NonSIunits.AngularVelocity_rpm rpm_mechanical = Modelica.SIunits.Conversions.to_rpm(

    w_mechanical) "机械转速 [rpm]";
    SI.Torque tau_electrical = inertiaRotor.flange_a.tau "电磁转矩";
    SI.Torque tau_shaft = -flange_a.tau "轴端转矩";
```

5.3.2　新建模型

选择"开始→新建"选项，输入模型名 AirGapDC，选择模型类别为 model，输入模型描述"直流电机气隙模型"，设置基类选项（无），如图 5-9 所示。

图 5-9　新建模型

将界面切换到文本视图，代码如下：

```
model AirGapDC "直流电机气隙模型"
end AirGapDC;
```

5.3.3　参数和变量定义

在文本视图中，添加参数和变量定义代码，如下：

```
model AirGapDC "直流电机气隙模型"
    parameter Real TurnsRatio "电枢绕组折算到励磁绕组的折算系数";
    parameter Modelica.SIunits.Inductance Le;
    Modelica.SIunits.AngularVelocity w "角速度";
    Modelica.SIunits.Voltage vei "励磁绕组压降";
    Modelica.SIunits.Current ie "励磁电流";
    Modelica.SIunits.MagneticFlux psi_e "励磁磁链";
    Modelica.SIunits.Voltage vai "电枢电压";
    Modelica.SIunits.Current ia "电枢电流";
    Modelica.SIunits.Torque tau_electrical "电磁转矩";
end AirGapDC;
```

完成参数和变量定义后，将电学接口和机械旋转接口导入组件视图，代码如下：

```
Modelica.Mechanics.Rotational.Interfaces.Flange_a flange_a
    annotation (extent = [-10, 110; 10, 90]);
Modelica.Mechanics.Rotational.Interfaces.Flange_a support "电机定子支撑端"
    annotation (extent = [-10, -110; 10, -90]);
Modelica.Electrical.Analog.Interfaces.PositivePin pin_ap "电枢绕组正极"
    annotation (Placement(transformation(extent = {{-90, 70}, {-70, 90}})));
Modelica.Electrical.Analog.Interfaces.PositivePin pin_ep "励磁绕组正极"
    annotation (Placement(transformation(extent = {{70, 72}, {90, 92}})));
Modelica.Electrical.Analog.Interfaces.NegativePin pin_an "电枢绕组负极"
    annotation (Placement(transformation(extent = {{-90, -90}, {-70, -70}})));
Modelica.Electrical.Analog.Interfaces.NegativePin pin_en "电枢绕组负极"
    annotation (Placement(transformation(extent = {{70, -90}, {90, -70}})));
```

5.3.4　编写方程和算法

在文本视图界面下，将对模型方程或算法的描述补充在参数、变量和接口的后面，具体
实现代码如下：

```
equation
    // 电枢电极
    vai = pin_ap.v - pin_an.v;
    ia = +pin_ap.i;
    ia = -pin_an.i;
    //励磁电极
    vei = pin_ep.v - pin_en.v;
    ie = +pin_ep.i;
    ie = -pin_en.i;
    // 励磁绕组电压
    vei = der(psi_e);
    psi_e = Le * ie;
    // 机械速度
    w = der(flange_a.phi) - der(support.phi);
    // 电枢电压
```

```
        vai = TurnsRatio * psi_e * w;
        // 电磁力矩
        tau_electrical = TurnsRatio * psi_e * ia;
        flange_a.tau = -tau_electrical;
        support.tau = tau_electrical;
    end AirGapDC;
```

5.3.5 图标设计

模型图标设计展现了模型的风格和外观，图标能让用户直观地了解到模型的功能。将当前工作界面切换到图标视图界面，为模型设计图标，直流电机气隙模型图标的设计如图 5-10 所示。

图 5-10　直流电机气隙模型图标的设计

5.3.6 编写说明信息

在模型编码过程中，在所有组件模型中，需要为参数和变量及方程添加相应的注释，配备相应的文档视图，清楚地说明模型的功能、用法及注意事项等。

文档视图中包含以下内容：功能描述、基本假设（适用范围）、模型原理、建模理论（公式用 MathType 保存为图片，并建立文件夹存储）、使用注意、关联模型（基类模型，类似模型等）、参考资料。

在模型浏览器中的用户模型下，选中新建的 AirGapDC 模型，单击鼠标右键，在弹出的菜单中选择"查看文档"选项，如图 5-11 所示。

图 5-11　选择"查看文档"选项

在打开的文档浏览器中编辑模型信息，如图 5-12 所示。

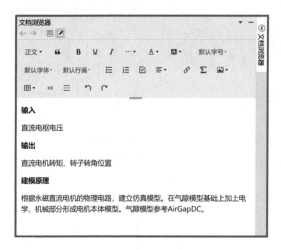

图 5-12　编辑模型信息

在文档视图中，查看已编辑好的模型信息，如图 5-13 所示。

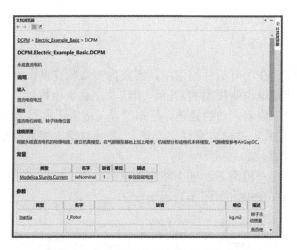

图 5-13　查看已编辑好的模型信息

5.4　模型封装

本节基于上述开发的气隙模型，加入电枢、永磁体、机械输出编模型，使用图形化方式建模，将它们封装成一个完整的永磁直流电机模型（DCPM）。

5.4.1　新建模型

选择"开始→新建"选项，输入模型名 DCPM，选择模型类别为 model，输入模型描述"永磁直流电机"，设置基类选项（无），如图 5-14 所示。

图 5-14　新建模型

5.4.2　参数和变量定义

在文本视图中，添加参数和变量定义代码，如下：

```
model DCPM "永磁直流电机"
    parameter Modelica.SIunits.Inertia J_Rotor "转子主动惯量";
    parameter Boolean useSupport = false "是否使用固定支撑"
        annotation (Evaluate = true);
    parameter Modelica.SIunits.Inertia J_Stator = J_Rotor "定子转动惯量"
        annotation (Dialog(enable = useSupport));
    parameter Modelica.SIunits.Voltage VaNominal = 100 "额定电枢电压";
    parameter Modelica.SIunits.Current IaNominal = 100 "额定电枢电流";
    parameter Modelica.SIunits.Conversions.NonSIunits.AngularVelocity_rpm rpmNominal = 1425 "额定转速";
    parameter Modelica.SIunits.Resistance Ra = 0.05 "电枢电阻";
    parameter Modelica.SIunits.Inductance La = 0.0015 "电枢电感";
    parameter Real TurnsRatio = (VaNominal - Ra * IaNominal) /
        (Modelica.SIunits.Conversions.from_rpm(rpmNominal) * Le * IeNominal) "电机常数";
    final parameter Modelica.SIunits.Inductance Le = 1 "励磁电感";
    constant Modelica.SIunits.Current IeNominal = 1 "等效励磁电流";
    Modelica.SIunits.Angle phi_mechanical = flange_a.phi "电机机械角度";
    Modelica.SIunits.AngularVelocity w_mechanical = der(phi_mechanical) "电机机械转速";
    Modelica.SIunits.Conversions.NonSIunits.AngularVelocity_rpm rpm_mechanical =
        Modelica.SIunits.Conversions.to_rpm(w_mechanical) "机械转速 [rpm]";
    Modelica.SIunits.Torque tau_electrical = inertiaRotor.flange_a.tau "电磁转矩";
    Modelica.SIunits.Torque tau_shaft = -flange_a.tau "轴端转矩";
end DCPM;
```

5.4.3　组件拖放

在组件视图中添加需要的组件，根据设计规范连接组件，进行合理布局，如图 5-15 所示。

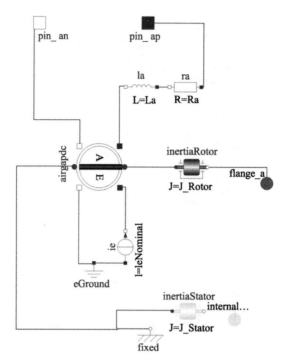

图 5-15 永磁直流电机模型组件视图

5.4.4 参数传递

在面向对象编程的过程中，参数传递是实现不同类实例之间交互的重要方式之一，有助于降低类与类之间的耦合度，从而增强代码的模块性和可重用性。该方法使调用者将信息传递给被调用者，被调用者根据接收的信息执行相应操作，如图 5-16 所示。

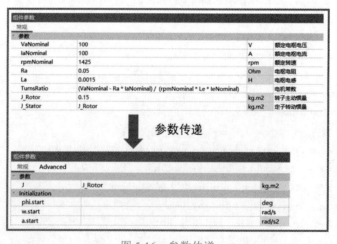

图 5-16 参数传递

5.4.5 图标设计

将当前工作界面切换到图标视图界面，为模型设计图标，永磁直流电机图标如图 5-17 所示。

图 5-17　永磁直流电机图标

5.4.6　编写说明信息

在模型浏览器中的用户模型下，选中新建的 DCPM 模型，单击鼠标右键，在弹出的菜单中选择"查看文档"选项，如图 5-18 所示。

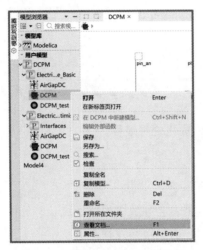

图 5-18　选择"查看文档"选项

在文档浏览器中，编辑模型信息，如图 5-19 所示。

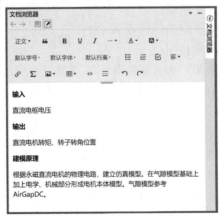

图 5-19　编辑模型信息

在文档视图中，查看编辑好的模型信息，如图 5-20 所示。

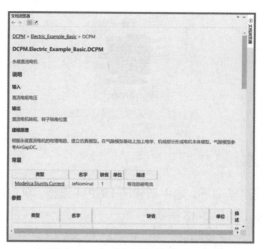

图 5-20　查看编辑好的模型信息

5.5　优化处理

以 DCPM 模型为例，介绍优化处理过程。

5.5.1　提出优化问题

（1）多处使用标准单位，是否会导致引用路径过长？
（2）能否提取直流电机通用的接口和方程？
（3）如何设置电机本体内部的变量，使之不被上层模型访问？
（4）在参数较多的情况下，如何对参数进行适当分类？

5.5.2　解决优化问题

要解决上述问题，涉及如下四类优化方式。
（1）包的导入：导入标准单位包；
（2）模型继承：定义抽象类，通过模型继承方式进行引用；
（3）变量保护：使用 protected 关键字对部分变量进行保护；
（4）定制参数框。

1. 包的导入

【解决方法】使用 import 语句实现包的导入，缩短模型访问路径。
【实现效果】使用 import 语句导入标准单位包，即 import SI = Modelica.SIunits，用 SI 代替 Modelcia.SIunits，具体代码如下：

```
model DCPM "永磁直流电机-优化"
  import SI = Modelica.SIunits;
```

2. 模型继承

【解决方法】将电机模型所共有的基本信息抽象为基础模型，定义为 partial 类型，用 extends 语句实现继承。

【实现效果】提取电机的机械部分为 PartialBasicMachine，在顶层模型中用 extends 语句继承 PartialBasicMachine，实现效果如图 5-21 所示。

图 5-21　模型继承实现效果

3. 变量保护

【解决方法】使用 protected 关键字对电机本体内部的部分变量进行保护（访问机制），避免其被上层模型访问。

【实现效果】将被保护的参数和变量设为 protected 类型，代码如下：

```
model DCPM "永磁直流电机-优化"
    import SI = Modelica.SIunits;
    extends Interfaces.PartialBasicMachine;


protected
    final parameter SI.Inductance Le = 1 "励磁电感"
        annotation (Dialog(group = "励磁"));
    constant SI.Current IeNominal = 1 "等效励磁电流";
```

4. 定制参数框

【解决方法】将参数分类成不同的行/列。使用 Modelica 语言中的 annotation（注释）实现模型参数的定制。

【实现效果】模型参数框定制的代码如下：

```
model DCPM "永磁直流电机-优化"
    import SI = Modelica.SIunits;
    extends Interfaces.PartialBasicMachine;
    parameter SI.Voltage VaNominal = 100 "额定电枢电压"
```

```
    annotation (Dialog(group = "额定参数"));
  parameter SI.Current IaNominal = 100 "额定电枢电流"
    annotation (Dialog(group = "额定参数"));
  parameter SI.Conversions.NonSIunits.AngularVelocity_rpm rpmNominal = 1425 "额定转速"
    annotation (Dialog(group = "额定参数"));
  parameter SI.Resistance Ra = 0.05 "电枢电阻"
    annotation (Dialog(group = "标称电阻及电感"));
  parameter SI.Inductance La = 0.0015 "电枢电感"
    annotation (Dialog(group = "标称电阻及电感"));
  parameter Real TurnsRatio = (VaNominal - Ra * IaNominal) /
    (Modelica.SIunits.Conversions.from_rpm(rpmNominal) * Le * IeNominal) "电机常数";
protected
  final parameter SI.Inductance Le = 1 "励磁电感"
    annotation (Dialog(group = "励磁"));
  constant SI.Current IeNominal = 1 "等效励磁电流";
```

5.6 模型测试

组件编码完成后，应进行充分的测试，保证模型的正确性及求解稳定性。在仿真环境中，可通过斜坡电压激励的方式进行测试，评估永磁直流电机的转矩控制性能。在仿真模型中，电机由稳压的直流电源提供呈线性斜坡上升的输入电压进行激励。在测试过程中，实时记录电机的转速、电压、电流及最关键的输出转矩参数。根据测试数据，可绘制出电机在斜坡电压激励下的转矩-时间响应曲线，通过观察转矩响应的具体形状，可分析其线性范围、响应时间、调节带宽等指标，并与性能指标进行比较。

1. 搭建电机测试模型

搭建电机测试模型（启动过程仿真），测试模型能否正常求解，以及求解结果是否符合实际情况，电机测试模型如图 5-22 所示。

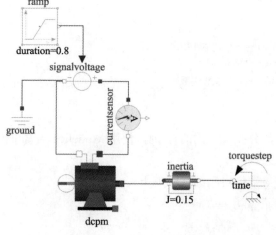

图 5-22 电机测试模型

2. 仿真设置

设置仿真区间为 1s（开始时间为 0，终止时间为 1），输出步数为 500，积分算法为 Dassl，精度为 0.0001，如图 5-23 所示。

图 5-23　仿真设置

3. 仿真曲线显示

在电机启动过程中，对直流电机输出电磁转矩、转速的变化进行仿真；在负载跳变时，对直流电机输出电磁转矩、转速的变化进行仿真。

将斜坡电压加在电枢上，启动直流电机并加速。在 t 时刻加入阶跃负载，仿真 5 秒，输入电压和输出转矩变化曲线如图 5-24 所示。

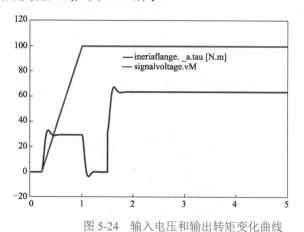

扫码查看彩图

图 5-24　输入电压和输出转矩变化曲线

由公式 $T_e = K\varphi I_e$ 知，永磁直流电机在稳定工作状态下，输入电压和输出转矩成正比。因此，基本确定该曲线是正确的。

5.7　系统集成应用 ///////////////////////////

利用本章开发的永磁直流电机模型，针对第 4 章中四旋翼无人机系统的电机组件进行细粒度建模。为了构建完整的四旋翼无人机系统模型，需集成本章开发永磁直流电机模型及第4章中涉及的其他组件。

将第4章中的简化静态电机模型替换为本章开发的动态磁直流电机模型，该动态电机模型加入了电机的运动学方程，能够描述电机的电压-转速和电压-转矩的动态关系。在四旋翼无人机系统模型中，动态电机模型的输入端连接无人机的控制系统，输出端连接旋翼推力模型。

在集成模型时，应确保接口变量与量纲单位完全匹配，调整接口格式，保证可以准确传递信号。同时，要调试电机模型内部的控制参数符合实际系统的静态稳定性和动态响应。最后，在完整的无人机系统模型上进行联合仿真测试，验证系统的精度及爬升与减速过程中的动力学响应是否因动态电机模型的引入而得到了改善。

永磁直流电机与四旋翼无人机系统集成如图5-25所示。该集成反映了多学科耦合的系统集成设计思想，使初始的简单无人机模型变成一个更完整、精确的全系统模型，为无人机的控制器优化设计奠定基础。通过永磁直流电机的细粒度建模，可显著提升无人机系统模型的精度与真实度。

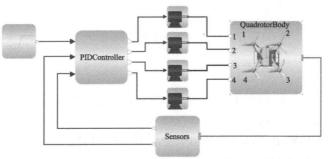

图 5-25　永磁直流电机与四旋翼无人机系统集成

图5-26为集成永磁直流电机的四旋翼无人机系统仿真结果，图5-27为使用简化的静态电机模型的四旋翼无人机系统仿真结果。经过对比分析可以确认，本章所构建的永磁直流电机模型精确地反映了实际电机的稳态特性、过渡过程及对输入变化时的动态响应等性能指标，且误差在可接受的范围内。

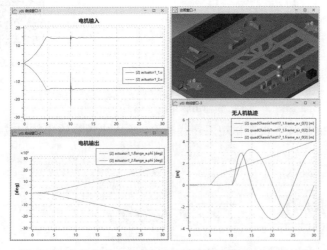

扫码查看彩图

图 5-26　集成永磁直流电机的四旋翼无人机系统仿真结果

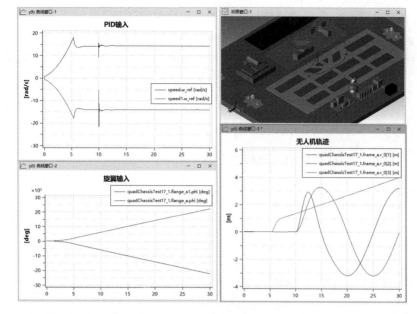

扫码查看彩图

图 5-27　使用简化的静态电机模型的四旋翼无人机系统仿真结果

本 章 小 结

本章重点对模型开发过程中的组件化思想进行了介绍。组件模型开发的目的是将模型抽象为可重用的组件，以便快速构建、复用模型。以永磁直流电机为例，本章详细说明了利用组件化思想对组件或系统模型进行开发。组件模型开发可以简化模型构建过程，是实现模型快速重用、降低模型开发门槛、提高开发效率的重要途径。

习 题 5

一、填空题

1. 组件模型开发流程中的理论分析阶段分为_____、_____、_____、_____四个步骤。

2. 组件行为采用方程描述，在常见方程当中，_____方程一般表示代数约束；_____方程一般表示时间相关的动态过程；_____方程一般表示与时间和空间相关或以场形式存在的动态过程。

3. 在组件模型开发过程中，优化处理往往是必不可少的，大致可分为_____、_____、_____、_____四方面。

4. 永磁直流电机一般可以分为_____、_____两种类型。

二、单项选择题

1. Sysplorer 支持层次化模型库开发，一般可以通过右击所需建立下层模型的_____，选择"编辑→新建嵌套类"选项来创建所需模型，同时加上相应的类注释。

  A. model   B. package   C. function   D. class

  2. 理想情况下，当转子匀速旋转时，无刷直流电机各相的反电动势应该是呈_____间隔的矩形波分布。

  A. 100°   B. 150°   C. 120°   D. 135°

三、简答题

请简述什么是 Modelica 模型组件测试的单元测试。

第6章
工程系统应用实践

Modelica 模型在具体工程系统中的应用非常成功，本章分别介绍 Modelica 在航天领域、航空领域、能源领域的关键设备组件建模功能，以及在机器人仿真领域的使用情况，展现了 Modelica 模型的强大能力。

在航天领域，本章验证了用 Modelica 构建航天飞行器模拟器的效果；在航空领域，本章展示了将 Modelica 用于现代飞机设计的集成和仿真能力；在能源领域，本章验证了用 Modelica 构建某三代堆型核电系统一、二回路主系统及关键设备的效果；在机器人领域，本章通过具体的案例演示，体现了 Modelica 模型在机器人仿真领域的应用情况及其在实际工程中的建模能力。

通过本章学习，读者可以了解（或掌握）：
- ❖ Modelica 在现代航天系统架构设计中的应用实践。
- ❖ Modelica 在现代飞机系统架构设计中的应用实践。
- ❖ Modelica 在核电研发设计中的应用实践。
- ❖ Modelica 在六足机器人仿真设计中的应用实践。

6.1 案例1：航天

6.1.1 案例背景

建造空间站、建成国家太空实验室，是我国载人航天工程"三步走"战略中的重要目标，也是科技强国和航天强国建设的引领性工程。空间站作为超大型载人航天器，系统组成复杂，组装建造过程需多个航天器协同完成，建成后在轨运行寿命超过 10 年。由于涉及众多专业领域且技术要求高，空间站系统设计、制造集成、测试实验、在轨管理及应用等都面临新的挑战。

当前，随着以互联网为代表的信息技术的飞速发展，信息技术在工业和商业等领域的渗透不断加深，工业化与信息化融合发展的趋势愈加明显。美国"再工业化战略"、德国"工业 4.0"等的提出，进一步推动了新一代信息技术与制造技术的深度融合发展。在此背景下，传统的航天系统工程模式需要结合数字化手段进行变革，通过数字化方法保障空间站的研制，以满足载人航天器系统复杂性的提升对系统工程能力的更高要求。

面向空间站工程研制的空前复杂性，传统以文档为主的研制模式难以满足高质量、高效率、高效益的"三高"要求。因此，空间站系统遵循基于模型的系统工程（Model-Based System Engineering，MBSE）思想，并结合先进数字化技术，开展数字空间站的建设与应用，旨在提升系统仿真与验证水平，以数字化创新为空间站任务的成功提供有力保障。

结合当前数字化仿真技术的发展趋势及空间站任务的实际需求，本节提出了数字空间站的概念。数字空间站是一种先进的技术系统，它运用数字化手段构建出覆盖空间站全生命周期的仿真模型，并提供相应的仿真服务。其最终目标是打造一个与真实空间站物理实体高度一致、跨学科、多尺度的集成仿真模型，即所谓的空间站数字镜像或数字孪生体。通过该模型，数字空间站能够为各种空间站任务提供全面、精准的数字化仿真支持，从而极大地提升空间站的设计、测试与运营效率。

目前，载人航天器的设计验证流程主要依赖于初样和正样阶段的实物实验，以确保进行设计方案的全面验证。尽管在研制过程中，开发人员进行了一些仿真验证，但这些验证工作通常缺乏系统性，主要采用局限于各专业领域的局部方案，难以实现对整个系统方案的综合验证，限制了设计工作的前瞻性。随着航天器任务功能的日益多样化和系统复杂性的不断提升，许多设计方案难以仅通过地面实物实验充分验证。因此，依赖先进的仿真技术来辅助方案验证变得尤为重要。

对于基于模型的研制模式而言，模型本身具备虚拟仿真验证的能力，因此利用模型，我们能够在适当阶段对设计方案进行综合验证，甚至在实物产品研制完成后的运行阶段也能持续进行方案验证。这种验证方式有助于提前发现设计中的问题，降低研制风险。通过基于模型的研制模式，开发人员可以更加有效地利用仿真技术，实现对系统方案的综合闭环验证，推动设计工作的优化与前瞻性发展，以应对日益复杂的航天器研制挑战。

在空间站工程研制过程中，需要重点关注以下 3 个闭环综合验证环节。

1. 系统设计闭环验证

系统设计闭环验证是研制过程最早期的闭环综合验证，主要目的是通过模型的虚拟仿真手段对系统功能和性能设计进行全面仿真验证，以确保系统功能和性能设计的正确性。此验证结果作为由系统设计阶段转入产品设计阶段的依据。

2. 产品设计闭环验证

产品设计闭环验证的主要目的是通过模型的虚拟仿真对产品的详细设计进行跨专业的综合仿真验证，以确保产品工程设计的正确性。此验证结果作为由产品设计阶段转入产品实现阶段的依据。

3. 实做产品闭环验证

实做产品闭环验证通过构建实做模型来进行仿真分析，验证方案设计和产品实现结果是否满足设计要求。此验证结果用于确保最终产品符合设计预期。

图 6-1 展示了基于 V 模型的 3 个研制闭环验证过程。图中，分别以小、中、大三个三角形表示空间站工程研制过程中的系统设计闭环验证、产品设计闭环验证和实做产品闭环验证。

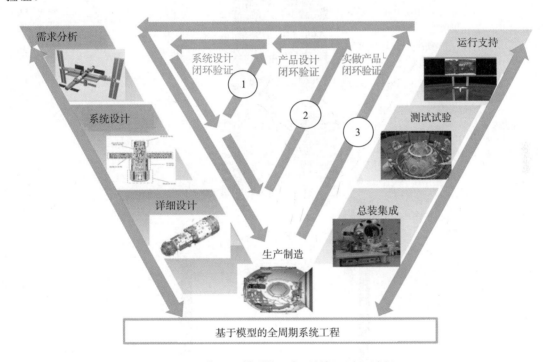

图 6-1　基于 V 模型的 3 个研制闭环验证过程

为此，数字空间站的建设思路是按照系统工程的 V 字形研制流程，重点围绕 3 个闭环进行综合验证，在总体层面建立一套同源的数字化模型，贯穿航天器全生命周期，辅助系统的全面闭环验证，提升系统仿真验证能力。

6.1.2　多学科集成仿真模型库开发

数字空间站具有模型规模大、复杂度高的特征，涵盖 3 个舱段、4 个专业和 9 个分系统，涉及 2000 余台单机设备，各个专业之间存在深度耦合。因此，采用 Modelica 语言在 Sysplorer 中进行机、电、热信息的多领域统一建模。图 6-2 展示了空间站单舱多学科集成仿真模型，图 6-3 则展示了空间站多舱段多学科集成仿真模型。所有模型的原理、建模过程及其仿真结果均自主可控，我们可根据任务需求灵活开发模型，并通过地面研制测试实验数据和前期在轨飞行数据对模型进行持续修正。

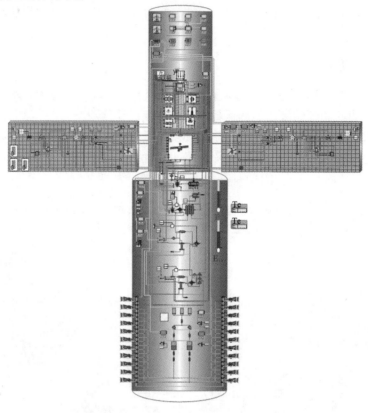

图 6-2　空间站单舱多学科集成仿真模型

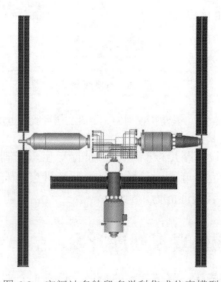

图 6-3　空间站多舱段多学科集成仿真模型

多学科集成仿真模型库包含型号模型库、型号分系统模型库、单机模型库和基础模型库四部分：

（1）型号模型库：型号模型库由具体型号的航天器全系统模型构成，是用于航天器系统仿真的最高级别模型。

（2）型号分系统模型库：型号分系统模型库包括具体型号的航天器各个分系统的模型，如电源、总体电路、推进、结构机构、机械臂、热控、环控、测控、GNC等分系统模型。分系统模型一方面用于分系统的仿真验证，另一方面为构建型号模型库提供支持。

（3）单机模型库：单机模型库由各所属分系统的单机设备模型构成，如GNC分系统的GNC控制器、星敏感器、控制力矩陀螺等，推进分系统的推力器、贮箱等，电源分系统的太阳帆板、分流调节器、充放电调节器、锂离子蓄电池等，总体电路分系统的母线切换单元、母线控制单元、并网控制器等，热控分系统的泵、阀、辐射器等。单机模型库既可以用于单机设备的独立仿真验证，也可以用于构建分系统模型。

（4）基础模型库：基础模型库由比单机模型库更小的组成元素构成，包括设备组件、接口、工质、基本函数、物理单位、物理常量等基本元素。接口部分包括机械接口、电接口、流体接口、控制接口、热接口、信息接口等。这些基础元素为更高层级的单机模型、分系统模型和系统模型提供了基础支持，使得建模仿真具备更高的灵活性和精确性，能够根据不同需求进行灵活组合和定义。

数字空间站在研制阶段和在轨运行阶段的主要功能如下。

1. 数字空间站在研制阶段的主要功能

（1）在系统总体层面进行面向顶层任务的多学科综合仿真验证。对空间站关键技术验证阶段、组装建造阶段和运营阶段的主要任务进行仿真，包括舱段发射入轨、自主飞行、轨道姿态调整机动、交会对接、推进剂补加、航天员出舱、舱段转位、组合体管理与控制、在轨应急、实验支持以及来访飞行器停靠等；对在轨维护维修等不同任务进行仿真，包括对空间站能源、环热控、信息、姿轨控、应用载荷、机械臂等系统的工作模式和工作状态进行仿真，验证系统之间的相互匹配性、任务的可行性与合理性，并支持对多个方案进行分析与比较。

（2）对空间站系统涉及的轨道、动力学、控制与推进、能源、热控、环控、测控与通信、载荷等各专业的详细设计方案进行单项详细仿真验证，以验证方案的可行性和合理性。

（3）对空间站系统、分系统及单机等各级产品进行功能和性能仿真，验证其功能与性能指标的正确性及是否满足设计要求。支持利用产品测量数据、实验测试数据等实做数据对仿真模型进行集成，以获得与实物产品状态一致的仿真模型，对产品的功能和性能进行仿真验证。

（4）对空间站系统在极限拉偏、故障等非正常工况下的性能进行仿真分析，辅助分析裕度，基于系统故障模式与对策设计、构造故障模型，辅助分析可能的故障模式和影响范围，验证对策的有效性，实现正常、极限拉偏、故障等工况的全覆盖仿真，确保全面验证无死角。

2. 数字空间站在轨运行阶段的主要功能

（1）依据在轨遥测数据，对在轨空间站进行实时数字仿真伴飞，对系统运行状态进行监控与预示，为系统健康状态的综合评估提供支持。

（2）对空间站飞行任务进行仿真，辅助空间站飞行任务规划、维护维修方案规划和相关飞行程序的制定，并进行仿真验证。在航天员出舱、舱段转位等重要任务前进行仿真推演和预示分析，在任务中进行数字伴飞监测，在任务后进行状态评估。

（3）对空间站故障进行仿真，辅助在轨故障定位及故障处置策略的制定，并对故障处置策略的有效性进行仿真验证，以支持故障的快速处置。

（4）对空间站应用载荷支持能力进行仿真验证，根据飞行任务规划，并结合应用载荷的供电、散热、信息、轨道、姿态、舱内外转移等方面的需求，开展发电能力与能量平衡、舱内温度、总线流量、轨道姿态等仿真预示，辅助能源调配策略、舱间热调配策略及信息调配策略的制定及验证，为应用载荷的在轨运行提供支持保障。

（5）支持空间站平台扩展方案仿真验证，在有外来飞行器对接停靠的条件下，对空间站平台对扩展飞行器的热控、能源、信息及构型变化时的姿轨控等方面的支持能力进行仿真验证。

（6）能够与在轨实物空间站、地面电性空间站进行仿真数据交互，形成"三个空间站"运营体系，共同支持空间站的长期运营，包括支持半物理仿真验证各种在轨工作状态，为原理样机、工程样机或器上软件提供与总体设计方案一致的硬件仿真环境，支持样机测实验证和器上软件开发，辅助器上设备的联试与验证。

6.1.3 数字空间站应用

数字空间站建设工作与空间站型号研制工作并行开展。本着边建设边应用的原则，数字空间站在空间站各个研制阶段均开展了相应的应用。

在前期的研制阶段，基于多学科集成仿真模型和相应的仿真支撑软件工具，在总体层面对设计方案开展了各项仿真验证，如飞行方案仿真、能源系统功能及动态性能仿真、舱段转位多学科集成仿真等，验证方案的可行性、系统功能性能设计的正确性，以及是否能满足任务要求；在专业层面，利用各类专业仿真分析软件，以设计模型为基础，构建力、热、电、控制、信息、维修等各专业仿真模型，分别对专业详细设计方案进行专业设计仿真验证，以验证产品工程设计的正确性。

进入空间站运行阶段后，开展更为深入的应用，面向重大飞行任务提供更为全面的仿真支持。在任务实施前进行仿真预示，验证任务规划及飞行方案的正确性；在任务实施中进行数字伴飞，实现参数监视对比；在任务实施后辅助开展闭环评估，有效保证任务的圆满成功。

空间站核心舱成功发射后，数字空间站可在机械臂转位、出舱活动、机械臂巡检、首长通话、推进剂补加等一系列关键任务中开展仿真分析应用，为任务成功提供有力的支撑。在空间站运行阶段具有代表性的一些应用如下所述。

1. 航天员出舱任务

在神舟十二号和神舟十三号航天员乘组的出舱任务中，利用数字空间站多学科集成仿真模型，在飞行程序驱动下开展了出舱过程能量平衡仿真、出舱泄压仿真、散热能力仿真、控制力矩陀螺 CMG 角动量积累仿真、中继链路动态遮挡仿真等多学科综合仿真分析等工作。验证了出舱方案在能源、信息、姿轨控、环热控等多学科专业方面的匹配性和出舱工作流程的正确性，在出舱窗口时段的选取和出舱方案的确认中发挥了重要的决策支持作用。

2. 机械臂转位货船实验任务

在机械臂转位货船实验任务前，利用数字空间站多学科集成仿真模型，由飞行程序驱动进行了机械臂转位过程的动力学与控制仿真、能量平衡仿真、测控覆盖仿真、视场动态遮挡仿真等多学科深度耦合仿真分析工作。通过仿真分析验证了机械臂转位货船飞行方案在能源、姿态控制、测控通信等多学科的匹配性。

另外，根据机械臂转位货船实验任务的总体方案及协同程序，总体组织相关分系统技术人员基于数字空间站多学科集成仿真模型开展了转位货船任务过程的数字化推演。在任务实施当天，利用空间站组合体停控时刻的天上遥测数据，开展了天地状态同步与快速仿真预示。在任务结束后，结合任务过程的遥测数据，进行了转位货船实验任务后的仿真评估。机械臂转位货船实验任务中，重点对停控期间的姿态漂移和蓄电池放电量进行了快速仿真预示，仿真预示结果与实际遥测数据基本一致，误差在 5%以内，满足要求。

3. 能源系统 24 小时伴飞监控

根据任务需要，数字空间站多学科集成仿真模型支持针对能源系统进行 24 小时实时伴飞仿真。在伴飞过程中，多学科集成仿真模型会实时从天上获取空间站的姿态、轨道、太阳翼转角等遥测数据，以实时遥测参数为输入驱动仿真，得到能源系统有关参数的实时仿真预期值，然后将该仿真预期值与相应的遥测参数值进行比对。若二者差异超过正常标准，则由自动判断系统进行异常情况报警，从而实现对空间站能源系统有关参数的伴飞状态监控。

以太阳能电池翼输出电流为例，实际运行结果表明，在稳态发电工况下，基于遥测数据的仿真预期值与实际遥测参数的误差在±4A 以内。而传统的自动判读系统对该遥测参数进行判读时所选取的判读参考范围是 0~36A。显然，将仿真预期值作为参数判读的参考依据，可大幅提升判读的准确程度。

综上所述，相比传统的自动判读方式，通过实时伴飞仿真可以为判读系统提供更为精准的参考数据，提升判断的准确程度。

目前，数字空间站在空间站在轨飞行任务中已经全面开展应用，并取得了良好的应用效果。后续随着应用的不断深入，一方面可利用在轨飞行数据对模型进行持续修正，使模型能够全面真实反映空间站的功能性能；另一方面可进一步拓展其应用范围，为满足新的应用需求而不断完善，进而为空间站长期在轨运行提供数字化仿真保障。

6.2 案例 2：航空

6.2.1 案例背景

随着电子化和集成化技术的不断进步，现代飞机系统架构设计面临着越来越多的综合性挑战。这些挑战对传统的飞机系统研发模式提出了新的要求，迫切需要寻求更为高效和全面的解决方案。而建模仿真技术的广泛应用与发展，为应对这些挑战提供了新的途径。

利用计算机技术，我们可以构建一个完整的飞机系统模型，并对其性能进行全面的分析。这种基于建模与仿真的方法，不仅能够有效地解决综合性问题，还能够提高研发效率和质量。

目前，基于建模与仿真的多学科融合研发模式已得到了各行业的广泛认可和应用。在大型航空航天研发项目中，我们可以利用所学的航天器与环境相关知识，开发相关的仿真基础组件。然后，根据系统的拓扑结构或数据传输流程，快速搭建起仿真模型，并对相关场景进行快速验证，可仿真的场景如下。

（1）飞机系统架构设计与验证：在飞机系统设计初期，支持快速构建系统功能架构模型，以验证架构的合理性及接口的匹配性。

（2）飞行控制律设计：支持快速搭建飞控系统及飞机动力学集成模型，适用于飞控系统控制律的快速设计与验证。

（3）飞机操稳特性分析：在飞机研制初期，支持引入飞控系统（主动控制设计）下的飞机操稳特性分析，并辅助飞机设计。

（4）飞行任务仿真模拟：快速建立飞行任务，模拟飞机在执行飞行任务过程中的各项功能与动态性能。

（5）人在回路的飞行模拟：支持硬件操纵装置/驾驶员在回路中的实时仿真，用于设计人员的研究及飞行员的初步训练。

6.2.2　模拟飞行库开发

飞机系统仿真模型具有模型规模大、复杂度高等特点，开发过程涵盖机械、液压、电气、控制、能源、通信等多个专业，涉及内容如图 6-4 所示。因此，可以基于 Modelica 语言构建飞机各分系统模型，形成完备的模拟飞行模型库。基于模拟飞行模型库，可根据具体任务和型号灵活搭建飞机型号模型，并可以基于实测数据对模型参数进行修正，确保模型仿真计算的准确性达到实际需求。

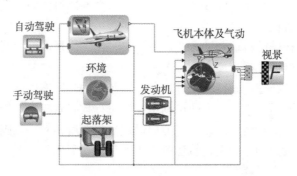

图 6-4　飞机系统仿真模型

1. 模拟飞行库的结构

模拟飞行库包括飞控系统、飞机 6 自由度本体、起落架系统、发动机系统、环境系统、飞行仪表、视景驱动支持、公用组件操纵装置接口等，提供使飞机系统闭环所需的各个子系统模型。

1）飞控系统

飞控系统模型如图 6-5 所示，涵盖主飞控系统、扰流板系统、高升力系统及水平安定面系统。库中部件主要包括飞行控制律模块（Flight Control Law Module，FCM）、致动器电子控制单元（Actuator Electronic Control Unit，ACE）和动力控制单元（Power Control Unit，PCU）。其中，FCM 提供常用的增稳控制律及自动飞行控制律（如航迹导引、自动油门、高度/速度保持、自动配平和辅助着陆等）；ACE 包括针对主飞控、扰流板、高升力和水平安定面各系统的致动器电子控制单元；PCU 提供应用于各个舵面的致动器，包括简化的致动器和相对复杂的电液致动器、电机致动器等。

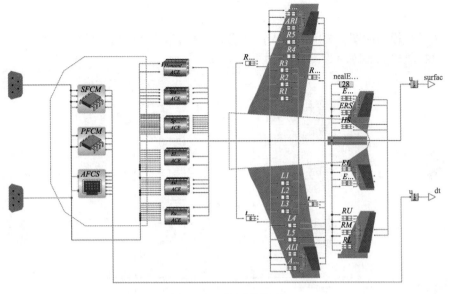

图 6-5　飞控系统模型

2）飞机 6 自由度本体

飞机 6 自由度本体模型如图 6-6 所示。该模型提供基于欧拉角和四元数的传统 6 自由度模型，并提供气动解算模块，可基于气动数据表计算飞机在不同运行工况下所受的气动力及气动力矩。该模型还提供统一格式的气动数据表格，支持气动力的统一数据调用与计算，并提供升力、阻力、侧力、滚转力矩、俯仰力矩、偏航力矩的各类系数计算模块及气动力/力矩综合模块。此外，该模型还提供飞行计算参数，能够基于环境和飞机状态数据计算飞行参数，包括动压、风速、空速、理想校正空速和马赫数等。

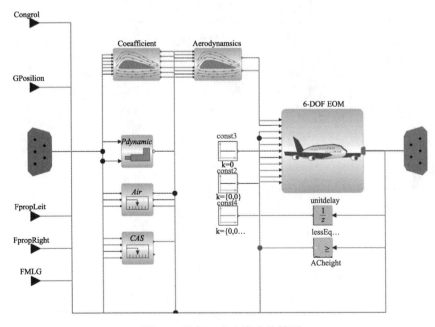

图 6-6　飞机 6 自由度本体模型

3） 起落架系统

起落架系统模型如图 6-7 所示，支持飞机起飞和着陆过程中的收放、刹车和转弯功能的实现，同时提供轮胎和跑道等模型。

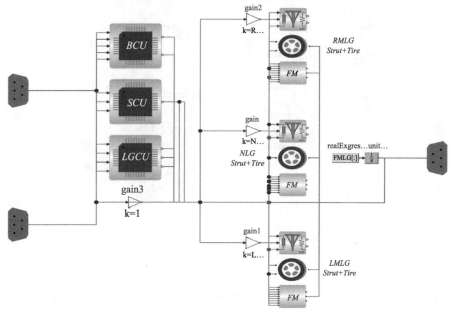

图 6-7　起落架系统模型

4）发动机系统

发动机系统模型如图 6-8 所示，支持建立典型的涡扇发动机模型，并提供构成发动机的基本组件模型，包括低压风扇、高/低压压气机、燃烧室、涡轮转子等。

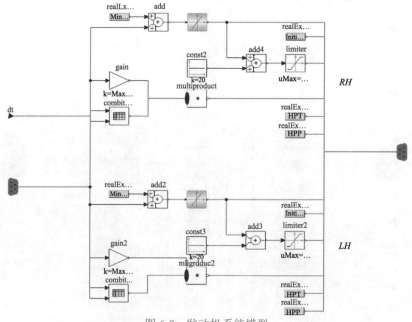

图 6-8　发动机系统模型

5）环境系统

环境系统模型如图 6-9 所示，支持多个环境模型的应用，包括 WGS-84 重力模型、EGM-96 大地水准面模型、国际标准大气模型和风模型等。

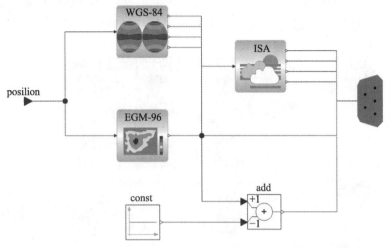

图 6-9　环境系统模型

6）飞行仪表

飞行仪表模型如图 6-10 所示，提供飞机驾驶舱内常用的各类仪表，包括空速表、高度表、水平仪、转速表、PFD（主飞行显示器）、协调转弯仪等。

图 6-10　飞行仪表模型

7）视景驱动支持

视景驱动支持模型对飞行状态数据进行打包处理，并自动驱动 FlightGear 的运行，以实时显示飞机的运行状态。

8）公用组件

公用组件提供飞机系统建模过程中常用的公共组件，涵盖常用函数的定义、常数的定义、单位转换、各类坐标转换和数学运算等。

9）操纵装置接口

操纵装置接口支持硬件操纵设备的实时输入，包括驾驶杆、驾驶盘、侧杆、脚蹬、按钮和键盘等。该接口可以针对特定的硬件输入设备进行定制。

2. 模拟飞行库的功能

模拟飞行库的主要功能如下。

（1）飞行控制律仿真。飞行控制律模型如图 6-11 所示，涵盖主飞行控制律（升降舵、副翼、方向舵、水平安定面、扰流板）、高升力控制律（襟翼、缝翼）及自动飞行控制律（自动驾驶等）。该模型通过查看系统的瞬态响应与稳态响应，可以评估控制效果，并优化控制设计。

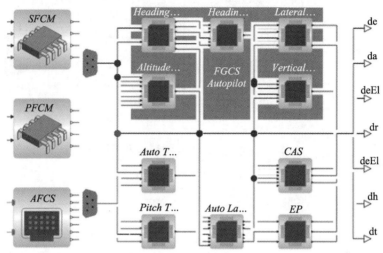

图 6-11　飞行控制律模型

（2）通用气动数据的统一调用。通用气动数据调用模型及数据显示如图 6-12 所示，此功能制定并提供统一格式的气动数据表，内置了波音 737 的气动数据，支持气动力的统一数据调用与计算。此功能为构建高置信度的仿真模型提供了更为真实的气动数据支持。

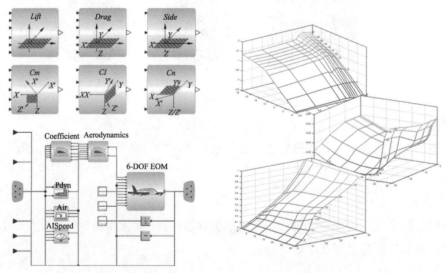

图 6-12　通用气动数据调用模型及数据显示

（3）飞行环境显示。飞行环境显示模型如图 6-13 所示，此模型支持多种标准环境模型，包括 WGS-84 重力模型、EGM-96 大地水准面模型、国际标准大气模型和风模型等。通过调用真实环境数据，能够构建高保真的仿真模型，用于多工况环境下的飞行仿真。

图 6-13　飞行环境显示模型

（4）飞机系统级多学科耦合建模。兼容 Modelica 标准库和标准接口，支持通过统一平台快速搭建多学科子系统，形成完整的飞机系统模型，实现系统级的多学科耦合建模与仿真。

（5）硬件接口与可视化支持。支持操纵装置的硬件接入，并提供驾驶舱仪表显示与飞机多维度视景、地景的可视化实时呈现功能。

6.2.3　飞机级全数字模型应用

随着现代飞机设计技术的创新发展，飞机设备的复杂程度呈指数级增长，系统功能和结构紧密交联，基于模拟飞行库，可以搭建飞机级全数字模型，开展飞机数字装备虚拟实验，通过集成各分系统，实现飞机数字装备的虚拟实验仿真验证。此外，还可以将飞行模拟器与模拟飞行库结合，用于飞行员的初步训练，并实现人在回路的仿真验证。

1. 飞机数字装备虚拟实验仿真验证

飞机数字装备虚拟实验结果如图 6-14 所示，参考既定航线与飞行任务剖面，构建包括飞控系统、飞机本体、气动解算、起落架系统、发动机系统等在内的闭环飞机系统模型。通过程序设定的阶段任务信号或由硬件输入信号驱动飞机执行任务，模拟飞机各系统的工作情况和飞行任务的执行情况。在仿真过程中，可以通过相关的曲线、仪表及飞行视景直观展示飞机及各系统的运行情况。

扫码查看彩图

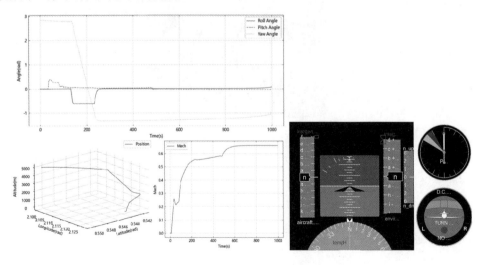

图 6-14　飞机数字装备虚拟实验结果

基于该数字装备虚拟实验，可实现正常工况与故障工况的仿真，具体仿真应用场景如下。

正常工况实验：验证更新后的飞控系统模型是否符合飞机的最新构型要求；

故障工况实验：建模过程需考虑飞控系统的典型故障，如舵面的急偏/卡阻故障、多功能扰流板丧失辅助横滚功能故障、地面扰流板丧失地面破升功能故障，以及方向舵丧失配平功能故障等。通过实验分析上述故障对系统及飞机的影响，可为安全性分析提供重要依据。

2. 基于模型的飞行模拟器应用

除了虚拟实验仿真，模型还可与飞行模拟器结合使用。飞行模拟器是飞机研制过程中的重要实验工具，属于典型的人在回路仿真实验设备，其应用贯穿飞机设计研制、地面实验以及运营维护全过程，其架构如图6-15所示。经过验证的模型经过实时化处理后，可直接生成实时代码并部署到飞行模拟器上，进行人在回路的仿真验证。同时，基于飞行模拟器，还可以实现飞行员的初步训练，如图6-16所示。基于模型驱动的飞行模拟器，可以让工程设计人员和飞行机组成员提前参与飞机设计，评价设计方案、确定必要的设计参数，并对飞机性能、操纵品质、机载系统性能以及在应急和故障状态下的飞行性能等进行分析评估。这有助于及时改进设计、优化方案并节省成本。

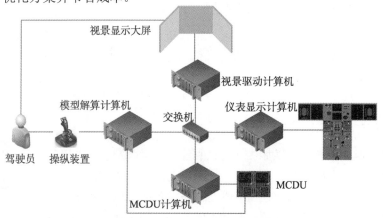

图 6-15　飞行模拟器架构

图 6-16　基于飞行模拟器实现飞行员的初步训练

6.3　案例 3：能源

6.3.1　案例背景

核电研发设计是一项多学科、多专业结合的复杂系统工程。在核电研发设计领域，建模与仿真广泛应用于设计分析与验证等环节，尤其在反应堆物理、热工水力、流网工艺、仪器控制和电力系统等方面的验证中发挥着重要作用。随着计算机技术的发展和现代数值仿真技术的进步，多学科、多尺度的耦合框架仿真模拟技术使得全核电厂范围内的仿真模拟成为可能。

在这些技术中，新一代开放的、面向对象的多专业物理系统统一建模语言——Modelica，作为一种已被国际工业界、产业界和科研界所接受的多领域统一建模规范，广泛应用于航天、航空、能源、船舶和工程机械等行业，解决复杂装备系统仿真验证、多领域耦合仿真分析以及企业知识模型库积累建设等问题。Modelica 语言具有丰富的开源知识积累，其在热流领域中具有分析优势，近十几年来，核能领域的一批典型原产商、研究机构和知名高校纷纷对其展开了应用研究，如法国电力集团、橡树岭国家实验室和米兰理工大学等通过大量工程案例对该技术进行了验证和推广，有效证实了该技术在核反应堆系统仿真分析中的应用可行性。

本案例针对核电厂多专业、多场景的仿真需求，选取某三代堆型核电系统的一、二回路主系统及关键设备，基于 Sysplorer 开发平台，采用 Modelica 语言开发了正常运行工况下的仿真模型库。然后，按照核电系统的原理结构，采用模块化拖曳式建模方式，构建了核电系统的一、二回路主系统模型，并合理配置了模型参数。在此基础上，实现了对该核电系统的仿真分析，能够模拟正常稳态工况及正常瞬态工况下所包含的物理现象，如线性升降负荷、阶跃升降负荷、汽轮机跳闸、甩负荷和日负荷跟踪等。通过对模型计算结果的对比分析可知，所建立的模型可以准确地模拟核电系统一、二回路主系统的正常运行工况特性，验证了 Modelica 语言在核电系统全电厂多专业统一建模仿真中的能力。

6.3.2　核电系统仿真

1. 核电系统仿真原理

本章基于 Modelica 语言，采用模块化建模方法，针对某三代堆型核电系统的不同设备分别建立数学机理模型，同时选用高效的两相流动模型处理汽水相变过程，形成一套设备种类齐全、功能完备的核电系统动态模型库。模型库可分为配套模型、设备模型（分为一回路设备模型和二回路设备模型）和系统模型三大类，具体包括介质模型、边界模型、控制模型、容器、管道和管件、汽水分离器、除氧器、冷凝器、泵阀、电机模型、汽轮机、主泵、蒸汽发生器、蒸汽稳压器、反应堆模型、点堆模型，以及稳态系统、瞬态系统等。该模型库支持用户从中选取所需模型，快速采用拖曳方式构建核电系统一、二回路主系统仿真模型。核电系统一、二回路主系统仿真模型库架构如图 6-17 所示。

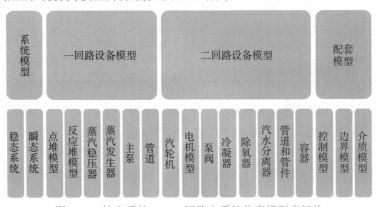

图 6-17　核电系统一、二回路主系统仿真模型库架构

图 6-17 中的一回路设备模型中关键设备组件包括点堆模型、反应堆模型、蒸汽稳压器和蒸汽发生器，它们的建模原理描述如表 6-1 所示。

表 6-1　一回路设备模型中关键设备组件的建模原理描述

模型名称	功能描述
点堆模型	基于点堆中子动力学理论构建，用于模拟中子通量密度随时间的变化，从中子扩散方程推导堆芯动力学方程，假定不同时刻中子通量密度在空间中的分布形状不变，即堆内各中子密度随时间的变化涨落是同步的，则可以把它视为一个集总参数的系统来处理
反应堆模型	反应堆模型主要包括进口接管、下降段、下腔室、流量分配板、堆芯、旁通、上腔室、出口接管等组件。流道可简化为管道模型或管路附件模型。堆芯为单管道模型，堆芯加热采用热构件进行模拟，并应用点堆中子动力学模型，考虑反应堆芯冷却剂和燃料元件温度的反馈效应
蒸汽稳压器	将蒸汽稳压器容积分为两部分——蒸汽区和液体区。蒸汽区考虑存在蒸汽和液滴两相，液体区则考虑存在水和气泡两相。蒸汽稳压器主要用于模拟稳压器内部的压力变化、水位变化及蒸汽区与液体区的质量流量，其主要功能是调节和稳定一回路冷却剂的压力，防止因一回路压力过高而损坏设备或因一回路压力过低而导致容积沸腾，使堆芯传热恶化
蒸汽发生器	蒸汽发生器主要包括一次侧、二次侧、汽水分离器、干燥器等组件。该模型包含阻力系统的计算参数及其他主要部件的关键节点参数。在运行过程中，一次侧工质沿着 U 型管流动到蒸汽发生器的上部，然后沿管体流回到底部，经蒸汽发生器底部出口水室流出。二回路的水从蒸汽发生器上部的给水接管流入蒸汽发生器，沿下降环腔留到蒸汽发生器底部，再折回至蒸汽发生器的换热管束区，并流到蒸汽发生器上部。在这个过程中，二回路工质通过 U 形换热管的管壁吸收一回路载热剂中的热量，形成蒸汽。汽水混合物形式的蒸汽流入蒸汽发生器上部的汽水分离器，分离出湿度较低的蒸汽，蒸汽再经过干燥器进一步干燥，成为主蒸汽，流出蒸汽发生器并推动汽轮机做功。汽水分离器及干燥器分离出的水则流回下降环腔，并与给水混合

图 6-17 中的二回路设备模型中关键设备组件包括汽轮机、冷凝器模型、除氧器等，它们的建模原理描述如表 6-2 所示。

表 6-2　二回路设备模型中关键设备组件建模原理描述

模型名称	功能描述
汽轮机	汽轮机是将蒸汽中的热能转化为机械能的关键设备。汽轮机排出的蒸汽在冷凝器中冷凝成水，随后由给水泵打回蒸汽发生器，完成一个完整的热力循环。主蒸汽通过蒸汽母管输送至汽轮机的高压主汽门，经过调节汽门进入高压缸中膨胀做功。高压缸的排汽被送入汽水分离再热器，蒸汽经过去湿和再加热后，通过再热汽门被送到低压缸，在低压缸中膨胀做功后排入冷凝器。汽轮机组基于佛流格尔公式采用集总参数方式构建，汽轮机整体包括多级模型及给水、加热、抽汽相关的管路
冷凝器	根据冷凝器的工作原理和结构特点，建模时把冷凝器分为壳侧和管侧两部分，采用集总参数法。冷凝器汽侧压力均一，并以冷凝器入口压力作为冷凝器内的平均压力。壳侧的两相工质采用均相模型，除热并外，壳侧工质始终处于饱和态，冷却管中的水温变化率等于出口水温的变化率。汽轮机末级排汽及各设备的疏水均进入冷凝器，排出的蒸汽在壳侧内掠过管外进行凝结放热，冷却循环水在冷凝器管内流动，蒸汽的热量通过管壁传给冷却水。通过不断循环的低温冷却水，保持冷凝器处于较高的真空状态
除氧器	除氧器是一种典型的混合式换热器，建模时采用集中参数法，可将其内部空间划分为饱和液相和饱和汽相，且两者体积相加即为除氧器的总体积。除氧器内各部位的压力和温度相等，且处于平衡状态。除氧器的主要功能是除去水中的氧气和其他不溶性气体，其工作原理基于亨利定律，即容器内水中溶解的气体量与水面上该气体的分压力成正比

基于上述模型库，采用拖曳方式构建的某三代堆型核电系统一、二回路主系统仿真模型如图 6-18 所示。所有模型均基于 Modelica 语言及 Sysplorer 仿真平台构建。其中，一回路设备模型由四环路组成，是核电系统中的核心回路之一。该回路用于模拟反应堆冷却剂系统将核反应堆中产生的热量通过回路中冷却剂与二回路工质在蒸汽发生器中完成热交换的方式、将一回路热能传递到二回路中去的完整流动换热过程。二回路设备模型则用于模拟核电系统的另一个核心回路，其作用是将一回路中被加热的高温高压蒸汽作用于汽轮机叶片，将蒸汽

的热能转化为汽轮机的机械能，最终驱动发电机产生电能，实现热能到电能的转换。

核电系统一、二回路主系统仿真模型可用于对复杂核电系统进行研究，并分析其在各种稳态及非稳态工况下的运行特性，从而形成对核能系统的验证与分析能力。

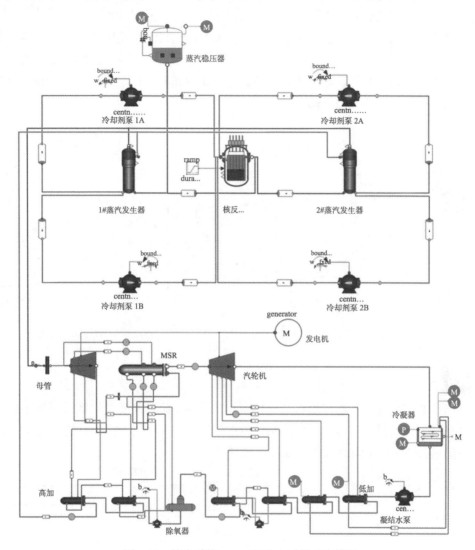

图 6-18　核电系统一、二回路主系统仿真模型

该模型具备对核电系统一、二回路主系统的变工况仿真模拟能力，具体支持以下仿真工况：

- 线性升降负荷；
- 阶跃升降负荷；
- 负荷跟踪；
- 甩负荷；
- 二回路跳机；
- 跳机跳堆；
- 其他运行瞬态。

2. 典型工况仿真结果

基于上述架构构建复杂核电系统一、二回路主系统模型，研究和分析其在各种非稳态工况下全系统设备的匹配运行特性，可帮助核电研发设计人员开展系统设计和优化，以下为部分工况下的仿真及相关结果分析。

一回路冷却剂系统控制棒插入仿真结果如图 6-19 所示。此工况模拟的是在一回路冷却剂系统中插入控制棒，降低反应速率的过程，仿真结果展示了一回路一次侧温度、压力以及二次侧出口温度和压力的变化。随着控制棒的插入，反应速率在一定程度上被抑制，从而导致一回路冷却剂系统温度和压力下降。

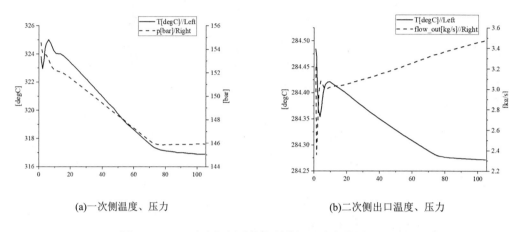

(a)一次侧温度、压力　　　　　　　　　　(b)二次侧出口温度、压力

图 6-19　一回路冷却剂系统控制棒插入仿真结果

一回路冷却剂系统瞬态过程仿真结果如图 6-20 所示。此工况模拟的是一回路冷却剂系统从自然循环转为强迫循环，再转回自然循环瞬态过程，仿真结果符合实际物理现象，表明系统中设备的响应能够较准确地模拟真实物理现象。

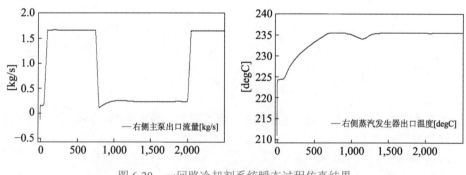

图 6-20　一回路冷却剂系统瞬态过程仿真结果

二回路系统降负荷仿真结果如图 6-21 所示。此工况模拟的是二回路系统入口流量减少、降负荷的过程。仿真结果展示了汽轮机流量、功率及冷凝器压力、水位的仿真情况。结果符合实际物理现象，表明系统中设备的响应能够较准确地模拟真实物理现象。

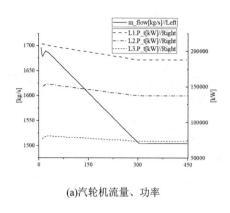 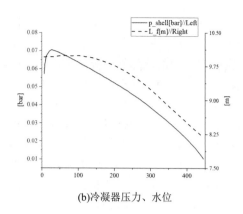

(a)汽轮机流量、功率   (b)冷凝器压力、水位

图 6-21 二回路系统降负荷仿真结果

二回路系统瞬态过程仿真结果如图 6-22 所示。此工况模拟了二回路负荷先升后降的过程，研究和分析其在各种非稳态工况下全系统设备的匹配运行特性。仿真结果表明，所建立的仿真模型能够支持复杂二回路系统中两相流动、临界流动及多专业耦合等复杂问题的仿真分析，并具有较高的求解效率。这对于研究和设计核能装置、制定运行规程及自动控制策略具有重要意义。

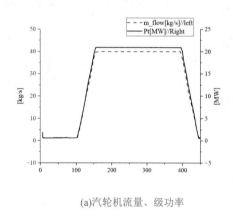 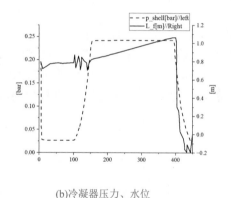

(a)汽轮机流量、级功率   (b)冷凝器压力、水位

图 6-22 二回路系统瞬态过程仿真结果

6.3.3 核电系统仿真的意义

以上核电系统建模仿真实例，充分验证了 Modelica 语言在复杂核电系统一、二回路全工况仿真分析中的能力。基于核电系统一、二回路主系统仿真模型，可进一步拓展和演化，以满足更大范围、更多场景的核电设计、实验和运维场景需求，具体如下。

在设计阶段，该仿真模型发挥着举足轻重的作用。它不仅能在早期迅速支持方案的验证工作，深入满足一、二回路主系统在各种工况下的运行特性分析需求，还能通过仿真结果全面展示系统的匹配特性，为设备选型和分专业设计提供有力的数据支撑。此外，该模型还能与五大控制系统紧密结合，进行联合仿真，有效支持控制系统的设计验证工作，从而更好地满足核电系统研发设计的各项任务需求。

在实验阶段，实验前，可基于一、二回路主系统仿真模型与控制系统联合实现半实物仿真应用，开展实验规程设计与验证；也可通过模型变参数批量化仿真，分析工况参数敏感性，有效减少实验次数，降低实验成本。在实验过程中，可通过仿真模型的孪生运行能力开展实验过程的实时预测与分析，实现虚实同步与验证，指导实验运行。此外，还可开展超设计工况仿真模拟，拓展实验系统运行工况参数范围，突破实体装备的运行边界，以更好地论证实体系统的运行特性，并指导优化实体系统的运行规程和控制逻辑。

对于设计阶段建立的仿真模型，在实验阶段进行充分验证完善，并补充建立运维所需的监测和诊断功能，演进形成运维阶段所需的孪生模型。在运维阶段，该模型支持实时跟踪核电厂的运行状态、设备性能和安全参数，为核电系统运维提供实时监测和分析功能，帮助我们提前识别潜在的安全问题和故障风险，从而提高核电厂的整体安全性。

6.4 案例4：机器人

6.4.1 案例背景

六足机器人是一种模仿昆虫步态的多足步行机器人，具有六条由三个关节的独立支撑腿，能够在复杂地形环境下灵活行走。相比于轮式机器人，六足机器人具备更强的适应性和稳定性。

随着数字化技术的发展，数字孪生作为一种新型系统仿真与分析技术，为六足机器人的建模与仿真提供了新的思路。通过建立高精度的六足机器人数字孪生模型，并进行涵盖机器人本体、控制系统及环境的多域综合仿真，可以实现对六足机器人整体性能的评估。此外，数字孪生技术能够使仿真环境与实体环境高度一致，进行硬件在环仿真，从而提升仿真测试的真实性。

6.4.2 六足机器人建模仿真

1. 六足机器人分析与建模

1）六足机器人本体模型

在众多足式机器人中，六足机器人极具代表性。这种模仿昆虫及低等节肢动物外形拓扑结构的机器人，因具备多个关节自由度、能够利用非连续地面支撑、运动灵活、能适应复杂多变环境等优点，较好地满足了工业作业的需求，广泛应用于各种复杂危险的工作环境中。

本节采用的六足机器人构型如图 6-23 所示，该机器人由六条腿和一个上平台组成，共有七个相对独立的模块。每条腿分别在踝、膝和髋关节处配置一个转动自由度，各关节的轴线方向和转动方向如图中箭头所示（α 与 β、γ 的轴线相互正交）。机器人足底与地面的接触可视为点接触，因此地面与足趾间只传递力而不传递力矩。在结构化环境中，六足机器人通常采用三角步态行走，在一个步态周期内的任意时刻，机器人始终有三条腿支撑地面（处于支撑相），另外三条腿在空中摆动（处于摆动相）。机器人的前进速度仅取决于处于支撑相的三条腿推动上平台的速度。处于摆动相的三条腿在运动过程中互不干涉，从上平台处观察，它们呈现出串联开链结构，可视为基座浮动的串联机械臂。

图 6-23　六足机器人构型

处于支撑相的三条腿在运动时，足趾与地面间不存在相对滑动，因此可视为球关节。所以支撑腿、地面及上平台构成了 3-RRRS 的多自由度并联封闭链机构。在行走过程中，整个机器人始终在串联开链与并联封闭链机构之间切换。

2）六足机器人单腿正逆运动学解算

机器人单腿由髋关节、膝关节和踝关节组成，其中髋关节与机体相连，踝关节所在小腿的末端与地面接触。机器人腿部的笛卡儿坐标系如图 6-24 所示。图中，F 点为小腿末端，X、Y、Z 三个轴分别代表躯干的前进方向、横向方向和高度方向，H 为躯干的支撑高度，S 为单腿的横向移动距离，α、β、γ 分别为髋关节、膝关节和踝关节的转角。在 ROZ 平面内，α 为 YOZ 平面与 ROZ 平面的夹角，逆时针方向为正。在 ROZ 平面内，机器人腿部机构的简化图如图 6-25 所示，L_1、L_2、L_3 分别代表髋部、大腿和小腿的长度，其中 $L_1 = 50$，$L_2 = L_3 = 120$。为避免前后腿在运动时发生干涉，同时考虑到足端在摆动相时应具有一定的 Z 向高度，定义关节角 α、β、γ 的运动范围分别为 $[-\pi/4, \pi/4]$、$[0, \pi/2]$ 和 $[\pi/2, \pi]$。以机器人躯干（上平台）为浮动参考系，已知关节角 α、β 和 γ，设小腿末端坐标为 (X_F, Y_F, Z_F)，则机器人单腿的正运动学方程为：

$$\begin{cases} X_F = (L_1 + L_2 \cos\beta + L_3 \cos(\gamma - \beta))\sin\alpha \\ Y_F = (L_1 + L_2 \cos\beta + L_3 \cos(\gamma - \beta))\cos\alpha \\ Z_F = H + L_2 \sin\beta - L_3 \sin(\gamma - \beta) \end{cases} \tag{6-1}$$

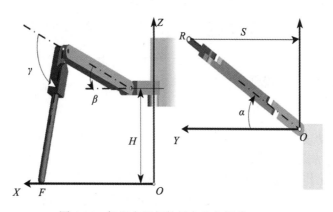

图 6-24　机器人腿部的笛卡儿坐标系

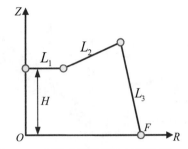

图 6-25　机器人腿部机构的简化图

通过正运动学方程，可以求出机器人腿部的运动学逆解为：

$$
\begin{cases}
\alpha = \tan^{-1}\left(\dfrac{X_F}{Y_F}\right) \\[2mm]
\beta = \tan^{-1}\dfrac{K}{H-Z_F} - \sin^{-1}\left(\dfrac{\sqrt{(H-Z_F)^2+K^2}}{2L_2} - \dfrac{L_3^2-L_2^2}{2L_2\sqrt{(H-Z_F)^2+K^2}}\right) \\[4mm]
\gamma = \pi - \sin^{-1}\left(\dfrac{\sqrt{(H-Z_F)^2+K^2}}{2L_3} + \dfrac{L_3^2-I_2^2}{2L_3\sqrt{(H-Z_F)^2+K^2}}\right) \\[4mm]
\quad\ - \sin^{-1}\left(\dfrac{\sqrt{(H-Z_F)^2+K^2}}{2L_2} - \dfrac{L_3^2-L_2^2}{2L_2\sqrt{(H-Z_F)^2+K^2}}\right)
\end{cases}
\tag{6-2}
$$

其中：

$$
K = \frac{Y_F}{\cos\alpha} - L_1
$$

髋关节转角 α 的范围受前后腿运动空间的限制，结合六足机器人模型的结构参数，取转角范围为 $[-\pi/6, \pi/6]$。膝关节转角 β 和踝关节转角 γ 受机器人几何参数，其中 $h_{\max}$ 为机器人迈脚高度。及迈腿高度等运动参数的影响，本节所采用的六足机器人相关结构和运动参数如表 6-3 所示。

表 6-3　六足机器人机构相关结构和运动参数

尺寸参数	L_1	L_2	L_3
数值（mm）	50	120	120
尺寸参数	H	S	$h_{\max}$
数值（mm）	80	120	40

2. 六足机器人运动规划

1）六足机器人步态运动原理

机器人在运动过程中，每条腿的各个关节分别由电机驱动，按照一定的运动轨迹和规律完成提起-放下的周期性交替过程，即六足机器人支撑相与摆动相随时间的有序变化。六足机器人的步态规划工作是机器人自由控制的关键研究领域，需要充分考虑机器人行进过程中的速度与稳定性。一个良好的步态规划算法不仅能够增强机器人在崎岖环境中的稳定调整能力，还能有效提高机器人的能量效率和行走速度。六足机器人的足端轨迹规划是机器人底层规划中的重要环节，通过前述运动学分析理论，我们可以规划机器人足端在工作空间中的运动轨迹，以满足六足机器人在特定场合的功能需求。

六足机器人的运动是通过腿部的连贯动作实现的。早期研究中设计的步态多以固定模式的腿部动作为主，这类简单步态虽然只能满足机器人在平坦地面上的行走要求，但从中提取的概念和模型为后续的定量分析奠定了理论基础。步态研究经历了长期的发展，逐渐形成了一套既定的术语及符号表示，基本定义如下。

步态：各腿依次抬跨的顺序及各足相对于机体的位移关系，同时包含对体态的调整。

步态周期 T：机器人所有步行足完成一次完整步态循环所消耗的时间。

摆动相（Swing Phase）：步态周期内，单腿完成抬起、前摆和下落的过程，也称为回摆冲程（Return Stroke）。

支撑相（Stance Phase）：步态周期内，单腿支撑地面，承受负载并向后摆动的过程，也称为前摆冲程（Power Stroke）。

相位差 φ_i：自选定参考腿落地时刻起至另一条腿 i 落地时刻的时间差，也称为相序。

占空比 β：单腿在一个步态周期内，支撑相保持的时间与步态周期的比值。一般情况下，β 越小，机器人步行速度越快。

$$\beta = \frac{T_{\text{stance}}}{T} = 1 - \frac{T_{\text{swing}}}{T} \tag{6-3}$$

式中：

T_{stance} ——单个步态周期内单腿支撑相保持的时间；

T_{swing} ——单个步态周期内单腿摆动相保持的时间；

T ——单腿的步态周期，满足 $T = T_{\text{stance}} + T_{\text{swing}}$。

前、后极限位置是在机器人步行足部可达区域中，相对于机体的前后极限形成的位置，即前极限位置（Anterior Extreme Position，AEP）和后极限位置（Posterior Extreme Position，PEP）。

一个步态周期内相关参数如图 6-26 所示。

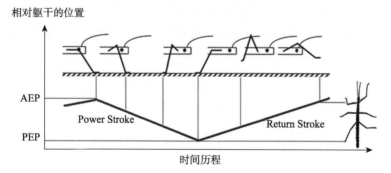

图 6-26　一个步态周期内相关参数示意图

2）单腿规划与分析

在机体坐标系 $OXYZ$ 中观察，处于摆动相时单腿前摆（α 角逐渐增大），小腿末端足趾由 PEP 迈向 AEP；处于支撑相时单腿后摆（α 角逐渐减小），足趾由 AEP 回到 PEP，如图

6-27 所示。足趾在前摆过程中的运动轨迹规划需满足以下三个原则：

（1）在 AEP 和 PEP 时速度为零；

（2）加速度曲线不存在跳变；

（3）足趾在摆动时应跨过一定的高度。

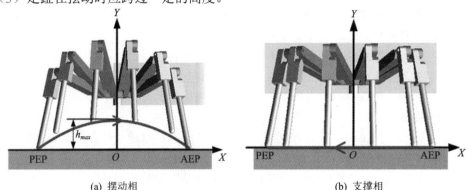

（a）摆动相　　　　　　　　　　　（b）支撑相

图 6-27　浮动机体参考系下单腿摆动相轨迹和支撑相轨迹

机器人步态由六条腿的髋关节之间的运动形式决定，六足机器人以占空比为 0.5 的标准三角步态行进。考虑到以上三个原则，髋关节转角 α 及足趾的 Z_F 坐标在一个步态周期内的运动规划如下：

$$\alpha = -\frac{\pi}{6}\cos(\omega_0 t) \tag{6-4}$$

$$Z_F = \begin{cases} 0, & \text{支撑相} \\ h_{\max}\sin(\omega_0 t), & \text{摆动相} \end{cases} \tag{6-5}$$

式中：

$h_{\max}$ ——机器人迈腿高度；

ω_0 ——髋关节摆动频率。

$h_{\max}$ 反映单腿的越障能力。$h_{\max}$ 取值不宜过大，否则足趾在空中停留时间过长，不但会降低行走效率，而且会增加驱动元件的能耗。综合考虑，取 $h_{\max} = H/2$。通过式（6-4）和式（6-5）可以求解出单腿关节角在一个步态周期内的变化曲线，如图 6-28 所示。

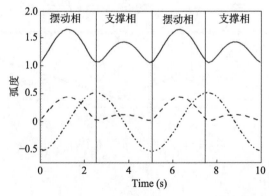

图 6-28　标准三角步态下单腿关节角在一个步态周期内的变化曲线

在标准三角步态下，关节角 α、β 和 γ 呈现周期振荡特性。膝关节转角 β 和踝关节转角

γ 随迈腿高度 h_{max} 的变化曲线如图 6-29 所示，图中实线为 $h_{max}=H/2$ 时的 β 和 γ 值。

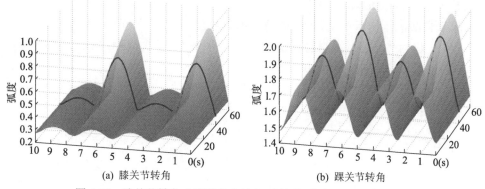

(a) 膝关节转角　　　　　　　　(b) 踝关节转角

图 6-29　膝关节转角 β 和踝关节转角 γ 随迈腿高度 h_{max} 的变化曲线

观察两组曲线的幅值和相位变化可以发现，β 和 γ 与谐波曲线的衍化过程相似。单腿处于支撑相时，$Z_F=0$（等价于 $h_{max}=0$），故 β 和 γ 的波形不随 h_{max} 变化，相位和幅值在整个步态周期内始终保持一致。而单腿处于摆动相时，Z_F 相当于一个比例系数为 h_{max} 的正弦谐波曲线，即 h_{max} 只影响 β 和 γ 的幅值，而对二者的频率没有影响。因此在 h_{max} 从 0 增长到 H 的过程中，β 和 γ 波形的幅值逐渐增大，而相位保持不变。由此可见，在一个步态周期内，β 和 γ 保持同相，二者的幅值大小由迈腿高度 h_{max} 决定，且与 h_{max} 的函数增减性相同。通过以上分析可知，$\beta(\gamma)$ 曲线可以等效于一个比例系数分段定义（支撑相和摆动相）的谐波振荡曲线。

3）六足机器人常用的几种运动步态

六足纲昆虫作为常见的生物之一，经过大自然数千年的演化与选择，为了适应外界环境的变化及提高自己的运动效率，进化出了可以在任意时刻适应不同复杂地形的运动步态。根据自然界六足总纲生物的行走次序，可归纳出不同的步态规律。将这些步态依据仿生学原理应用到六足机器人的活动中，可大大增强六足机器人在复杂环境下的适应能力。下面介绍六足机器人常用的三种运动步态，主要包括行走较快的三角步态、稳定行走的四角步态及慢速推进的波动步态。

（1）三角步态。

三角步态因其稳定快速的行走特点，常用于仿生六足机器人的步态规划，其占空比为 1/2。三角步态的运动机理是将六足机器人的所有腿分为两组，以交替前进的三角形支撑结构行走。每组分别包含三条腿，支持地面的腿处于支撑相，向前摆动的腿处于摆动相。三角步态相位图如图 6-30 所示。

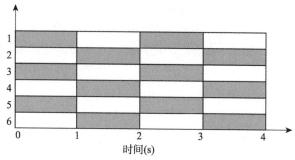

图 6-30　三角步态相位图

其中，深色部分代表支撑相，白色部分代表摆动相。

六足机器人的具体运动分析如下。

三角步态前进运动示意图如图6-31所示，将机器人的六条腿分为两组：1、3、5腿为一组，2、4、6腿为另一组，两组腿分别具有相同的相位，并构成稳定的三角形支撑结构。

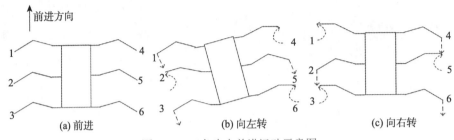

图6-31　三角步态前进运动示意图

前进（如图6-31(a)所示）：起初2、4、6腿处于摆动相，1、3、5腿处于支撑相。当前进时，1、3、5腿支撑地面，2、4、6腿缓慢抬起离开地面，向前摆动，然后落下。当2、4、6腿着地后，它们接替支撑，1、3、5腿再缓慢抬起离开地面，向前摆动并落下，完成整个前进动作。

向左转（如图6-31(b)所示）：当向左转时，1、3、5腿作为支撑地面的支点，2、4、6腿缓慢抬起，向左摆动，然后落下。着地后，2、4、6腿成为支撑腿，1、3、5腿缓慢抬起并向左摆动，然后落下，完成向左转的全套动作。

向右转（如图6-31(c)所示）：当向右转时，以1、3、5腿作为支撑地面的支点，2、4、6腿缓慢抬起并向右摆动，然后落下。着地后，2、4、6腿作为支撑地面的支点，1、3、5腿缓慢抬起并向右摆动，然后落下，完成向右转的全套动作。

虽然要实现自然行走较为困难，但三角步态可以在一定程度上提高行走速度。为进一步加快机器人的行进速度，在机器人1、3、5腿向前摆动的瞬间，2、4、6腿同时增加了一个向后蹬地的动作，使整体行进速度有所提升。

（2）四角步态。

六足机器人的四角步态将机器人的所有腿分为三组，每组腿的运动状态完全相同。根据不同腿的组合方式，四角步态有多种类型，本节选择其中一种类型进行描述，即1、5腿为一组，2、6腿为一组，3、4腿为一组。

首先，抬起不同侧中的两条腿，并向前伸展，然后放下，以剩余的四条腿作为支撑腿。待摆动相的两条腿着地后，剩余四条腿中不同侧的两条腿继续向前伸展并放下，其余四条腿作为支撑腿，最后剩下的两条腿向前伸展并放下，如此往复循环，形成机器人的四角步态。由于四角步态在前进过程中，总有一组腿在摆动，两组腿支撑地面，因此其占地比为2/3，确保了运动中的机体平衡。四角步态前进运动示意图与相位图如图6-32和图6-33所示。

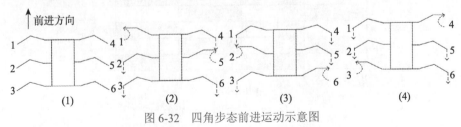

图6-32　四角步态前进运动示意图

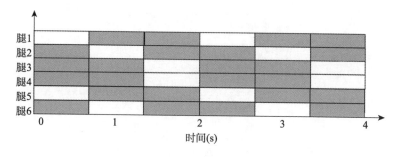

图 6-33　四角步态相位图

四角步态的主要优点在于处于支撑相的有四条腿，处于摆动相的仅有两条腿，这使得机器人具有更大的负载能力，能够完成一些负载转移的任务。然而，由于处于摆动相的仅有两条腿，因此四角步态的行进速度较三角步态而言较为缓慢。

（3）波动步态。

当六足机器人使用波动步态行走时，每次处于摆动相的只有一条腿，即只有一条腿在运动，其他五条腿作为支撑腿。当所有腿都摆动到前方或有五条腿摆动到前方时，机器人驱动髋关节舵机推动机体向前，完成波动步态的行进。在此步态下，机器人在任意时刻都有五条腿或更多条腿着地，机体平衡性达到最大，更适合在不平坦地面上移动。此外，多条腿着地为机体提供更好的支撑作用，在负重较大的情况下表现更为出色。六足机器人波动步态相位图如图 6-34 所示。

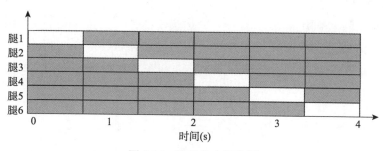

图 6-34　波动步态相位图

波动步态的缺点是每执行一个完整的循环需要多个动作，行进速度相比三角步态与四角步态最为缓慢，通常仅用于展示，不用于实际行走。

3. 系统建模与集成

与四旋翼无人机系统建模类似，六足机器人系统也需要分解为多个子系统，逐步进行建模。与第 4 章所搭建的四旋翼无人机系统不同的是，本节介绍的六足机器人系统主要应用于控制系统，采用基于运动学的开环控制，不涉及复杂的传感器子系统和 PID 控制子系统。用户可以根据需要，在本案例基础上自行开发子系统。

1）总体建模

参照第 4 章四旋翼无人机系统创建子系统模型的步骤，在模型浏览器窗口的"用户模型"中，建立六足机器人子系统模型库 Sixleggedrobot1，如图 6-35 所示。模型库组件清单见表 6-4。

图 6-35　模型浏览器

表 6-4　模型库组件清单

序号	模型名称	模型描述	子模型库存放内容说明
1	Examples	示例模型库	存放完整的六足机器人系统模型
2	Main	机械多体模型库	存放六足机器人本体模型及地面模型
3	Blocks	控制系统模型库	存放六足机器人控制系统各组件模型
4	GroundModel	地面模型库	存放地面接触模型
5	Utilities	辅助模型库	存放辅助函数和图标

2）机械多体部分建模

　　使用 Solidworks 绘制机械多体部分三位装配实体，并通过 Sysplorer 中的插件将其导入软件中。这一方式简化了传统通过方程建模的过程。对导入 Sysplorer 的模型进行简化处理后，加入地面模型，得到最终的模型，六足机器人机械多体模型如图 6-36 所示。

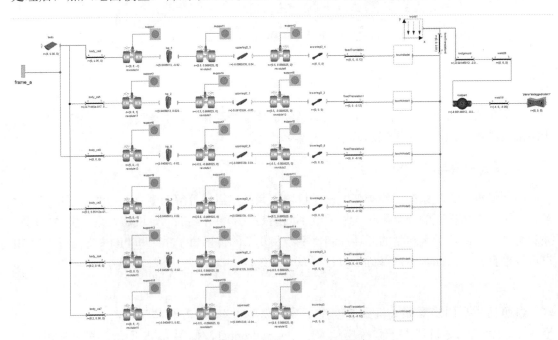

图 6-36　六足机器人机械多体模型

其中，单腿模型的连接细节如图 6-37 所示。

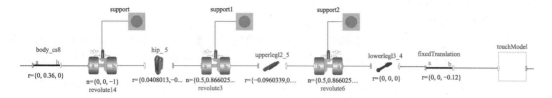

图 6-37　单腿模型的连接细节

六足机器人足端为球形的，与地面的接触可视为点面接触，因此仍使用第 4 章中定义的点面接触模型。为了统一接触模型的参数，将接触参数和摩擦力参数定义为全局变量。全局接触模型参数定义如图 6-38 所示。其中，n 代表非线性指数，控制接触力的非线性程度；delta 为穿透深度阈值，表示物体接触时的最大穿透深度，单位为 mm；C 为接触阻尼系数，表示接触过程中产生的阻尼；K 为接触刚度，表示接触过程中的弹性力；Rl 为接触半径，用于计算接触力的参考半径；V_s 为最大静摩擦力对应的相对滑移速度；Cst 为静摩擦系数，表示静摩擦力的大小；Vtr 为动摩擦力对应的相对滑移速度；Cdy 为动摩擦系数，表示动摩擦力的大小。

```
   Main ×

 1  model Main
 2    //接触参数设定
 3    import SI = Modelica.SIunits;
 4    parameter Real n(unit = "1") = 1.5 "非线性指数"
 5      annotation (Dialog(group = "接触参数设置", enable = ForceType == 2));
 6    parameter SI.Distance delta(displayUnit = "mm") = 0.0001 "穿透深度阈值"
 7      annotation (Dialog(group = "接触参数设置", enable = ForceType == 2));
 8    parameter SI.TranslationalDampingConstant C = 10000 "接触阻尼"
 9      annotation (Dialog(group = "接触参数设置", enable = ForceType == 2));
10    parameter SI.TranslationalSpringConstant K = 1e5 "接触刚度"
11      annotation (Dialog(group = "接触参数设置", enable = ForceType == 2));
12    parameter SI.Radius R1 = 0.001 "接触半径"
13      annotation (Dialog(group = "接触参数设置", enable = ForceType == 2));
14    //摩擦力参数设定
15    parameter SI.Velocity V_s = 0 "最大静摩擦对应的相对滑移速度"
16      annotation (Dialog(group = "摩擦力参数", enable = ForceType == 2));
17    parameter SI.CoefficientOfFriction Cst = 0 "静摩擦系数"
18      annotation (Dialog(group = "摩擦力参数", enable = ForceType == 2));
19    parameter SI.Velocity Vtr = 0 "动摩擦对应的相对滑移速度"
20      annotation (Dialog(group = "摩擦力参数", enable = ForceType == 2));
21    parameter SI.CoefficientOfFriction Cdy = 0 "动摩擦系数"
22      annotation (Dialog(group = "摩擦力参数", enable = ForceType == 2));
23    annotation (Diagram(coordinateSystem(extent = {{-10, -50}, {430, 320}}, p
31    inner Modelica.Mechanics.MultiBody.World world(  ...
36
37      annotation (Diagram(coordinateSystem(extent = {{-10, -50}, {310, 280}},
38    model Tybodyshape_body
39      extends Modelica.Mechanics.MultiBody.Parts.BodyShape;
40      annotation (Icon(coordinateSystem(preserveAspectRatio = false, extent
41    end Tybodyshape_body;
42    Tybodyshape_body_body(  ...
```

图 6-38　全局接触模型参数定义

3）控制器建模

本节所述的控制器基于单腿正逆运动学公式设计，采用开环控制。用户可在此基础上根据需求设计更复杂的控制器。由于涉及的控制方程并不复杂，本案例将分别使用图形化建模和文本建模方式搭建控制系统。

（1）图形化建模。

图形化建模完全通过使用 Modelica 标准库中的数学运算组件进行建模。这种方式要求用户具有较高的建模技巧和符号推导能力。在对六足机器人的真实物理系统进行建模后，模型的构成和连接较为复杂，但通过此种方式所获得的模型与六足机器人控制原理图非常相似，建模方式非常直观。六足机器人控制系统的图形化建模如图 6-39 所示。

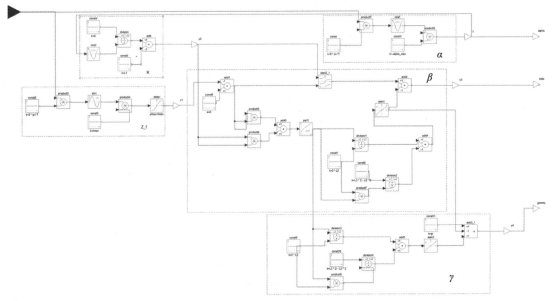

图 6-39　六足机器人控制系统的图形化建模

控制器以时间作为变量，经过正逆运动学解算，最终输出各个时刻单腿髋关节、膝关节和踝关节转角。在此过程中，用户只需设置必要的参数，如躯干高度、横向跨度、髋关节转角幅值及步态周期等。用户设定参数的代码如下：

```
model Controller "控制器"
//用户设定参数
import SI = Modelica.SIunits;
protected
parameter Real L1(unit = "mm") = 50 "L1"
    annotation (Dialog(group = "机器人参数", enable = ForceType == 1));
parameter Real L2(unit = "mm") = 120 "L2"
    annotation (Dialog(group = "机器人参数", enable = ForceType == 2));
parameter Real L3(unit = "mm") = 120 "L3"
    annotation (Dialog(group = "机器人参数", enable = ForceType == 0));
parameter Real pi(unit = "1") = Modelica.Constants.pi "圆周率"
    annotation (Dialog(group = "机器人参数", enable = ForceType == 0));

parameter Real H(unit = "mm") = 80 "躯干高度"
    annotation (Dialog(group = "行走步态设置", enable = ForceType == 2));
```

```
parameter Real S(unit = "mm") = 120 "横向跨度"
    annotation (Dialog(group = "行走步态设置", enable = ForceType == 2));
parameter Real hmax(unit = "mm") = H / 2 "迈腿高度"
    annotation (Dialog(group = "行走步态设置", enable = ForceType == 2));
parameter Real alpha_max(unit = "rad") = pi / 6 "髋关节转角幅值"
    annotation (Dialog(group = "行走步态设置", enable = ForceType == 2));
parameter Real T(unit = "s") = 10 "行走周期"
    annotation (Dialog(group = "行走步态设置", enable = ForceType == 2));
```

α 仅与时间相关，求解过程如图 6-40 所示。

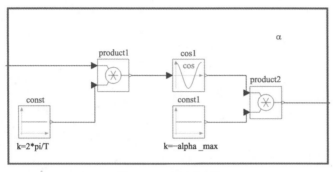

图 6-40　α 求解过程

求解 β 和 γ 需要用到中间变量 K 和 Z_f，中间变量的求解过程如图 6-41 和图 6-42 所示。

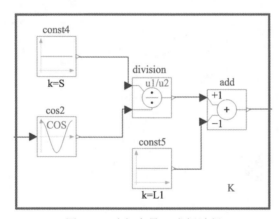

图 6-41　中间变量 K 求解过程

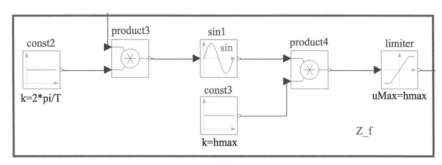

图 6-42　中间变量 Z_f 求解过程

仔细观察可以发现，求解 β 和 γ 时所需的一些元素是可以重复使用的，这将减少建模工作量，并使最终的图形化界面更加直观易懂。求解 β 和 γ 的过程如图 6-43 和图 6-44 所示。

　　控制器输出的是当前时刻下六足机器人髋关节、膝关节和踝关节的转角，但由于导入模型时，各关节的初始角度并不完全相同。为了增加控制器的通用性，我们设计了一个误差补偿子系统，用以平衡初始关节转角的误差。误差补偿子系统的图形化建模如图 6-45 所示。

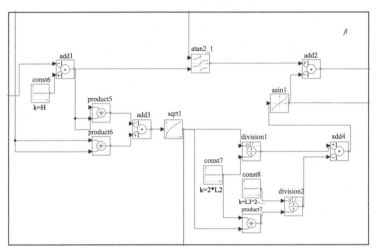

图 6-43　β 求解过程

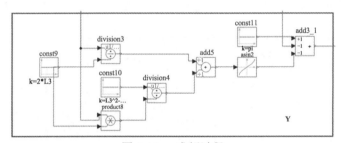

图 6-44　γ 求解过程

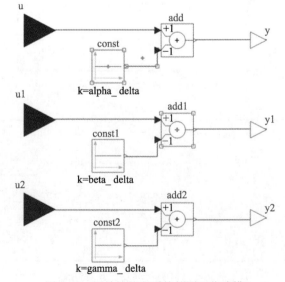

图 6-45　误差补偿子系统的图形化建模

需要定义三个关节转角的误差作为全局变量，以便用户可以在模块中修改参数，代码如下：

```
model error "初始位置补偿"
//参数设定
parameter Real alpha_delta(unit = "1") = 0;
parameter Real beta_delta(unit = "1") = 0;
parameter Real gamma_delta(unit = "1") = 0;
```

（2）文本建模。

对于一个物理系统而言，各组成部分内部及其之间的物理关系本身并不具备因果性。因此，模型应当自然地描述系统的行为，而无须考虑计算顺序。其最大的优点在于，用户在建模时只需专注于物理问题的陈述，而不必担心复杂的求解过程如何实现，从而使建模更加简便，所建模型更加健壮。

六足机器人控制系统文本建模代码如下：

```
model TriangleGaitPlanning
    parameter Real S(unit = "mm") = 120; //控制机器人行走时腿的外摆宽度的参数
    parameter Real H(unit = "mm") = 80; //控制机器人行走时上平台距地面高度的参数
    parameter Real hm(unit = "mm") = 40; //控制机器人行走时足端最大抬起高度

    //设置机器人单腿在一个运动周期内的最大摆动角的参数
    parameter Real alpha_m(unit = "rad", displayUnit = "deg") = 0.523598775598299;
    parameter Real T(unit = "s") = 5; //设置运动规划周期的参数
    parameter Real L_1(unit = "mm") = 50; //设置髋部结构长度的参数
    parameter Real L_2(unit = "mm") = 120; //设置大腿长度的参数
    parameter Real L_3(unit = "mm") = 120; //设置小腿长度的参数
    Real alpha_1; //第一相位的髋关节转角
    Real beta_1; //第一相位的膝关节转角
    Real gamma_1; //第一相位的踝关节转角
    Real alpha_2; //第二相位的髋关节转角
    Real beta_2; //第二相位的膝关节转角
    Real gamma_2; //第二相位的踝关节转角
    Real Z_F_1; //第一相位的足端高度
    Real Z_F_2; //第二相位的足端高度
    Real K_1; //第一相位的 K 值
    Real K_2; //第二相位的 K 值
    Real omega_0; //角频率
    constant Real pi = 3.14159;

    //添加三维输出接口，用于输出计算得到的各关节控制信号
    Modelica.Blocks.Interfaces.RealOutput output_chain1[3] annotation (Placement(transformation(origin = {109.85806451612903,
53.470967741935496}, extent = {{-10.0, -10.0}, {10.0, 10.0}})));
    Modelica.Blocks.Interfaces.RealOutput output_chain2[3] annotation (Placement(transformation(origin = {110.21935483870968,
31.070967741935494}, extent = {{-10.0, -10.0}, {10.0, 10.0}})));
    Modelica.Blocks.Interfaces.RealOutput output_chain3[3] annotation (Placement(transformation(origin = {110.58064516129032,
9.729032258064521}, extent = {{-10.0, -10.0}, {10.0, 10.0}})));
    Modelica.Blocks.Interfaces.RealOutput output_chain4[3] annotation (Placement(transformation(origin = {110.41078794288734,
```

-13.038180856689582}, extent = {{-10.367213114754094, -10.367213114754101}, {10.367213114754108, 10.367213114754101}}}));

        Modelica.Blocks.Interfaces.RealOutput output_chain5[3] annotation (Placement(transformation(origin = {110.4048651507139, -35.82527763088314}, extent = {{-10.0, -10.0}, {10.0, 10.0}}})));

        Modelica.Blocks.Interfaces.RealOutput output_chain6[3] annotation (Placement(transformation(origin = {110.39894235854047, -58.225277630883134}, extent = {{-10.0, -10.0}, {10.0, 10.0}}})));

    //加入脉冲控制信号，实现前进、返回阶段分段控制
    Modelica.Blocks.Sources.Pulse pulse(period = T)
       annotation (Placement(transformation(origin = {-14.163081434093044, 9.732640277222451}, extent = {{-10.0, -10.0}, {10.0, 10.0}}})));
    annotation (experiment(Algorithm = Dassl, Interval = 0.02, StartTime = 0, StopTime = 20, Tolerance = 0.0001));
  equation

    //约束方程
    omega_0 = 2 * pi / T;
    alpha_1 = -alpha_m * cos(omega_0 * time); //髋关节按余弦函数进行规划的方程
    alpha_2 = -alpha_m * cos(omega_0 * time + pi); //同上，但相位相差 π
    Z_F_1 = hm * sin(omega_0 * time) * pulse.y; //足端高度规划，脉冲用来分段控制
    Z_F_2 = hm * sin(omega_0 * time + pi) * (1 - pulse.y); //同上，但相位相差 π
    K_1 = S / cos(alpha_1) - L_1; //第一相位参数 K 的计算
    K_2 = S / cos(alpha_2) - L_1; //第二相位参数 K 的计算

    //两个相位各自的膝关节转角规划方程，第二相位相比第一相位，相位相差 π
    beta_1 = arctan(K_1 / (H - Z_F_1)) - arcsin(sqrt((H - Z_F_1) ^ 2 + K_1 ^ 2) / (2 * L_2) - (L_3 ^ 2 - L_2 ^ 2) / (2 * L_2 * sqrt((H - Z_F_1) ^ 2 + K_1 ^ 2)));
    beta_2 = arctan(K_2 / (H - Z_F_2)) - arcsin(sqrt((H - Z_F_2) ^ 2 + K_2 ^ 2) / (2 * L_2) - (L_3 ^ 2 - L_2 ^ 2) / (2 * L_2 * sqrt((H - Z_F_2) ^ 2 + K_2 ^ 2)));

    //两个相位各自的踝关节转角规划方程，第二相位相比第一相位，相位相差 π
    gamma_1 = pi - arcsin(sqrt((H - Z_F_1) ^ 2 + K_1 ^ 2) / (2 * L_3) + (L_3 ^ 2 - L_2 ^ 2) / (2 * L_3 * sqrt((H - Z_F_1) ^ 2 + K_1 ^ 2))) - arcsin(sqrt((H - Z_F_1) ^ 2 + K_1 ^ 2) / (2 * L_2) - (L_3 ^ 2 - L_2 ^ 2) / (2 * L_2 * sqrt((H - Z_F_1) ^ 2 + K_1 ^ 2)));
    gamma_2 = pi - arcsin(sqrt((H - Z_F_2) ^ 2 + K_2 ^ 2) / (2 * L_3) + (L_3 ^ 2 - L_2 ^ 2) / (2 * L_3 * sqrt((H - Z_F_2) ^ 2 + K_2 ^ 2))) - arcsin(sqrt((H - Z_F_2) ^ 2 + K_2 ^ 2) / (2 * L_2) - (L_3 ^ 2 - L_2 ^ 2) / (2 * L_2 * sqrt((H - Z_F_2) ^ 2 + K_2 ^ 2)));

    //输出接口连接方程，三角步态下，1-3-5 连接第一相位，2-4-6 连接第二相位
    output_chain1[1] = alpha_1;
    output_chain1[2] = beta_1;
    output_chain1[3] = gamma_1;
    output_chain2[1] = alpha_2;
    output_chain2[2] = beta_2;
    output_chain2[3] = gamma_2;
    output_chain3[1] = alpha_1;
    output_chain3[2] = beta_1;
    output_chain3[3] = gamma_1;
    output_chain4[1] = alpha_2;
    output_chain4[2] = beta_2;
    output_chain4[3] = gamma_2;
    output_chain5[1] = alpha_1;
    output_chain5[2] = beta_1;
    output_chain5[3] = gamma_1;
    output_chain6[1] = alpha_2;

```
    output_chain6[2] = beta_2;
    output_chain6[3] = gamma_2;
end TriangleGaitPlanning;
```

4）系统集成

在三角步态下，六足机器人六条腿的各电机实际可分为两组。可以先将六足机器人的同组电机连接在一起，接收相同的控制信号。六足机器人同组电机连接如图 6-46 所示。

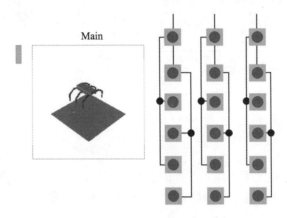

图 6-46　六足机器人同组电机连接

控制器的输入为时间，可以使用 Modelica 标准库中的 Clock 组件产生。该组件产生的时间经过两个不同相位的控制器求解后，通过 Position 组件将结果转换为控制信号并输出给电机。三角步态系统集成如图 6-47 所示。

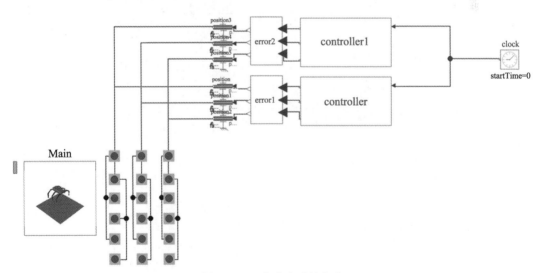

图 6-47　三角步态系统集成

对于需要对每条腿进行独立控制的情况，系统则需要更多的输出信号，并对它们进行转换。多腿控制系统集成如图 6-48 所示。用户在进行复杂建模时，应尽量保持连线清晰易辨。

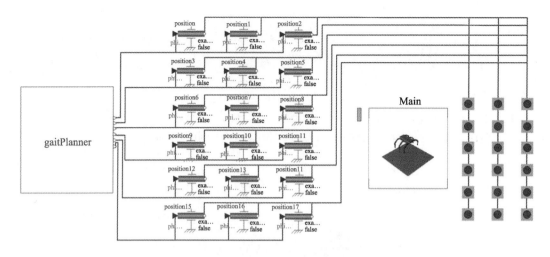

图 6-48　多腿控制系统集成

4. 结果分析

在完成上述建模过程之后，输入适当的参数即可进行仿真。本案例的仿真设置如图 6-49 所示，开始时间为 0，终止时间为 50，步长为 0.02，其余设置保持默认。

图 6-49　仿真设置

仿真设置完成后，进行仿真。仿真完成后，可以查看六足机器人模型的仿真动画及各关节、足端参数随时间变化的曲线。仿真动画如图 6-50、图 6-51 所示，其中曲线代表机器人上平台的轨迹和机器人一条腿的轨迹。第一相位（1、3、5 腿）髋关节、膝关节和踝关节转角随时间变化的曲线如图 6-52 所示；第二相位（2、4、6 腿）髋关节、膝关节和踝关节转角随时间变化的曲线如图 6-53 所示；第一相位与第二相位下足端高度随时间变化的曲线如图 6-54 所示。

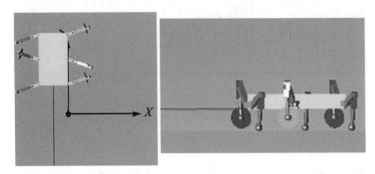

图 6-50　仿真动画 1

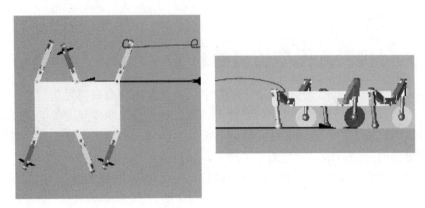

图 6-51　仿真动画 2

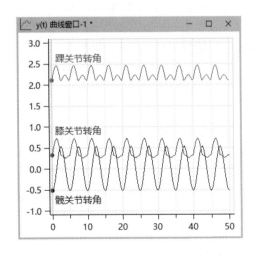

图 6-52　第一相位关节转角随时间变化的曲线

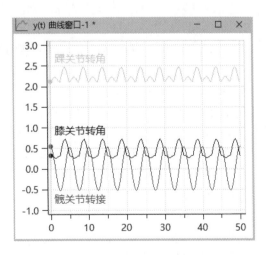

图 6-53　第二相位关节转角随时间变化的曲线

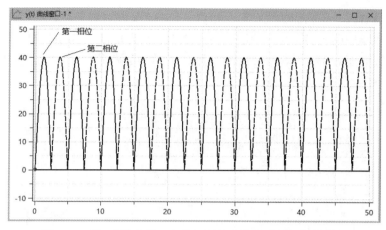

图 6-54　第一相位与第二相位下足端高度随时间变化的曲线

从仿真动画中可以看到，机器人上平台在运动过程中保持了水平平动，表明这是一个较好的运动姿态。此外，从仿真曲线中也可以看出，两个相位下的曲线的相位差为 π，这与规划的步态方程相符。

6.4.3　六足机器人模型仿真的意义

在数字化技术的背景下，六足机器人的数字化系统建模仿真变得尤为重要。随着计算机辅助设计、大数据分析、人工智能、云计算及 VR/AR 等技术的发展，我们现在能够以空前的精度和效率对机器人进行设计验证和性能分析。这些技术提供了一个安全、可控的环境来开发和测试复杂的控制策略，同时降低了成本，并加速了产品的上市速度。

通过数字化仿真，我们可以更好地预测机器人在实际应用中的表现，并在设计阶段发现和解决潜在问题。此外，数字化技术的应用还提升了教育和培训的效果，使得学生和研究人员能够通过更加直观的学习工具掌握复杂的工程概念，具体体现在以下几方面。

（1）设计验证：数字化技术的变革使六足机器人的设计验证过程变得更加精细和高效。利用计算机辅助设计（CAD）软件和数字仿真平台，工程师能够在虚拟环境中准确构建和测试机器人的三维模型，从而减少对物理原型的依赖，加快设计迭代速度。

（2）性能分析：随着大数据和机器学习技术的发展，我们通过数字化仿真技术能获取更丰富的数据支持。分析算法可在仿真数据上运行，发现设计中的最佳性能配置，确保机器人在实际应用中能够满足预期的性能指标。

（3）控制策略开发：现代控制理论和算法，尤其是人工智能技术，正在改变机器人的控制系统设计。通过数字化仿真环境，控制算法能够在没有物理风险的情况下进行训练和测试，使机器人控制系统更加智能。

（4）教育和培训：机器人虚拟仿真平台使学习者无须操作实体机器人便可理解复杂的机械动作和控制逻辑。这种方法不仅降低了学习门槛，还扩展了教学的范围，使学生能够在没有物理危险或实验室资源限制的情况下进行深入的实验和创新。数字仿真作为一种无风险、可重复的培训资源，极大地提高了教育过程的灵活性和可达性，为未来的工程师和研究人员提供了更坚实的理论和实践基础。

（5）可扩展性：数字化仿真的灵活性允许工程师在不同的设计规模和工作条件下测试机器人的性能，这对于未来机器人产品线的发展规划至关重要。借助模块化设计原则和数字化评估工具，工程师可以确保设计方案的可扩展性和未来应用的适应性。

本 章 小 结

本章通过实例介绍了 Modelica 模型在具体工程系统中的应用。首先，以现代航天系统架构设计和现代飞机系统架构设计为切入点，介绍了 Modelica 模型在航天、航空领域的应用情况，并展示了其在系统的集成与仿真方面的能力。其次，在分析核电研发设计领域的基本情况后，介绍了 Modelica 在核电领域关键设备组件建模上的应用，并仿真某三代堆型核电系统一、二回路主系统及关键设备。最后，以六足机器人为例，介绍了 Modelica 模型在机器人仿真领域的应用。通过六足机器人的运动学模型解算结果，对其运动规划进行分析，并对六足机器人进行系统建模与集成。